广西壮族自治区"十四五"职业教育规划教材

U0408408

机械制图与识图

主　编　胡华丽　　陈伟珍
副主编　周　涛　　邓岐杏　　叶继新
参　编　陈炳森　　黄淑芳　　黄世集　　伍　玥
主　审　梁建和

北京理工大学出版社
BEIJING INSTITUTE OF TECHNOLOGY PRESS

图书在版编目（CIP）数据

机械制图与识图 / 胡华丽，陈伟珍主编. − − 北京 ：
北京理工大学出版社，2022.7（2024.7 重印）
　　ISBN 978−7−5763−1500−4

Ⅰ. ①机…　　Ⅱ. ①胡…　②陈…　　Ⅲ. ①机械制图−高
等学校−教材 ②机械图−识图−高等学校−教材　　Ⅳ.
①TH126

中国版本图书馆 CIP 数据核字（2022）第 123575 号

责任编辑：多海鹏　　　　**文案编辑：**多海鹏
责任校对：周瑞红　　　　**责任印制：**李志强

出版发行 / 北京理工大学出版社有限责任公司
社　　址 / 北京市丰台区四合庄路 6 号
邮　　编 / 100070
电　　话 /（010）68914026（教材售后服务热线）
　　　　　　 （010）68944437（课件资源服务热线）
网　　址 / http://www.bitpress.com.cn

版 印 次 / 2024 年 7 月第 1 版第 4 次印刷
印　　刷 / 河北盛世彩捷印刷有限公司
开　　本 / 787 mm×1092 mm　1/16
印　　张 / 17.5
字　　数 / 374 千字
定　　价 / 49.90 元

前　言

　　本教材根据教育部《高职高专教育工程制图课程教学基本要求》，以"符合人才培养需求，体现教育改革成果，确保教材质量，形式新颖创新"为指导思想，在总结各兄弟院校教学改革经验的基础上编写而成。

　　在教学内容的选取上遵循理论够用、突出应用的原则，降低理论难度，增加实践应用。本教材内容包括：绘制平面图形，绘制投影图，绘制与识读组合体三视图，机件表达方法及应用，绘制与识读零件图，绘制与识读装配图6个项目。每个项目的内容均以一个具体的实训项目为教学导入，围绕教学目标组织各环节的教学，以技能为主线进行各相关知识点的讲解，以项目化教学为导向、知识点链接为扩展的教学模式，反映了职业教育特色和教学改革的发展趋势。

　　本教材在广泛吸取兄弟院校同类教材优点并汇聚一批资深教师长期课程教学实践经验的基础上，保持原有教材的体例结构，对内容进行了一定的修改：

　　（1）贯彻宣传落实党的二十大精神，坚持为党育人、为国育才，注重素质培养，落实立德树人根本任务；加强课程思政建设，增加课程思政案例，融入"科技强国""人才强国""数字中国""节能减排""双碳目标""数字设计""卡脖子技术"等元素，帮助学生树立科技报国的爱国情怀；在拓展训练中融入对学生规范操作、安全意识、节约意识、环保意识、劳动精神和工匠精神的培养。

　　（2）编写教材配套习题册，强化拓展训练，突出高素质技术技能人才的培养。

　　（3）按在线精品课程的建设标准，全面建设教材配套的三维模型、动画、教学视频等数字资源，可方便地开展线上线下混合式教学，并通过教

材中的二维码，实现教材内容与网络资源的精准对接，有助于提升教学管理质量和水平。

（4）在各项目内容中，有机融入机械工程制图职业技能等级证书（高级）的考核内容和标准，便于岗、课、证与教材的融通。

（5）宣传贯彻执行国家标准，采用国家最新机械制图标准进行编写。

（6）以数字资源方式及时介绍机械工程制图的新技术、新方法、新软件和新工具。

参加本教材编写的有：广西水利电力职业技术学院陈伟珍（绪论）、胡华丽（项目二）、邓岐杏（项目四）、黄淑芳（项目六）、周涛（附表）、陈炳森（课程思政），金秀县职业技术学校黄世集（项目一），梧州职业技术学院叶继新（项目五），安顺职业技术学院伍玥（项目三）。全书由广西水利电力职业技术学院胡华丽负责统稿，广西机械工程学会梁建和教授担任主审。参与编写工作的还有广西水利电力职业技术学院李晓红、张海明、谢佳宾和农田友，在此表示感谢。

由于编者水平有限，书中难免有错漏之处，敬请提出宝贵意见和建议。

编　者

目　录

绪　　论

1. 课程的性质与作用

　　本课程是研究机械图样绘制和识读方法的一门专业技术基础课。机械图样是生产中不可缺少的重要技术文件和生产依据，是表达设计意图、交流技术思想、指导生产不可缺少的工具，是每个工程技术人员都必须掌握的"技术语言"。

　　本课程的主要任务是培养学生空间思维和绘制、识读机械图样的能力，以及自主学习和分析、解决问题的能力。通过本课程的学习为"机械基础""机械设计"等后续课程的学习以及职业能力的发展打下必要的基础。

2. 课程的主要内容及培养目标

　　表达机器装配结构的总装配图、表达部件的部件装配图和表达零件结构形状的零件图，统称为机械图样。装配图和零件图相互依赖、各有所用。图 0-1 所示为零件图，表达了扳手零件的形状、结构和加工要求；图 0-2 所示为千斤顶装配图，表达了千斤顶的工作原理、零件之间的装配关系和主要零件的结构等。

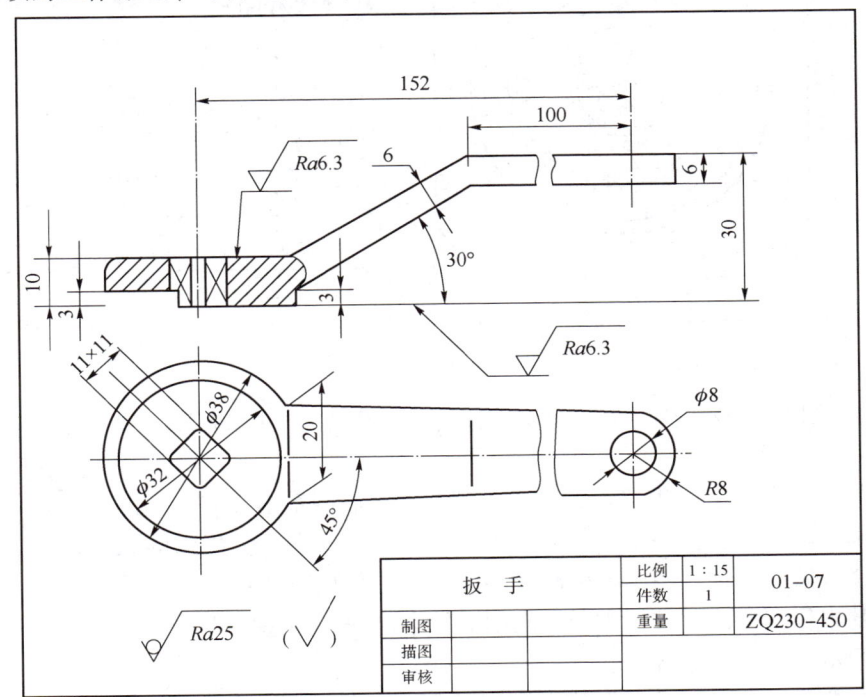

图 0-1　零件图

图 0-2　千斤顶装配图

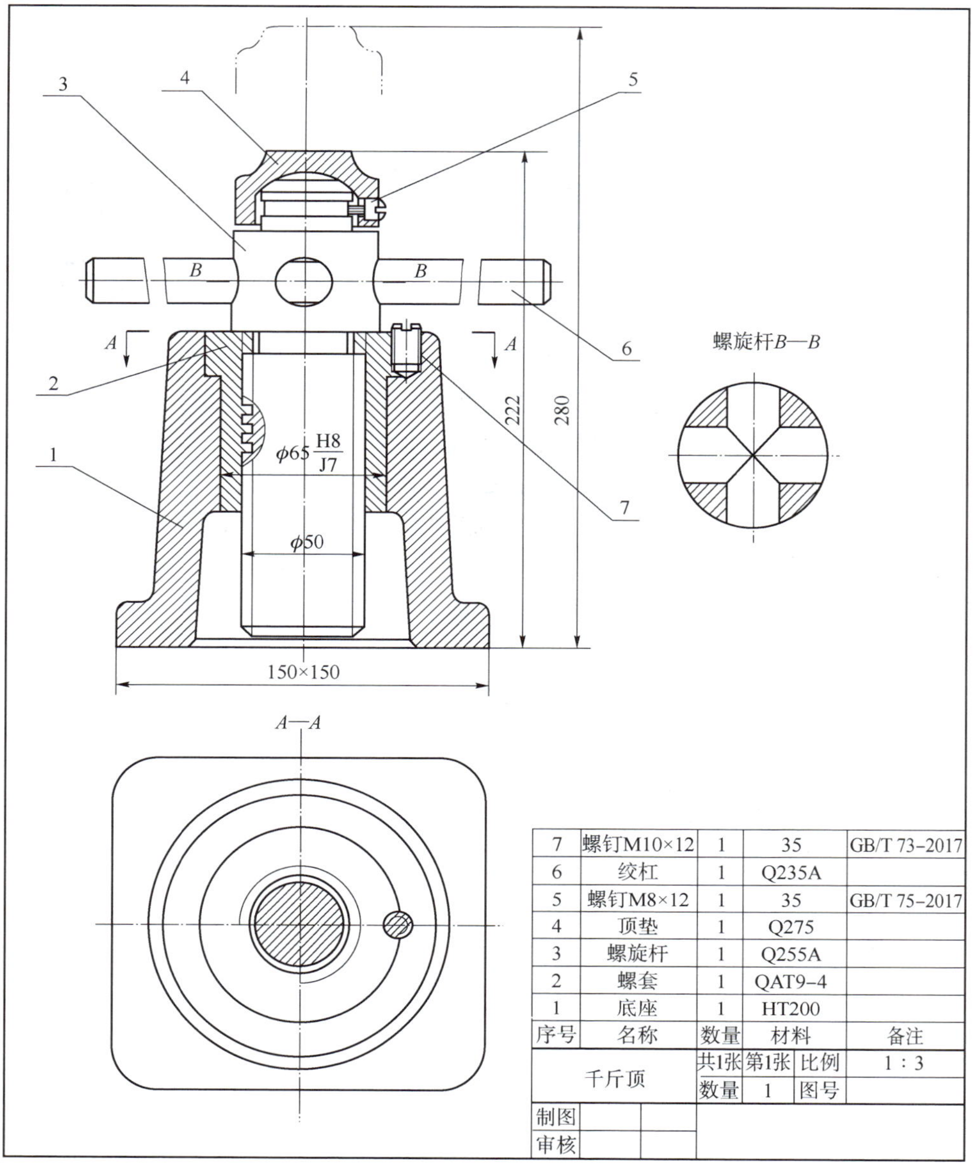

7	螺钉M10×12	1	35	GB/T 73-2017
6	绞杠	1	Q235A	
5	螺钉M8×12	1	35	GB/T 75-2017
4	顶垫	1	Q275	
3	螺旋杆	1	Q255A	
2	螺套	1	QAT9-4	
1	底座	1	HT200	
序号	名称	数量	材料	备注

千斤顶	共1张	第1张	比例	1:3
	数量	1	图号	
制图				
审核				

（1）课程的主要内容：制图基本知识、投影制图原理和方法、专业制图。

（2）知识目标：了解投影的基本原理，熟悉制图基本要求，掌握制图基本技能，熟悉机件常用的表达方法，掌握零件图、装配图的绘制和识读方法；掌握制图国家标准和制图工具的使用方法；掌握平面图形的基本作图方法；掌握常用轴测图的基本画法；熟悉零件图和装配图的图示特点、表达方法。

（3）能力目标：初步具备查阅资料的能力，能应用投影原理绘制和识读物体的

千斤顶装配

三视图，能够根据机件的结构特点选择恰当的表达方法，能够利用各种表达方法正确绘制和识读零件图、装配图。

3.“课程思政”教学设计方案

表 0-1　“课程思政”教学设计方案

序号	素质培养	课程实施	阶段设置	视频案例二维码
1	树立责任意识，培养担当精神，彰显中国在科技自立自强上的重要进展，为中国制造的自主品牌而骄傲	教师组织扫码观看视频，了解中国第一架自主设计、制造的民航商用大飞机 C919 的情况，讨论中国发展大飞机的重要性和必要性	绪论章节：课后参与在线课堂讨论：1. 天生我才必有用，不积跬步，无以至千里，在突破科技创新中，我们应如何树立远大的奋斗目标。2. 机械制图技术在中国制造中处于什么位置	
2	养成执行标准、遵守规范操作、耐心细致的良好习惯	教师组织扫码观看视频，了解施工升降机坠落事件，讨论引起该坠落事件的原因，发表个人见解	项目一评价表 6 考核：课后参与在线课堂讨论：1.“差之毫厘失之千里”“千里之堤毁于蚁穴”这些成语故事告诉我们什么道理？2. 为什么要制定机械制图的国家标准？为什么要严格执行制图标准	
3	培养学生的民族自豪感，激发学生的爱国情怀	教师组织扫码观看视频，了解近五年大国重器取得的辉煌成就，讨论中国制造能取得突破性成功的原因，发表个人感想	项目二评价表 6 考核：课后参与在线课堂讨论：1. 除了视频中的大国重器，你还了解认识了哪些大国重器？2. 大国重器对设计图纸有非常严格的要求，结合项目内容，谈谈视图表达的正确方法和画图步骤	
4	培养学生爱岗敬业、严谨细致、精益求精、耐心执着、勇于创新的工匠精神，激发学生的学习动力	教师组织扫码观看视频，了解徐工集团数控车工孟维特级技师的先进事迹，讨论工匠成长必备的品质和条件，结合本课程应该如何践行工匠精神	项目三评价表 6 考核：课后参与在线课堂讨论：1. 工匠精神主要体现在哪些方面？2. 高职学生如何才能成为工匠式的人才	
5	了解中国智造，认识大国重器，关注中国破解的“卡脖子”技术，培养学生的民族自豪感与责任感，增强爱国主义情怀	教师组织扫码观看视频，了解“天舟六号”货运飞船和空间站组合体自主交会对接的过程，讨论实现这一对接包含哪些技术？我们应该如何去做	项目四评价表 7 考核：课后参与在线课堂讨论：1. 从飞船与空间站的对接技术中，谈谈你对本课程知识点的认识。2. 重要的机件连接有严格的精度要求，举例列出本项目内容中对精度有严格的机件连接	

序号	素质培养	课程实施	阶段设置	视频案例二维码
6	培养学生"干一行，爱一行，钻一行"的职业精神，勇于创新，敢于实践，主动追求技术的新突破	教师组织扫码观看视频，了解中国高铁的发展历程及取得举世瞩目的辉煌成就，讨论中国技术人员是如何攻克这些技术难关，实现中国高铁跨越性发展的	项目五评价表 7 考核：课后参与在线课堂讨论：1. 为什么中国高铁能实现从无到有，走向世界？2. 当下如何做到"干一行，爱一行，钻一行"	
7	引导学生学习大国工匠精益求精的创新精神，树立正确的世界观和人生观，坚守岗位，努力探索，勇于创新，在平凡岗位上实现人生价值	教师组织扫码观看视频，了解大国工匠方文墨的先进事迹，讨论方文墨为什么能在钳工岗位上苦练技艺的动力，结合个人情况发表意见	项目六评价表 7 考核：课后参与在线课程讨论：1. 为什么方文墨班组创造的 0.000 68 mm 锉削公差被称为"文墨精度"？2. 在本课程学习实践中，如何践行"文墨精度"	

4. 课程的教学方法

本课程是一门既有系统理论，实践性又很强的技术基础课，涉及知识面广。因此，课程采用项目导向、任务驱动的教学模式，做中学、学中做，在完成教学任务的前提下，进一步完成机械零部件的测绘任务，以实现教学目标。

学习本课程应坚持理论联系实际，既要注重学好基本理论、基本知识和基本方法，又要练好基本功，深入生产实践，不断丰富自己的感性认识和实践知识，培养空间想象能力和空间思维能力。在学习过程中应注意以下问题：

（1）投影原理的学习是循序渐进的过程，前后联系紧密，学习中必须认真听课，并及时复习和巩固，前面的内容真正理解和掌握，后续的学习才会顺利。

（2）在学习机械零件图和装配图的过程中涉及许多机械加工工艺方面的知识，学习中应注意理论与生产实际相结合、画图与看图相结合，逐步培养空间想象能力，不要死记硬背。

（3）课程作业质量要求较高，绘图和读图能力的培养需要经过一系列的绘图实践，所以制图的学习是一个艰苦积累的过程，应有一个不骄不躁的学习态度。

（4）图样在生产上起着指导作用，图形中的任何错误都可能给生产造成不可弥补的损失。因此，在课程学习以及作业时，注意养成耐心细致、一丝不苟的优良作风和严肃认真的工作态度。

项目一　绘制平面图形

项目描述

在机械零件图中，需要用到不同的几何图形，如图1-1所示扳手的平面图形。机械零件的轮廓形状多样，但其平面图形都是由直线、圆弧和其他曲线构成的，在绘制平面图形时，首先要分析这些线段的尺寸和连接关系，以确定正确的作图方法和步骤；其次，必须遵守制图国家标准的相关规定，以确保图样的规范性。

扳手

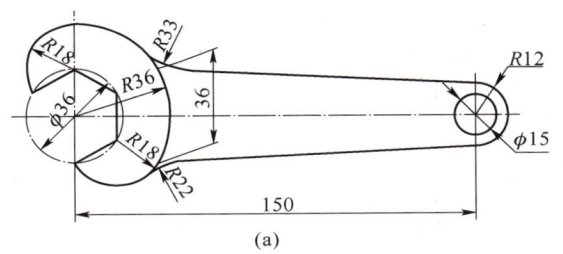
(a)

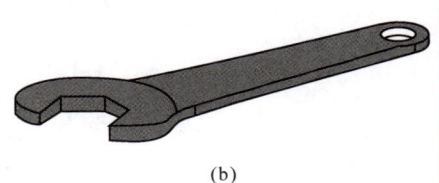
(b)

图1-1　扳手
(a) 平面图；(b) 立体图

项目目标

（1）机械工程图在生产中的作用，制图国家标准的有关规定，几何作图的方法。

课程思政案例二

（2）能正确查阅《国家标准》等图书资料，能遵循制图国家标准的有关规定，并能熟练地使用绘图工具绘制出正确的平面图形。

（3）养成执行标准、遵守规范操作、耐心细致的良好习惯。

知识链接1　绘图工具的使用

【想一想】扫描二维码观看绘图工具使用的视频，回答下列问题：

（1）常用的铅笔有几种类型？有何区别？

（2）你是如何削铅笔的？

（3）使用圆规的要点是什么？

（4）按要求削 HB、B 和 2B 铅笔各一支。

古人云："工欲善其事，必先利其器"，绘图能力的高低、质量的好坏，在很大程度上取决于绘图工具的质量以及使用绘图工具的方法和技能。正确地选择和使用绘图工具，对于保证绘图质量、提高绘图速度显得尤为重要。本部分内容要求掌握削铅笔及使用图板、丁字尺、三角板和绘图工具绘制平面图形的方法。

绘图工具使用

1. 铅笔

手工绘图中专用的绘图铅笔通常以字母 B 和 H 表示铅芯的软硬，"B"前的数字越大，表示铅芯越软，颜色越深；"H"前的数字越大，表示铅芯越硬，颜色越浅；HB 铅笔的铅芯软硬适中。画细线用 H 或 2H，画箭头和写字用 HB 或 H，画粗线用 B 或 2B。根据不同的用途，铅芯可削磨成如图 1-2 所示的两种形状，锥形铅芯用于画细线和写字，矩形铅芯用于画粗线。

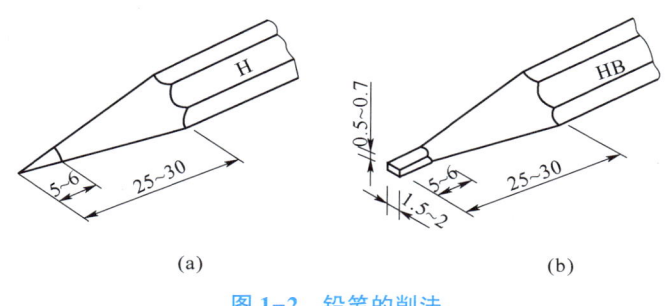

（a）　　　　　　　　　　　　（b）

图 1-2　铅笔的削法
（a）锥形铅芯；（b）矩形铅芯

2. 图板、丁字尺

图板用于铺放图纸，图板工作面要平整、光滑和洁净，图板导边要平直。丁字尺由尺头和尺身组成，画图前先用丁字尺压紧图纸，保证纸边与丁字尺工作边平行，然后用胶带纸将图纸固定在图板上，如图 1-3 所示。将尺头的内侧边紧贴图板的导边，上下移动丁字尺，自左向右可画出不同位置的水平线。

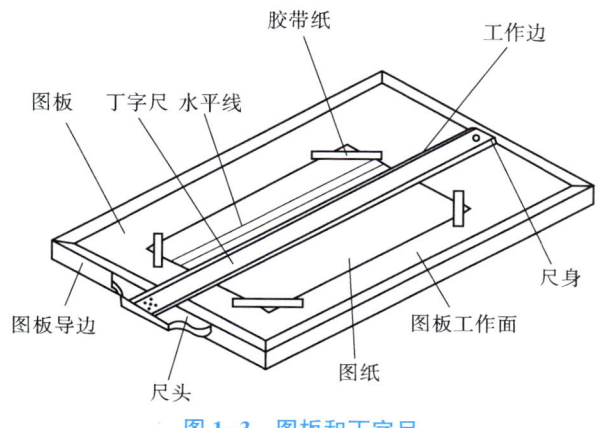

图 1-3　图板和丁字尺

3. 三角板

三角板一般由有机玻璃制成，三角板分为 45° 及 30°、60° 两块，可与丁字尺配合使用画垂直线和 15° 倍角的斜线，如图 1-4 所示。

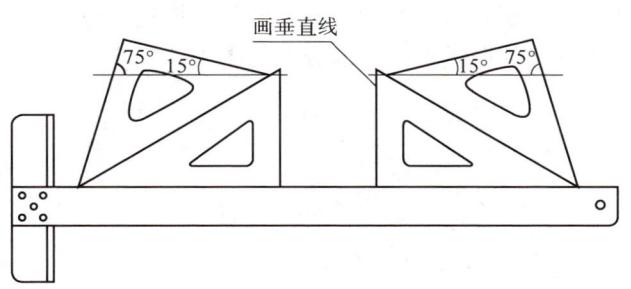

图 1-4　三角板和丁字尺配合使用

4. 圆规和分规

圆规主要用来画圆或圆弧。画图时预先调整针脚，使针尖略长于铅芯，圆规向前进方向稍微倾斜，用力要均匀，尽量使钢针和铅芯都垂直于纸面；画大圆时可使用加长杆，使用方法如图 1-5 所示。分规是用来量取和等分线段的工具。分规两腿均装钢针，并拢后两针尖应能重合于一点，否则应调整，如图 1-6 所示。

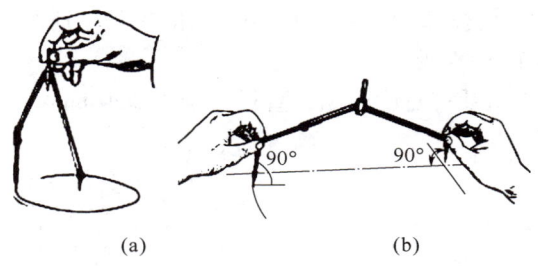

图 1-5　圆规的使用

（a）画圆；（b）画大圆

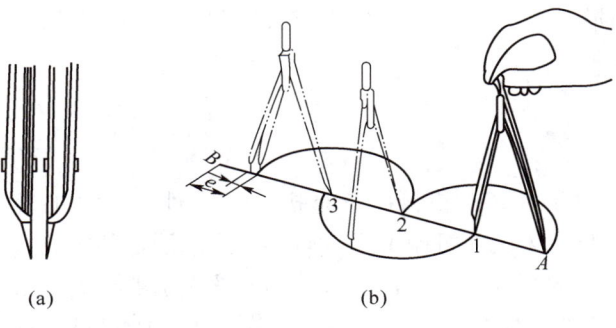

图 1-6　分规的用法

（a）针尖应对齐；（b）用分规分线段

5. 其他工具

在绘图中常用的工具还有曲线板、比例尺、橡皮、擦图片、模板等。曲线板用来绘制非圆曲线，画曲线时，先定出曲线上足够数量的点，再用铅笔徒手光滑地连接各点，然后选择曲线板上与所画曲线相吻合的部分逐段描粗，每段至少有四个点与曲线板重合，并与已画成的相邻曲线重合一部分。如图 1-7 所示。

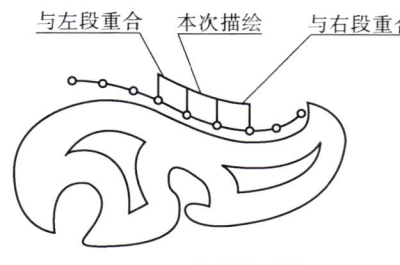

与左段重合　本次描绘　与右段重合

图 1-7　曲线板的使用

拓展训练

（1）用尺子和圆规绘图的方法，称为_____绘图法。尺规绘图常用的工具主要有_____、_____、_____、_____及_____等。

（2）用丁字尺、三角板和 HB 铅笔在 A4 图纸左侧分别画水平直线、垂直线及 30°、60°、45°、15° 和 75° 直线。

（3）用圆规在 A4 图纸的右侧画圆，直径分别为 $\phi30$ mm、$\phi60$ mm。

知识链接 2　认识国家标准《机械制图》 的基本规定

【想一想】 扫描二维码观看仿宋体字写法的视频，在空格处抄写表中的文字。

机	械	制	图	审	核	比	例	重	量	材	料	数	量	姓	名

"没有规矩，不成方圆"。机械图纸是机器（零件）设计的统一表现形式，是工程技术人员在机械工程活动中交流的语言和工具。因此，对机械图纸中的内容（图样画法、尺寸标注及文字填写等）必须做出统一的规定。《机械制图》国家标准统一规定了有关机械设计和生产部门共同遵守的机械制图规则，它不仅是手工绘图，也是 CAD 绘图必须遵守的规则。

仿宋体书写

1. 图纸幅面和格式（GB/T 14689—2008）

1）图纸幅面

为了便于图样的绘制、使用及保管，图样应画在规定幅面和格式的图纸上。绘制图样时，应优先采用表 1-1 中规定的基本幅面。其幅面代号有 A0、A1、A2、A3、A4 等几种，必要时可以选用所规定的加长幅面。加长幅面的尺寸由基本幅面的短边乘整数倍增加后得出。

表 1-1　图纸幅面及图框尺寸　　　　　　　　　　　　　　mm

幅面代号		A0	A1	A2	A3	A4
$B×L$		841×1 189	594×841	420×594	297×420	210×297
周边尺寸	e	20			10	
	c	10			5	
	a	25				

2）图框格式

在图纸上必须用粗实线绘制图框，其格式分为留装订边和不留装订边两种，但同一产品的图样只能采用一种规格，见表 1-2。图框距图纸边界的尺寸按表 1-2 确定。使用时图纸可以横放，也可以竖放，看图方向应与标题栏的方向一致。

表 1-2　图框格式

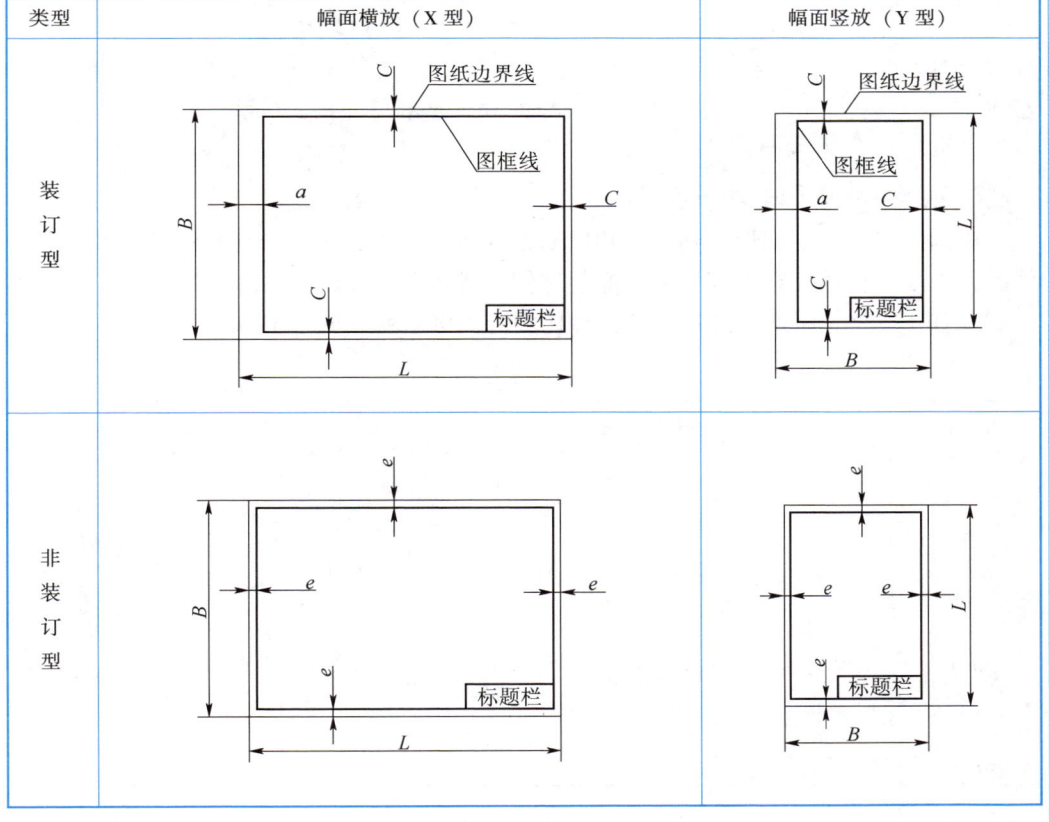

类型	幅面横放（X 型）	幅面竖放（Y 型）
装订型		
非装订型		

必要时也允许使用加长幅面，幅面的尺寸是由基本幅面的短边成整数倍增加后得出，具体规格可查阅相关技术标准。

3）标题栏（GB/T 10609.1—2008）

每张图样上都必须画出标题栏，用来表达零部件相关信息，如：零件名称、签名、零件材料、作图比例等。练习用的标题栏可简化为图1-8所示的格式，装配图标题栏则采用如图1-9所示的格式。

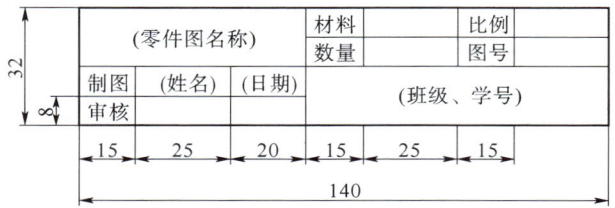

图1-8　简易标题栏格式

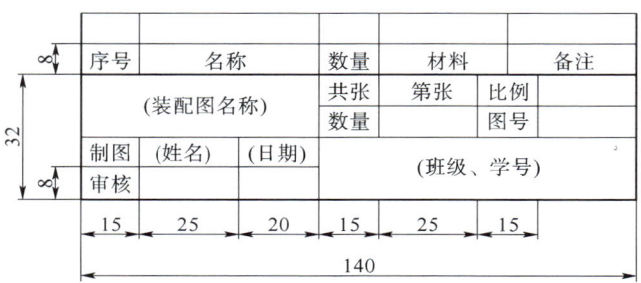

图1-9　装配图标题栏格式

2. 比例（GB/T 14690—1993）

比例是指图样中图形与其实物相应要素的线性尺寸之比。绘制图样时，可根据物体的大小及结构的复杂程度，采用原值比例（即1:1）、放大比例（如2:1）和缩小比例（如1:2）。国家标准规定了各种比例的比例系列，见表1-3。

表1-3　比例

比例种类	优先使用比例			可使用比例				
原值比例	1:1			1:1				
放大比例	5:1 $5 \times 10^n:1$	2:1 $2 \times 10^n:1$	1:10ⁿ:1 $1 \times 10^n:1$	4:1 $4 \times 10^n:1$		2.5:1 $2.5 \times 10^n:1$		
缩小比例	1:2 $1:2 \times 10^n$	1:5 $1:5 \times 10^n$	1:10 $1:1 \times 10^n$	1:1.5 $1:1.5 \times 10^n$ $1:4 \times 10^n$	1:2.5 $1:2.5 \times 10^n$ $1:6 \times 10^n$	1:3 $1:3 \times 10^n$	1:4	1:6
注：n 为正整数。								

选用绘图比例时注意：

（1）在表达清晰、合理利用图纸幅面的前提下，应尽可能选用原值比例，以便从图样上得到实物大小的真实感。

（2）图样无论采用何种比例绘制，标注尺寸时均应标注物体的实际尺寸，与所采用的绘图比例无关。如图1-10所示。

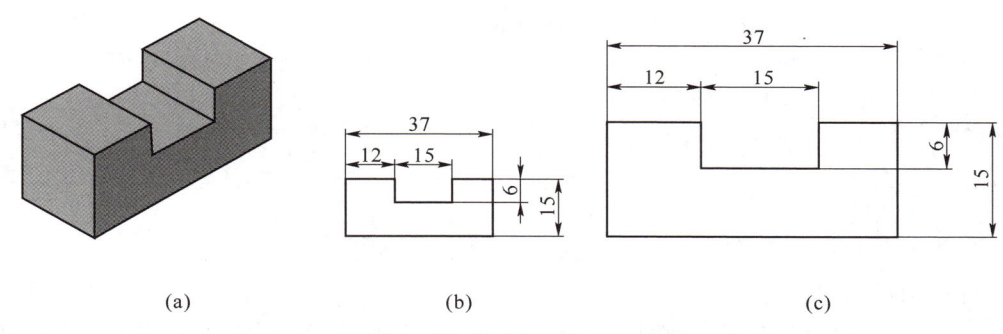

（a）　　　　　　　　　　（b）　　　　　　　　　　（c）

图 1-10　不同比例绘制的图形按实际尺寸进行标注
（a）实物；（b）1:2；（c）1:1

（3）绘制同一机件的各个视图时，应尽可能采用相同的比例，并在标题栏中填写。当某个视图需要采用不同比例时，可在该视图名称的下方或右侧标注比例。

3. 字体（GB/T 14691——1993）

图样中除了用图形表达机件的结构形状外，还需要用文字、数字说明机件的名称、大小、材料和技术要求等。图样中书写的汉字、数字、字母必须做到"字体工整、笔画清楚、间隔均匀、排列整齐"。

各种字体高度（用 h 表示）代表字体的号数，字体高度的尺寸（单位 mm ）系列为：1.8、2.5、3.5、5、7、10、14、20。若书写更大的字，则字体高度应按$\sqrt{2}$的比率递增。

1）汉字

汉字应写成长仿宋体，并采用国家正式公布的简化字。汉字的高度不小于 3.5 mm，字宽一般为 $h/\sqrt{2}$ 。长仿宋体的书写要领是：横平竖直、起落有锋、结构均匀、写满方格。

2）字母和数字

字母与数字分为 A 型和 B 型。A 型字体的笔画宽度 $d=h/14$，B 型字体的笔画宽度 $d=h/10$。字母与数字可写成斜体和直体。斜体字的字头向右倾斜，与水平基准线成 75°。在同一张图样上，只允许采用同一种形式的字体。字体示例见表1-4。

表 1-4　字体示例

汉字示例	7号字：字体工整　笔画清楚　间隔均匀
	5号字：横平竖直 注意起落 结构均匀 填满方格

字母示例	大写斜体：*ABCDEFGHIJKLMNOPQRSTUVWXYZ* 小写斜体：*abcdefghijklmnopqrstuvwxyz* 大写直体：ABCDEFGHIJKLMNOPQRSTUVWXYZ 小写直体：abcdefghijklmnopqrstuvwxyz
数字示例	斜体：0123456789 直体：0123456789

4. 图线（GB/T 17450—1998、GB/T 4457.4—2002）

1）图线的型式

为了统一和便于看图、画图，绘制图样时应采用规定的图线，共规定了十五种基本线型，常用图线的线型、名称及主要用途见表1-5和图1-11。

表1-5 常用图线及其应用

名称	图线型式	线宽	应用举例
粗实线	————————	d	可见轮廓线
细实线	————————	约$d/3$	尺寸线、尺寸界线、剖面线、引出线
波浪线	∿	约$d/3$	断裂处的边界线
双折线	─╱╲─╱╲─	约$d/3$	断裂处的边界线
虚线	– – 3~5 – – 1 – –	约$d/3$	不可见的轮廓线
细点画线	—— 15~25 ——·—— 3 ——	约$d/3$	轴线、对称中心线、轨迹线
粗点画线	▬·▬·▬·▬	d	有特殊要求的线或表面的表示线
双点画线	—··—··—··	约$d/3$	相邻辅助零件的轮廓线、极限位置的轮廓线

2）图线的宽度

绘制机械图样的图线分为粗和细两种。粗线的宽度用d表示，可在0.5~2 mm之间选择（练习时一般采用0.7 mm），细线的宽度为$d/3$。

3）图线的画法

不论是虚线还是各种点画线，在出现相交时应尽量相交于线，而不应该相交于点或间隔；虚线为粗实线的延长线时应留有间隙。如图1-12所示。

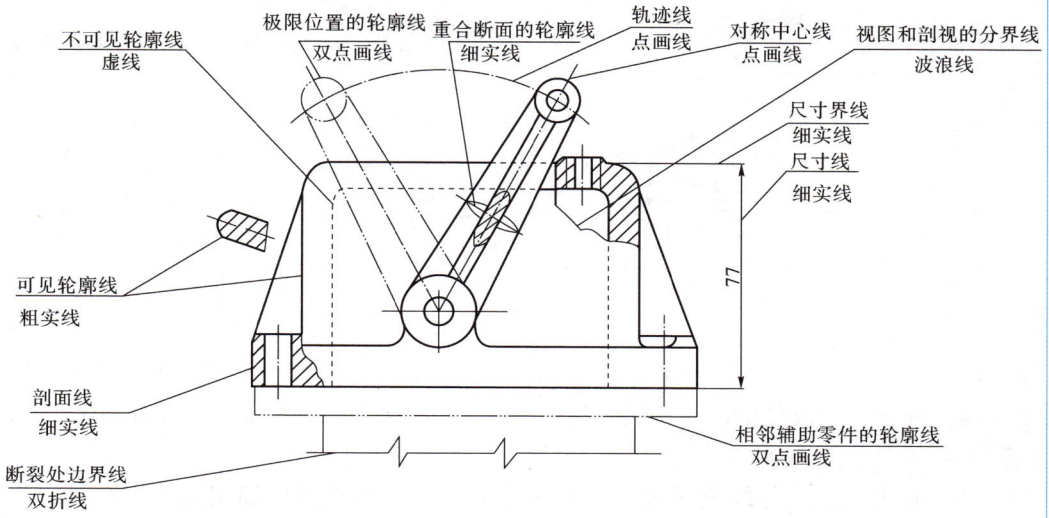

图 1-11　线型应用

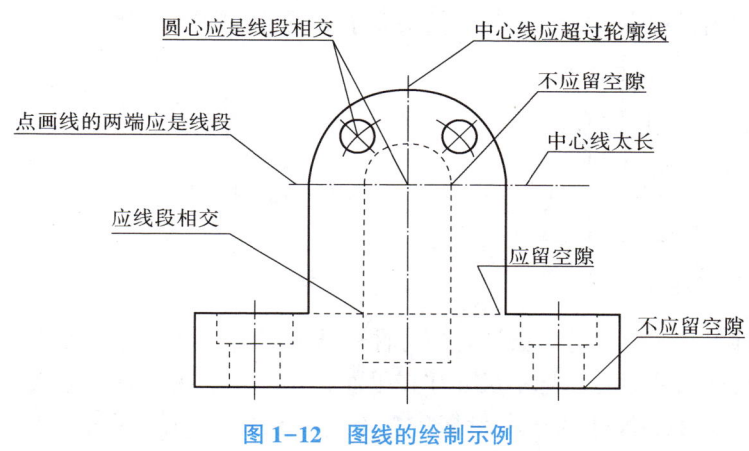

图 1-12　图线的绘制示例

5. 尺寸注法（GB/T 4458.4—2003）

图形仅用于表示物体的形状，其大小是由标注尺寸来确定的。尺寸是图样中十分重要的内容，是制造机件的依据。国家标准《机械制图　尺寸注法 GB/T 4458.4—2003》规定了标注尺寸的基本方法。

1）尺寸标注的基本规则

（1）机件的真实大小应以图样上所注的尺寸数值为依据，与图形的大小以及画图的准确度无关。

（2）图样中的尺寸以毫米为单位，不需要标注计量单位符号或名称。如采用其他单位，则必须注明相应的单位符号。

（3）机件的每一尺寸，一般只标注一次，并应标注在反映该结构最清晰的图形上。

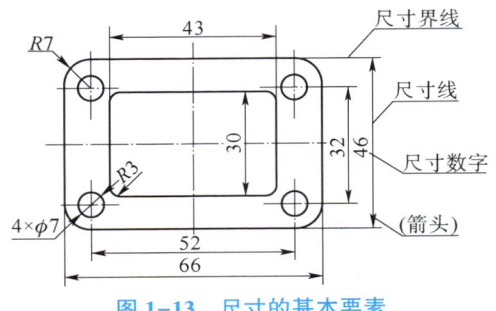

图 1-13　尺寸的基本要素

（4）图样中所标注的尺寸为该图样所示机件的最后完工尺寸，否则应加以说明。

2）尺寸要素

一个完整的尺寸应包括尺寸界线、尺寸线和尺寸数字三个要素，如图 1-13 所示。

（1）尺寸界线。尺寸界线表示尺寸的范围，用细实线绘制。尺寸界线可从图形的轮廓线、轴线或中心线处引出，也可以直接利用轮廓线、轴线或中心线作为尺寸界线。在光滑过渡处标注尺寸时，必须用细实线将轮廓线延长，从它们的交点处引出尺寸界线。如图 1-14 所示。

（2）尺寸线。尺寸线表示尺寸的度量方向，尺寸线必须用细实线单独绘制。尺寸线一般与尺寸界线垂直，尺寸界线需超出尺寸线终端箭头约 2 mm。尺寸线终端有两种形式，即箭头和斜线，在同一张图纸上，只能采用一种尺寸终端形式，使图纸比较清晰。机械图样中主要采用箭头，箭头要求如图 1-15 所示。

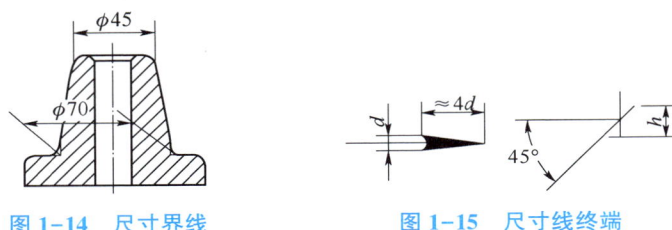

图 1-14　尺寸界线　　　　　图 1-15　尺寸线终端

标注线性尺寸时，尺寸线必须与所标注的线段平行，且不能用其他图线代替。在标注互相平行的尺寸时，应把小尺寸注在里面，大尺寸注在外面，避免线条相交。

（3）尺寸数字。尺寸数字尽量居中，不允许被任何图线穿过，当无法避免时，必须将图线断开，如图 1-14 所示的尺寸 $\phi70$。

线性尺寸、圆和圆弧尺寸、球面尺寸、弧长尺寸、角度尺寸以及不同大小尺寸的标注方法各有不同，有关标注的相关规定及形式见表 1-6。

表 1-6　常用尺寸标注法规定

类型	图例	说明
线性尺寸数字注写方向		（1）水平尺寸字头朝上，尺寸线铅垂时字头朝左，倾斜尺寸应保证字头朝上的趋势。 （2）尽量避免在 30° 范围内标注尺寸，可以标在引出线上

类型	图例	说明
圆和圆弧尺寸注法	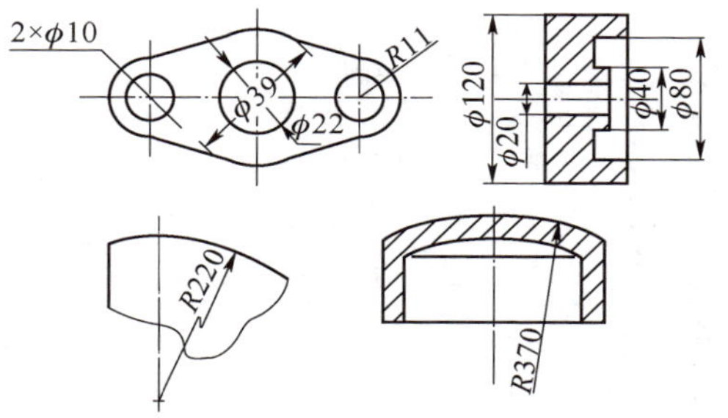	（1）半径和直径尺寸应在数字前分别加符号 R 和 φ。 （2）圆和大于半圆的圆弧标注直径，半圆和小于半圆的圆弧标注半径。 （3）大圆弧可注出圆弧圆心，也可不注圆心
球面尺寸注法	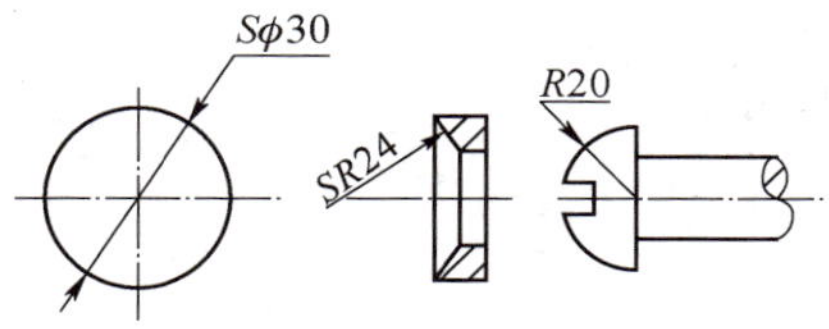	在标注球面直径或半径时，应该在符号 φ 或 R 前加注符号"S"
角度尺寸注法	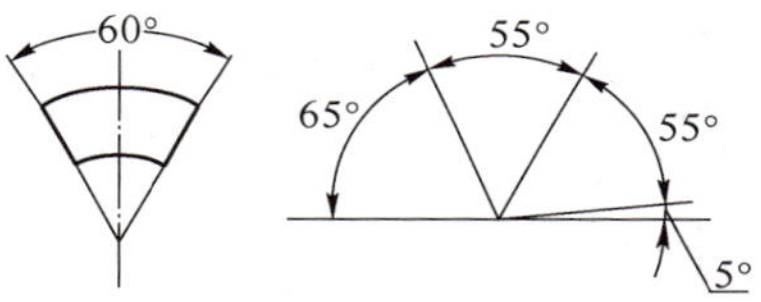	（1）尺寸界线沿径向引出，尺寸线是以角顶点为圆心的圆弧。 （2）角度数字一律水平注写，一般注写在尺寸线的中间位置，也可注写在尺寸线外或引出标注
小尺寸注法	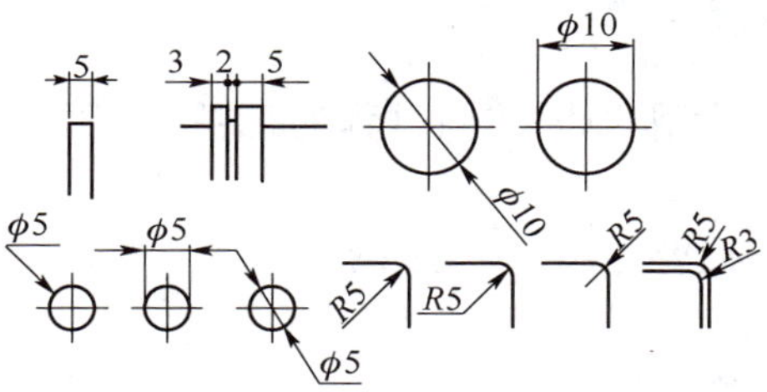	（1）在尺寸界线之间没有足够位置画箭头或注写尺寸数字时，可注写在外侧。 （2）连续尺寸中间的箭头可用圆点代替，圆点的大小应与箭头尾部宽度相同
相同组成要素注法	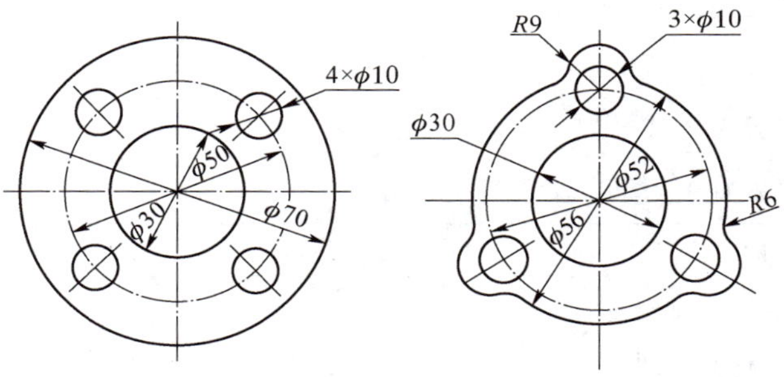	（1）在同一图形中尺寸相同的孔、槽等组成要素，可仅在一个要素上注出其尺寸和数量。 （2）当组成要素（如均匀分布的孔）的定位和分布情况在图中已经明确时，只需标注出个别图形的尺寸

尺寸标注的符号。在标注尺寸时，应尽可能使用符号或缩写词。常用的标注符号和缩写词见表1-7。

表 1-7　尺寸标注中的符号和缩写词

名称	符号或缩写词	名称	符号或缩写词
直径	ϕ	45°倒角	C
半径	R	深度	↓
圆球直径	$S\phi$	沉孔或锪平	⊔
圆球半径	SR	埋头孔	∨
厚度	t	均布	EQS

拓展训练

（1）在表 1-8 中填入图纸规格尺寸。

表 1-8　图纸规格尺寸

图纸规格	A0	A1	A2	A3	A4
图纸尺寸（$L×B$）					

（2）图框是绘图时在图幅中设定的绘图格式和绘图范围，图框格式有＿＿＿＿＿＿型和＿＿＿＿＿＿型两种。

知识链接3　几何作图

手柄平面图作图

【想一想】扫描二维码观看手柄平面图作图过程的视频并回答问题。

（1）手柄平面图中包含哪些线段？画图顺序是什么？

（2）你知道哪些几何作图方法？

机械图样一般由直线、圆、圆弧和几何图形组成。为确保画图质量、提高画图速度，必须熟练掌握一些常见几何图形的作图方法和作图技巧。

1. 常见几何图形的作图方法

常见几何图形的作图方法见表 1-9。

表 1-9　常见几何图形的作图方法

类型	图例	说明
正六边形	(a)　　　　(b)	方法一：用圆规以圆的半径为长度等分圆周，如图（a）所示。 方法二：用60°三角板作正六边形，如图（b）所示

类型	图例	说明
斜度	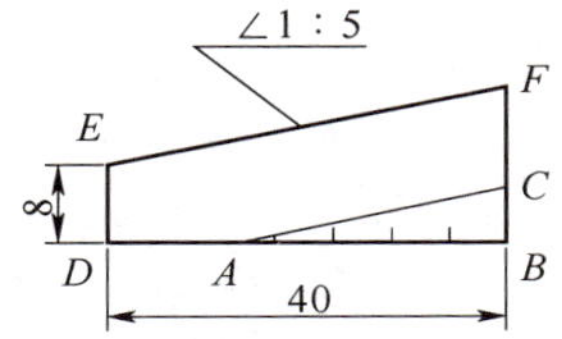	斜度是指一直线或平面对另一直线或平面的倾斜程度，其大小用两者间夹角的正切值来表示，在图上写成 $1:n$ 的形式，并加注与斜线方向相同的符号"∠"或"⊿"。如图，按尺寸定 B、D、E 各点，取 AB 等于 5 个单位长度，BC 等于 1 个单位长度，连 AC 得 1：5 斜线；过 E 作 AC 平行线即可
锥度	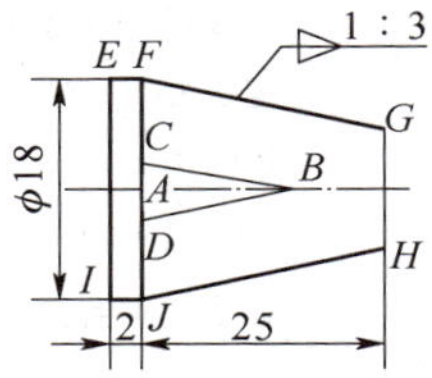	锥度是指正圆锥底圆直径与圆锥高度之比（圆锥台上下两底圆直径之差与其高度之比），在图上通常将其值注写成 $1:n$ 的形式，并加注与锥度方向相同的符号"◁"或"▷"。如图，按尺寸定 E、F、G、H、J、I 各点，取 AB 等于 3 个单位长度，CD 等于 1 个单位长度，连接 CB、BD 得两条 1：3 的锥度线，过 F、J 作 CB、BD 的平行线即可
椭圆	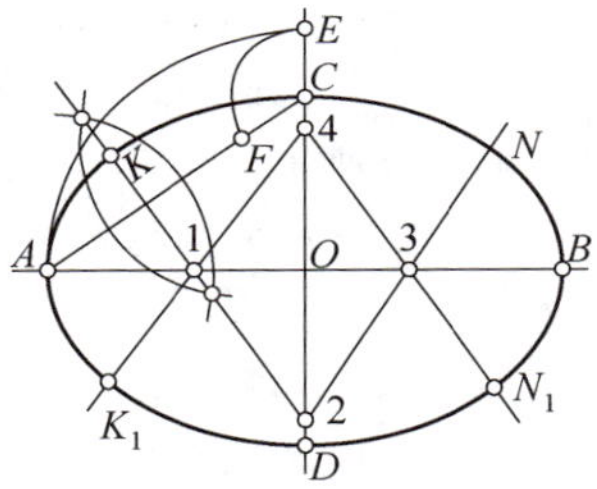	四心圆法即求出画椭圆的四个圆心和半径，用四段圆弧近似地代替椭圆。步骤如下：画出相互垂直且平分的长轴 AB 和短轴 CD；连接 AC，并在 AC 上取 $CF = OA - OC$；作 AF 的中垂线，与长、短轴相交，分别得交点 1、2，再作对称点 3、4；分别以 1、2、3、4 点为圆心，$A1$、$C2$、$B3$、$D4$ 为半径画弧，即得近似椭圆

2. 圆弧连接

　　在画图时，经常需要用圆弧光滑连接相邻的两条已知线段，这种作图方法称为圆弧连接。作图的要点是准确地作出连接弧的圆心和切点，见表 1-10。

表 1-10　圆弧连接的作图方法

类型	作图方法	说明
圆弧连接两倾斜直线	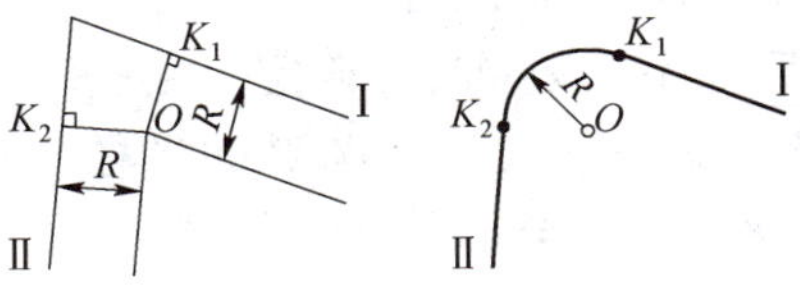	①作与已知两相交直线分别相距为 R 的平行线，交点 O 即为连接圆弧的圆心； 　　②从圆心 O 分别向两直线作垂线，垂足 K_1、K_2 即为切点； 　　③以 O 为圆心、R 为半径在两切点 K_1、K_2 之间作圆弧即可

类型	作图方法	说明
圆弧连接两垂直直线		①以两已知垂直直线交点为圆心、R 为半径画弧交两已知直线得 K_1、K_2； ②以 K_1、K_2 为圆心，R 为半径画弧，两弧的交点即为圆心 O； ③以 O 为圆心、R 为半径在两切点 K_1、K_2 之间作圆弧即可
圆弧（半径为 R_1）连接已知直线和圆弧（半径为 R）		①以 R_1 为间距作直线 L 的平行线；以 O_1 为圆心，R_1+R 为半径画弧，交 L_1 于 O 点，即为连接弧的圆心； ②过 O 点作直线 L 的垂线得垂足 1，连接 OO_1 交已知圆弧于 2 点，1 点和 2 点即为切点； ③以 O 为圆心，R_1 为半径，自 1 点到 2 点画圆弧即可
圆弧（半径为 R）外切连接两已知圆弧（半径分别为 R_1、R_2）		①以 O_1 为圆心，$R+R_1$ 为半径画弧；以 O_2 为圆心，$R+R_2$ 为半径画弧，两圆弧交点 O 即为连接弧圆心； ②连 OO_1、OO_2 交已知弧于 K_1、K_2，即得切点；③以 O 为圆心、R 为半径，自 K_1 点到 K_2 点画圆弧即可
圆弧（半径为 R）内切连接两已知圆弧（半径分别为 R_1、R_2）		①以 O_1 为圆心，$R-R_1$ 为半径画弧；以 O_2 为圆心，$R-R_2$ 为半径画弧，两圆弧交点 O 即为连接弧圆心； ②连 OO_1、OO_2 交已知弧于 K_1、K_2 即得切点； ③以 O 为圆心，R 为半径自 K_1 点到 K_2 点画圆弧即可

3. 平面图形的分析与绘制

1）尺寸分析

平面图形的尺寸按其作用分为定形尺寸和定位尺寸。为了确定画图时所需要的尺寸数量及画图的先后顺序，必须首先确定尺寸基准。

（1）定形尺寸。确定平面图形中线段的长度、圆弧的半径（或圆的直径）和角度等形状大小的尺寸，称为定形尺寸。如图 1-16 中的 $\phi 6$、$\phi 20$、$R10$、$R16$、$R12$、$R50$ 等。

（2）定位尺寸。用于平面图形中确定各线段间相对位置的尺寸称为定位尺寸。例

手柄立体图

如圆心的位置尺寸、直线与中心线的距离尺寸等。如图 1-16 中尺寸 8 确定了 $\phi6$ 的圆心位置，75 间接地确定了 $R10$ 的圆心位置，45 确定了 $R50$ 圆心坐标值，故 8、75、45 均为定位尺寸。

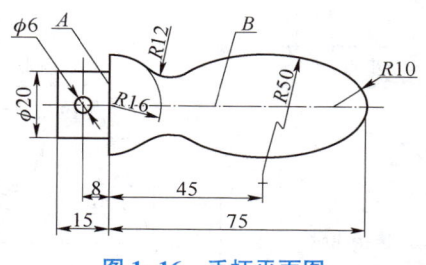

图 1-16　手柄平面图

标注或度量尺寸的起点称为尺寸基准。一个平面图形应有水平和垂直两个方向的定位尺寸和尺寸基准，通常以对称线、中心线和重要轮廓线作为尺寸基准。如图 1-16 中的 A 和 B。

2）线段分析

平面图形中的线段（直线或圆弧），根据其定位尺寸的完整与否，可分为已知线段、中间线段和连接线段三类。

（1）已知线段。定形尺寸和定位尺寸均齐全的线段为已知线段，作图时可以根据已知尺寸直接绘出。如图 1-16 中的 $R10$、$R16$、$\phi6$ 等。

（2）中间线段。只给出定形尺寸和一个定位尺寸的线段为中间线段，其另一个定位尺寸可依靠与相邻已知线段的几何关系求出。如图 1-16 中的 $R50$。

（3）连接线段。只给出定形尺寸，定位尺寸可依靠其两端相邻的已知线段求出的线段为连接线段。如图 1-16 中的 $R12$。

手柄平面图作图步骤见表 1-11。

表 1-11　手柄平面图作图步骤

步骤	图形	说明
画基准线		画图形的基准线，确定平面图形在图纸上的位置
画已知线段		按尺寸画矩形，确定圆心，画出 $\phi6$ 圆和 $R10$、$R16$ 圆弧
画中间线段		大圆弧 $R50$ 是中间圆弧，圆心位置尺寸只有一个水平方向是已知的（45），垂直方向位置根据 $R50$ 圆弧与 $R10$ 圆弧内切的关系画出

步骤	图形	说明
画连接线段	$R(16+12=28)$ $R(50+12=62)$	按 $R12$ 的圆弧同时与 $R16$、$R50$ 圆弧外切找圆心、切点后画出
检查加粗		整理全图，擦去多余的作图线，描深、加粗图形

3）平面图形的绘制步骤

（1）准备工作。首先准备好图板、丁字尺、三角板、圆规及其他绘图工具、用品，削好铅笔，备好铅芯。

（2）选定图幅。根据图样的大小和比例选择图幅，用胶带纸将图纸固定在图板的左上方。固定时，应使图纸的水平边与丁字尺的工作边平行。

（3）画图框和标题栏。按规定的幅面、周边尺寸和标题栏位置画出细线框。

（4）布置图形的位置。布图要均匀美观。根据每个图形的长、宽尺寸确定位置，画出各图形的基准线（对称线、中心线、轴线等）。

（5）画底图。先画主要轮廓，再画细节。铅笔应削尖，画底稿线应细、轻、准。

（6）标注尺寸。图形底稿检查无误后，先画尺寸界线、尺寸线、箭头，再填写尺寸数字。

（7）加粗描深。加粗时应做到线型正确、粗细分明、浓淡一致、连接光滑、图面整洁。要按线型选择铅笔，尽可能将同一类型、同样粗细的图线一起描深。先描圆及圆弧，再描直线。从图的左上方开始顺序向下描深横线，自左向右描深竖线，然后描深斜线，最后描深图框和标题栏。

（8）填写标题栏。

拓展训练 ✍

（1）如图 1-17 所示作圆的内接正六边形。

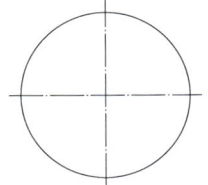

图 1-17　作圆的内接正六边形　　　　六边形画法

（2）如图 1-18 所示作圆的内接正五边形。

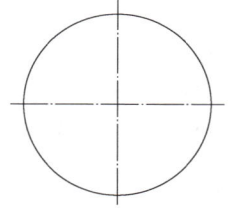

图 1-18　作圆的内接正五边形

五边形画法

项目实施

扳手的平面图形含有直线、圆弧、六等分圆周、圆弧连接等几何要素，需要熟练使用绘图工具并按一定的顺序才能顺利完成。画图步骤见表 1-12。学会了扳手平面图形的绘制，理解相关知识和方法之后，便可以举一反三地完成其他不同形状平面图形的绘制。

表 1-12　扳手平面图画图步骤

步骤	作图方法	说明
画基准线	150	在图纸中间位置画水平方向点画线，按尺寸 150 在适当位置画两条竖直方向点画线
画已知线段		以点画线交点为圆心，分别画直径为 $\phi15$ 和 $\phi36$ 的圆，以及半径为 $R12$ 和 $R36$ 的已知圆弧；将直径 $\phi36$ 的圆六等分，绘制其内接正六边形，选取正确的点作为圆心；绘制半径为 $R18$ 的圆弧，并和半径 $R36$ 的圆弧相切
画中间线段		由尺寸 36 定 D、E 两点，并过 D、E 两点作半径 $R12$ 圆弧的切线
画连接线段		按半径 $R33$ 的圆弧与直线相切并与半径 $R36$ 的圆弧相切找圆心，画出半径 $R33$ 的圆弧

学习笔记

步骤	作图方法	说明
加深描粗		将图形的轮廓线加深描粗
标注尺寸		标注图形尺寸

项目评价

项目评价表见表1-13。

表1-13 项目评价表

序号	检查项目	分值	自评	互评	教师评价
1	是否正确地削磨铅笔和圆规	15			
2	是否能清晰地表达机械图纸	15			
3	是否能熟练运用涉及的制图国家标准	15			
4	是否正确地绘制平面图形	35			
5	完成绘图后是否进行了认真检查，并对检查的问题进行思考或者师生交流	15			
6	参与思政课堂讨论	5			

项目二　绘制投影图

项目描述

　　绘制如图 2-1 所示物体的三视图。要绘制物体的三视图首先要掌握投影原理，其次应掌握三视图的画法。

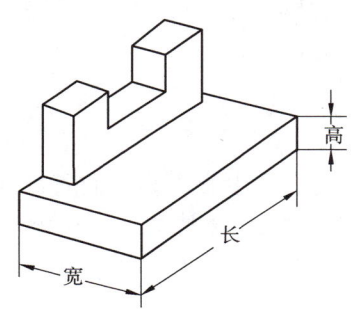

图 2-1　物体的轴测图

立体

项目目标

　　（1）了解投影的基本原理，熟悉常见基本立体的形成方法及其视图特征，掌握立体表面交线的画法。

课程思政案例三

　　（2）能够熟练地绘制简单立体的三视图，能够分析立体表面截交线和相贯线并准确地绘制出交线的投影。

　　（3）培养学生的民族自豪感，激发学生的爱国情怀。

知识链接 1　绘制物体三视图

　　【想一想】扫描二维码观看投影法的视频，回答下列问题。

　　（1）投影方法有几种？

　　（2）机械制图选用哪种投影方法？有何优点？

　　（3）正投影法有哪些基本性质？

投影法视频

（4）在如图 2-2 所示括号中填入投影绘图方法。

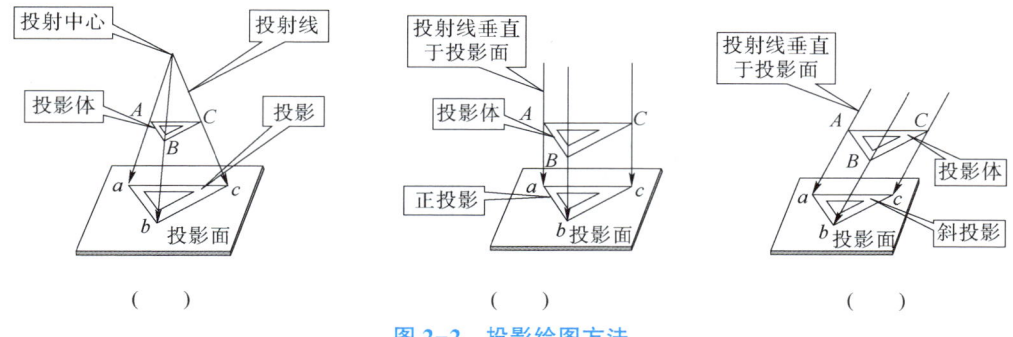

（ ） （ ） （ ）

图 2-2　投影绘图方法

几何体是由点、线、面组成的空间物体。点、直线及平面的投影是几何体投影绘图的基础。要在图纸上正确地表达点、直线及平面的图样，必须借助于恰当的投影方法和投影平台。本部分内容要求用 A3 纸制作三面投影体系并在其上绘制一简单立体的三视图；利用不同位置的直线、平面与三面投影体系的关系，从空间观察得到不同位置直线、平面的投影，完成从空间到平面的过渡。

1. 投影法及三面投影的形成

1）投影法及其分类

物体在光线的照射下，在地面或者墙面上会产生影子。人们通过这些自然现象总结和归纳其中规律，形成了投影法。投影法就是投射线通过物体向选定的面投射，并在该平面上得到图形的方法。根据投射线是否平行，投影法可分为中心投影法和平行投影法两类，见表 2-1。

表 2-1　投影法分类

投影法	投影图		投影特点	应用
中心投影法			投射线交于一点形成投影的方法即为中心投影法。投射线自投影中心 S 出发，将空间 $\triangle ABC$ 投射到投影面 P 上，所得 $\triangle abc$ 即为 $\triangle ABC$ 的投影。投影 $\triangle abc$ 大小随投影中心 S 距离 $\triangle ABC$ 的远近或者 $\triangle ABC$ 距离投影面 P 的远近而改变	用于绘制产品或建筑物的效果图，富有真实感，也称透视图
平行投影法	正投影法		投射线相互平行的投影方法称为平行投影法。投射线垂直于投影面，称为正投影法，所得投影称为正投影，能准确地表达出物体的形状结构，而且度量性好。缺点是立体感差，一般要用两个或两个以上的图形才能把物体的形状表达清楚	主要用于工程图形的绘制

投影法		投影图	投影特点	应用
平行投影法	斜投影法	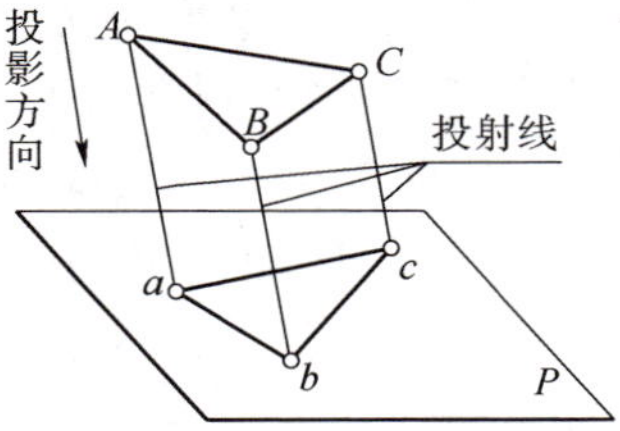	投射线相互平行而倾斜于投影面，称为斜投影法，所得投影称为斜投影，能反映出物体的类似性、立体感强，但度量性差，作图复杂	用于绘制各种斜轴测图，作为工程中的辅助图样

2）正投影法的基本性质

正投影具有从属性、真实性、积聚性、类似性等特点，所以在工程实际中得到了广泛的应用，见表2-2。

表 2-2　正投影法的基本性质

性质	图例	说明
从属性	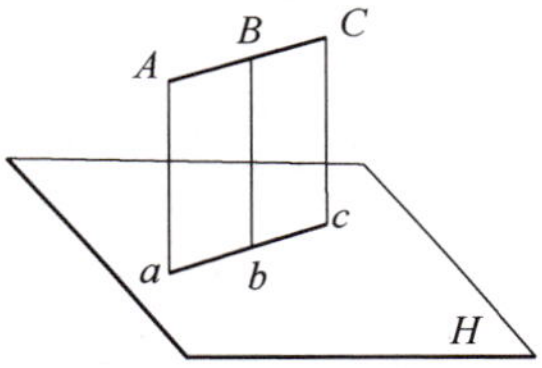	点在直线上，则点的投影仍在直线的投影上
真实性	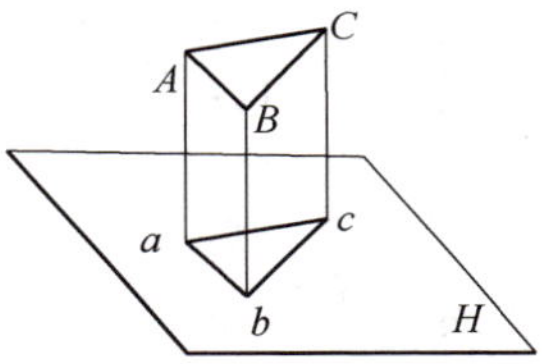	当直线或平面平行于投影面时，其投影反映线段的实长或平面的实形
积聚性	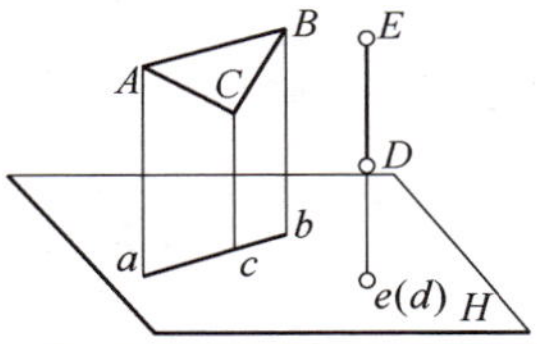	当直线或平面与投射方向一致时（垂直于投影面时），直线段的投影积聚成点，平面的投影积聚成线段
类似性	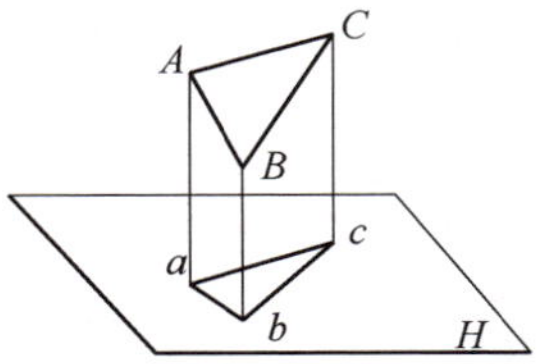	当直线或平面倾斜于投影面时，直线段投影变短，平面的投影为原形缩小的类似形

2. 三视图的形成

1）三视图的概念

用正投影法绘制的物体图形称为视图。一般情况下，向一个投影面投影所得的视图不能确定物体的结构和形状。为了准确地表达物体的形状特征，常常把物体放在一个投影体系中投射，得到一组视图，以表达物体的形状和位置关系。

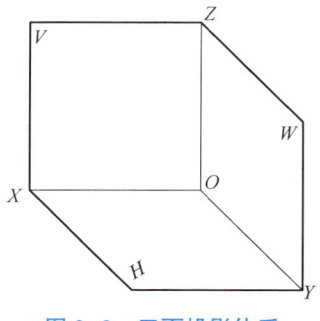

图 2-3 三面投影体系

2）三面投影体系的建立

三面投影体系是由三个互相垂直的平面 V、H、W 构成的，如图 2-3 所示。其中，V 面称为正立投影面，H 面称为水平投影面，W 面称为侧立投影面。两投影面的交线称为投影轴，V 面与 H 面的交线称为 X 轴，H 面与 W 面的交线称为 Y 轴，W 面与 V 面的交线称为 Z 轴。三坐标轴相互垂直，其交点 O 称为原点。

3）三视图的形成

将物体置于三面投影体系中，按正投影法分别将物体向三个投影面进行投射，即得到物体的三个投影，如图 2-4（a）所示。将物体由前向后投射在 V 面上得到的投影称为正面投影；由上向下投射在 H 面上得到的投影称为水平投影；由左向右投射在 W 面上得到的投影称为侧面投影。投影中物体的可见轮廓用粗实线表示，不可见轮廓用虚线表示。物体的正面投影、水平投影、侧面投影与人们正视、俯视、左视物体时所见到的形象相当，故分别称为主视图、俯视图和左视图。

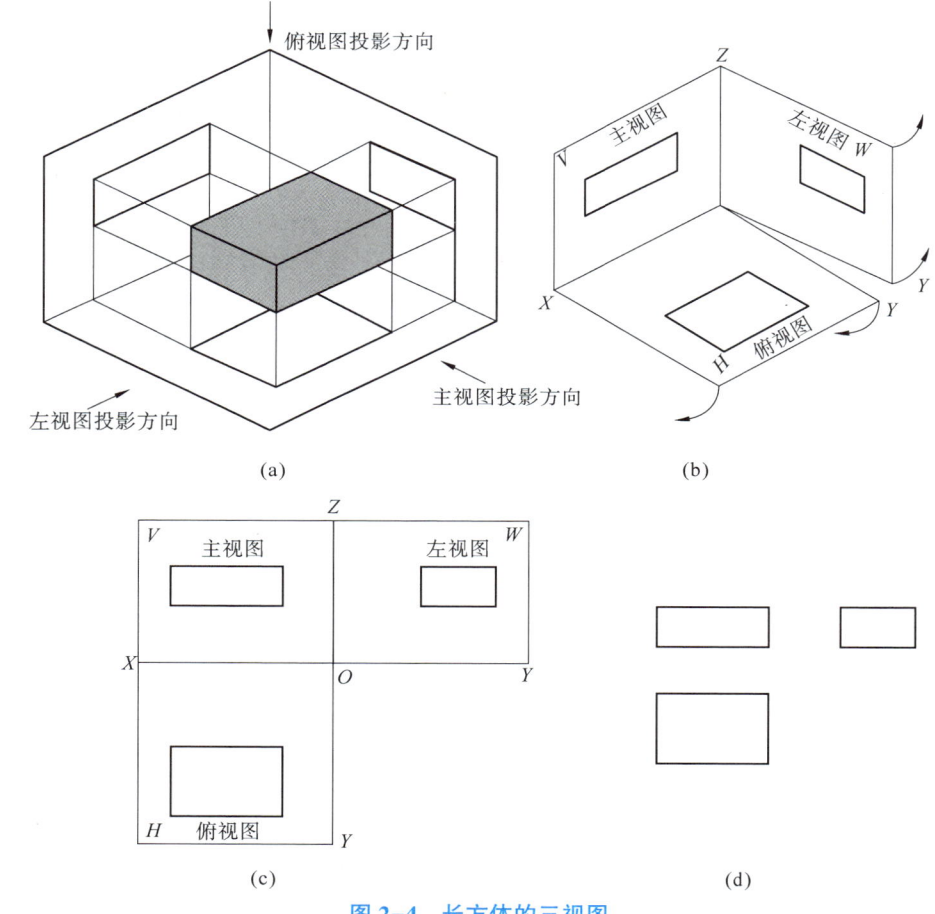

（a）　　　　　　　　　　　　　　（b）

（c）　　　　　　　　　　　　　　（d）

图 2-4　长方体的三视图

（a）三视图的形成；（b）三面投影体系展开；（c）展开后的三视图；（d）三视图的位置

4）投影面展开

为了在同一张图纸上便于画图，需将三个投影展开在同一平面上。展开方法是：V面不动，H面绕OX轴向下旋转90°，W面绕OZ轴向右旋转90°，如图2-4（b）所示，使V、H、W三个投影面展开在同一平面内得到物体的三视图，如图2-4（c）所示。

由于物体的形状只与其视图有关，而与投影面的大小及各视图到投影轴的距离无关，故在画物体三视图时不画投影面边框及投影轴。通常主视图为上，俯视图在主视图的正下方，左视图在主视图的正右方，按此规定配置时不必标注视图名称。如图2-4（d）所示。

3. 三视图的投影规律

1）视图与物体的位置关系

所谓位置关系，指的是以看图者面对正面观察物体为准，物体的上、下、左、右、前、后六个方位在三视图中的对应关系，如图2-5所示。

主视图反映物体上、下、左、右四个方位；

俯视图反映物体左、右、前、后四个方位；

左视图反映物体上、下、前、后四个方位。

以主视图为中心，俯视图和左视图上远离主视图的一边为物体的前，靠近主视图的一边为物体的后，简称"外是前"。

2）三视图的投影规律

如图2-5所示，物体有长、宽、高三个方向的尺寸，但每个视图只能反映两个方向的尺寸，即：主视图只反映物体的长度和高度、俯视图只反映物体的长度和宽度、左视图只反映物体的宽度和高度。三视图表达的是同一物体，而且是物体在同一位置分别向三投影面所作的投影，所以三视图之间必然具有以下规律：

主视图和俯视图长对正；

主视图和左视图高平齐；

俯视图和左视图宽相等。

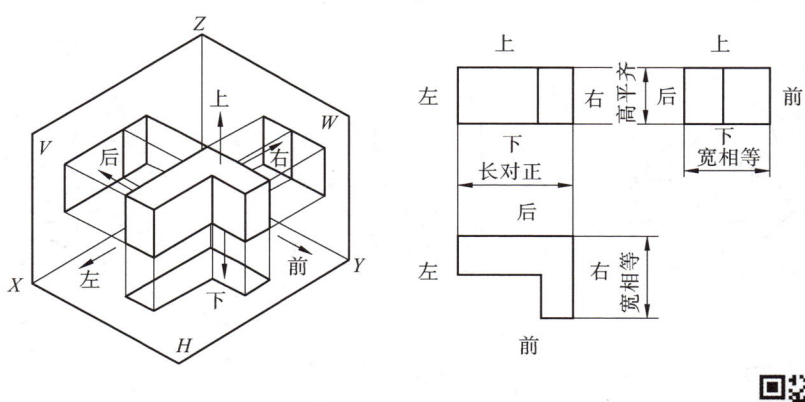

（a）   （b）

图2-5 三视图的投影规律

（a）视图与物体的位置关系；（b）三视图投影规律

三视图形成视频

通常概括为"长对正、高平齐、宽相等",这个规律是画图和读图的基本规律，无论是整个物体还是物体的局部，三视图之间必须符合这个规律。

4. 立体表面上点、线、面的投影

点、线、面是构成物体形状的基本几何元素，熟悉其投影特性有助于绘制物体的视图。

1）点的投影

将空间点 A 分别向 H、V、W 投影面投射，得 A 点的水平投影 a、正面投影 a'、侧面投影 a''，如图 2-6 所示。由投影图可知点的投影规律为：点的水平投影与正面投影的连线垂直于 OX 轴，即 $a'a \perp OX$；点的正面投影和侧面投影的连线垂直于 OZ 轴，即 $a'a'' \perp OZ$；点的水平投影到 OX 轴的距离等于点的侧面投影到 OZ 轴的距离，即 $a\,a_x = a''a_z$，如图 2-7 所示。利用坐标和投影的关系，可以求出已知坐标值的点的三面投影，也可由投影得出空间点的坐标值。

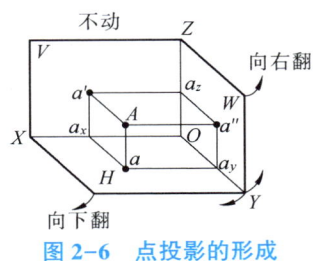

图 2-6　点投影的形成

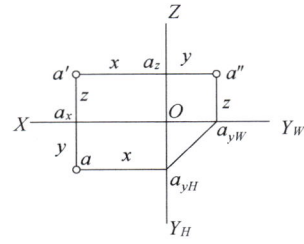

图 2-7　点投影的展开

2）直线的投影

一般情况下直线的投影仍为直线。直线相对投影面有平行、垂直和倾斜三种情况，前面两种称为特殊位置直线，投影特性见表 2-3 和表 2-4；相对三个投影面均倾斜的直线，称为一般位置直线，其三个投影都倾斜，且不反映空间直线的实长和对投影面的倾角，如图 2-8 所示。空间直线与投影面 H、V、W 的倾角分别用 α、β、γ 表示。

表 2-3　投影面平行线的投影特性

名称	水平线	正平线	侧平线
轴测图			
投影图			

名称	水平线	正平线	侧平线
实例			
投影特性	（1）水平投影反映实长，与 X 轴夹角 β、Y 轴夹角 γ 反映空间直线的真实倾角。 （2）正面投影平行 X 轴。 （3）侧面投影平行 Y 轴	（1）正面投影反映实长，与 X 轴夹角 α、Z 轴夹角 γ 反映空间直线的真实倾角。 （2）水平投影平行 X 轴。 （3）侧面投影平行 Z 轴	（1）侧面投影反映实长，与 Y 轴夹角 α、Z 轴夹角 β 反映空间直线的真实倾角。 （2）正面投影平行 Z 轴。 （3）水平投影平行 Y 轴

表 2-4　投影面垂直线的投影特性

名称	铅垂线	正垂线	侧垂线
轴测图			
投影图			
实例			
投影特性	（1）水平投影积聚为一点。 （2）正面投影和侧面投影都平行于 Z 轴，并反映实长	（1）正面投影积聚为一点。 （2）水平投影和侧面投影都平行于 Y 轴，并反映实长	（1）侧面投影积聚为一点。 （2）正面投影和水平投影都平行于 X 轴，并反映实长

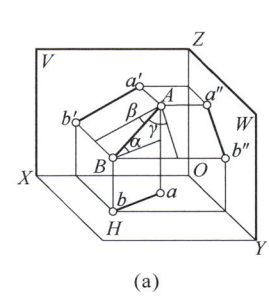

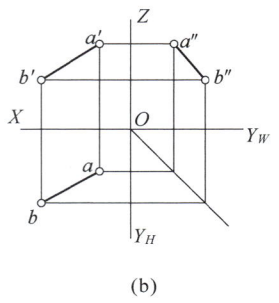

（a）

（b）

图 2-8　一般位置直线的投影

（a）轴测图；（b）投影图

3）平面的投影

根据平面与投影面的相对位置关系可以将平面分为三类：投影面平行面、投影面垂直面、一般位置平面，前两种称为特殊位置平面，其投影特性见表 2-5 和表 2-6；相对三个投影面均倾斜的平面，称为一般位置平面，其三个投影均不反映实形，而是空间平面缩小的类似形，如图 2-9 所示。

表 2-5　投影面平行面的投影特性

名称	水平面	正平面	侧平面
轴测图			
投影图			
实例			
投影特性	（1）水平投影反映实形。 （2）正面投影积聚成平行于 X 轴的直线。 （3）侧面投影积聚成平行于 Y 轴的直线	（1）正面投影反映实形。 （2）水平投影积聚成平行于 X 轴的直线。 （3）侧面投影积聚成平行于 Z 轴的直线	（1）侧面投影反映实形。 （2）正面投影积聚成平行于 Z 轴的直线。 （3）水平投影积聚成平行于 Y 轴的直线

表 2-6　投影面垂直面的投影特性

名称	铅垂面	正垂面	侧垂面
轴测图	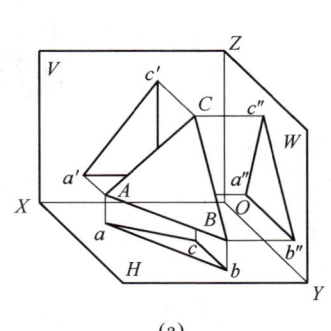		
投影图			
实例			
投影特性	（1）水平投影积聚成直线，与 X 轴夹角 β、Y 轴夹角 γ 反映平面的真实倾角。 （2）正面投影和侧面投影都为空间平面缩小的类似形	（1）正面投影积聚成直线，与 X 轴夹角 α、Z 轴夹角 γ 反映平面的真实倾角。 （2）水平投影和侧面投影都为空间平面缩小的类似形	（1）侧面投影积聚成直线，与 Y 轴夹角 α、Z 轴夹角 β 反映平面的真实倾角。 （2）正面投影和水平投影都为空间平面缩小的类似形

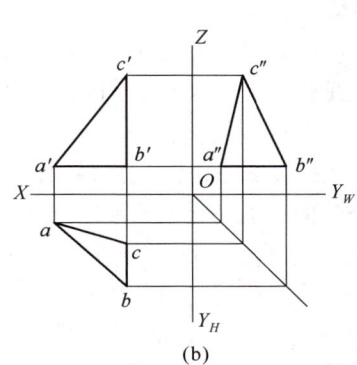

图 2-9　一般位置平面的投影

（a）轴测图；（b）投影图

知识链接 2　绘制基本体三视图

【想一想】 观察生活中的物品和图形，回答问题：

（1）请举例说明在生活中哪些物品分别是由圆柱、圆锥、棱柱、棱锥、圆球等基本立体组成或者演变而成的。

（2）在如图 2-10 所示括号中填入基本体的名称。

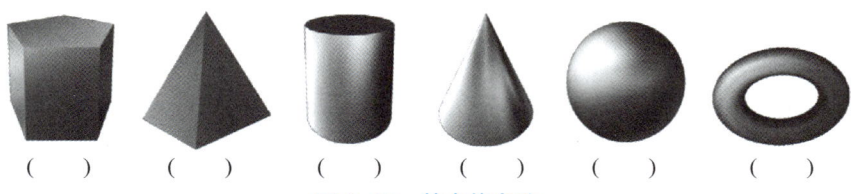

（　　）　　（　　）　　（　　）　　（　　）　　（　　）　　（　　）

图 2-10　基本体名称

（3）在如图 2-11 所示括号中填入几何体类型。

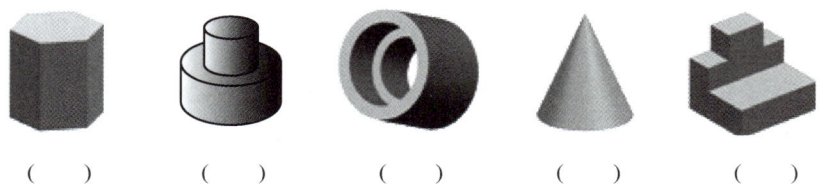

（　　）　　（　　）　　（　　）　　（　　）　　（　　）

图 2-11　几何体类型

机械零件通常是由一个或多个基本几何体组成。因此，机械零件在图纸上的形状则是由基本几何体的三面投影来组成的。本任务要求用胶泥制作各种基本体，在图纸上画出对应基本体的三视图。

1. 平面体的投影

平面基本体的表面全部由平面围成，如棱柱体、棱锥体等。

1）柱体的投影

棱柱体顶面和底面互相平行，其余的面称为侧面或棱面，相邻两棱面的交线称为棱线。在画图时，应尽量将棱柱的端面和棱面放置为投影面的平行面或垂直面。

六棱柱投影法

如图 2-12（a）所示，正六棱柱由上、下两个底面（正六边形）和六个棱面（长方形）组成。投影特点如下：

（1）棱柱的顶面和底面均为水平面，其水平投影重合并反映实形，在正面及侧面投影积聚成两条相互平行的直线。

（2）前后棱面为正平面，正面投影反映实形，水平投影及侧面投影积聚为直线。

（3）棱柱的其他四个侧棱面均为铅垂面，水平投影积聚为直线，正面投影和侧面投影均为类似形。

正六棱柱三视图如图 2-12（b）所示，画图步骤见表 2-7。

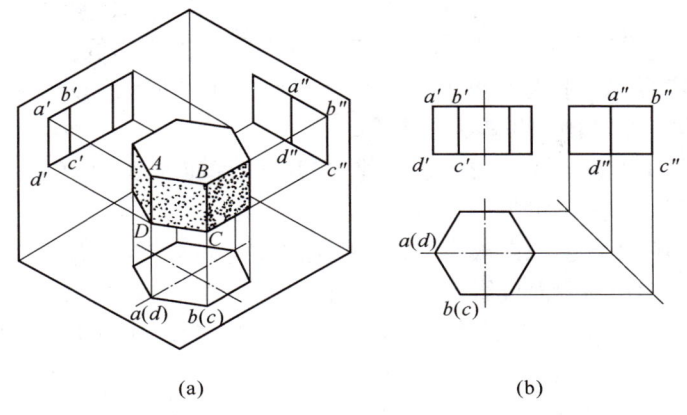

(a)　　　　　　　　　　　　　　(b)

图 2-12　正六棱柱的投影及表面上的点

（a）轴测图；（b）投影图

表 2-7　六棱柱三视图画图步骤

步骤	图例	说明
画基准线		布图，确定三视图位置，画出作图基准线
画俯视图		先画出外接圆，再六等分圆周画出俯视图的投影——"正六边形"
画主视图		根据六棱柱的高度，利用长对正的关系画出六棱柱顶面和底面在主视图中的投影，再画出各棱线的投影即可得到主视图
画左视图		利用高平齐与宽相等的关系画出六棱柱顶面和底面在左视图中的投影，再画出各棱线的投影即可得到左视图
检查加粗		擦去作图线，检查加粗即可完成全图

2）锥体的投影

棱锥体由底面、侧面、棱线和锥顶组成。在画图时，应尽量将棱锥的底面放置为水平面，其余侧面放置为投影面垂直面。

如图 2-13（a）所示三棱锥，其底面为水平面，后侧面是侧垂面，其余两侧面都是一般位置平面。棱线 SA 为侧平线，棱线 SB 和 SC 为一般位置直线。其投影特点如下：

（1）三个棱面的水平投影可见，但均不反映实形。底面的水平投影反映实形，但不可见，它与三个棱面的投影相互重合。

（2）底面的正面投影积聚成直线。前方的两个棱面 SAC、SAB 的正面投影可见，后棱面 SBC 的正面投影不可见。

（3）底面的侧面投影积聚成直线。后棱面 SAC 为侧垂面，其侧面投影积聚成直线。左前侧棱面 SAB 的侧面投影可见，右前侧棱面 SAC 的侧面投影不可见，它们相互重合。各棱面的投影均不反映实形。棱线 SA 是侧平线，其侧面投影反映实长。

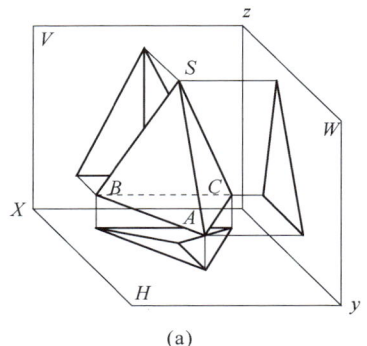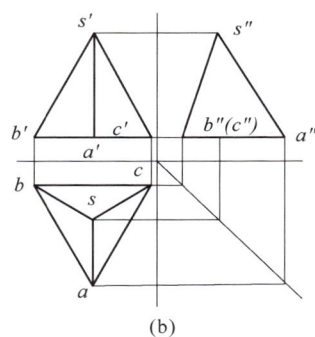

（a）　　　　　　　　　　　（b）

图 2-13　正三棱锥体投影分析

（a）轴测图；（b）投影图

三棱锥三视图如图 2-13（b）所示，画图步骤见表 2-8。

表 2-8　三棱锥三视图画图步骤

步骤	图例	说明
画基准线		布图，确定三视图位置，画出作图基准线
画俯视图		先画出外接圆，再三等分圆周画出俯视图的投影——"正三角形"
画主视图		利用长对正的关系画出三棱柱底面在主视图中的投影，根据三棱柱的高度定出顶点，再画出各棱线的投影即可得主视图

步骤	图例	说明
画左视图	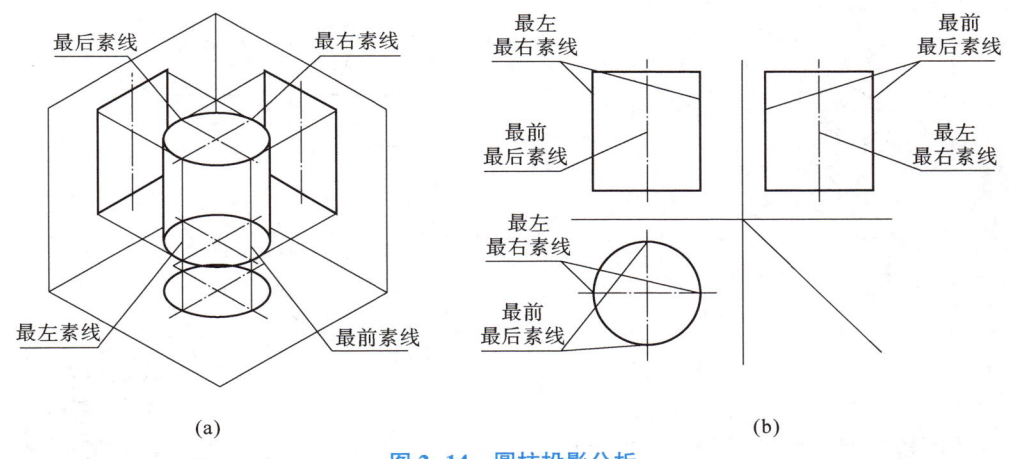	利用高平齐和宽相等的关系画出三棱柱底面和顶点在左视图中的投影，再画出各棱线的投影即可得到左视图
检查加粗		擦去作图线，检查加粗即可完成全图

2. 回转体的投影

曲面基本体的表面由曲面或曲面和平面所围成，如圆柱体、圆锥体和圆球体等。

1）圆柱的投影

一条直线围绕与它平行的轴线回转而成的曲面称为柱面，直线 AB 称为母线，母线的任一位置称为素线，故圆柱面上的素线为平行于轴线的直线。

如图 2-14（a）所示，圆柱由一个圆柱面和两个底平面组成，圆柱面的所有素线以及轴线均为铅垂线，上、下两个底面均为水平面。其投影特点如下：

（1）圆柱的顶面和底面在 H 面的投影重叠，反映圆的实形，圆柱面的所有素线在 H 平面的投影积聚为点，且落在圆周上。

（a）   （b）

图 2-14　圆柱投影分析

（a）轴测图；（b）投影图

（2）顶面和底面在 V 面的投影积聚为平行于 X 轴的直线。前后两个半圆柱的投影重合为一矩形，矩形的两条竖直线属于圆柱表面最左、最右素线的投影，它们是圆柱面前、后分界的转向轮廓线。

（3）顶面和底面在 W 面的投影积聚为平行于 Y_W 轴的直线。左、右两个半圆柱面的投影重合为一矩形，矩形的两条竖直线属于圆柱表面最前、最后素线的投影，它们

是圆柱面左、右分界的转向轮廓线。

圆柱的一个投影为圆，其他两个投影为相等的矩形。如图 2-14（b）所示，画圆柱三视图时，一般先画中心线，然后画出圆柱面有积聚性的投影（圆），再根据投影关系画出圆柱的另两个投影。

2）圆锥的投影

由一条与轴线斜交的直母线绕轴线回转一周而成的曲面称为锥面，锥面上任意位置的母线称为圆锥表面的素线，可见圆锥面上的素线是相交于一点（锥顶）的直线。

圆锥表面共有两个面，一个底圆平面、一个圆锥面，如图 2-15（a）所示，圆锥的底平面为水平面，圆锥的轴线为铅垂线。其投影特点如下：

（1）底平面在 H 面的投影反映底圆实形，圆锥面在 H 面的投影与底平面在 H 面的投影重影。

（2）底平面在 V 面的投影积聚为平行于 X 轴的直线；前、后两个半圆锥面的投影重合为一等腰三角形，三角形的两腰分别是圆锥表面最左、最右素线的投影，它们是圆锥面前、后分界的转向轮廓线。

圆柱投影

（3）底平面在 W 面的投影积聚为平行于 Y 轴的直线；左、右两个半圆锥面的投影重合为一等腰三角形，三角形的两腰分别是圆锥表面最前、最后素线的投影，它们是圆锥面左、右分界线的转向轮廓线。

圆锥的一个投影为圆，其他两个投影为两个相等的等腰三角形，圆锥面的投影无积聚性。如图 2-15（b）所示。

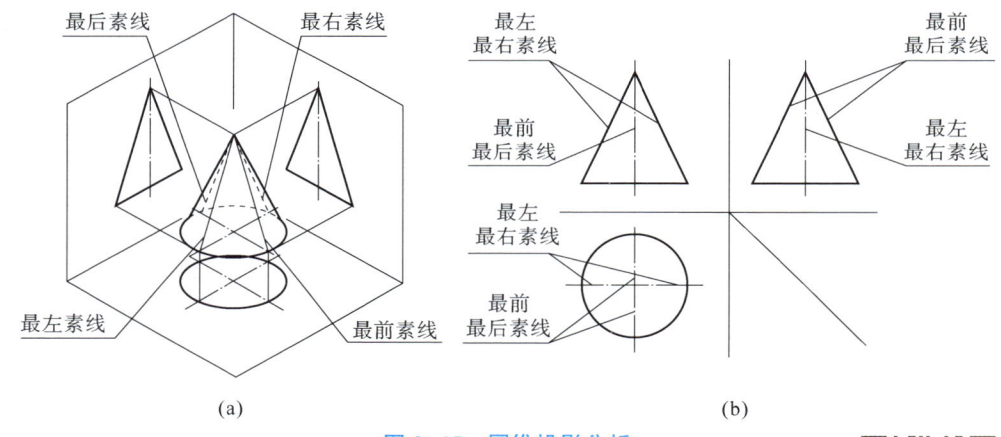

（a）   （b）

图 2-15 圆锥投影分析

（a）轴测图；（b）投影图

圆锥投影

画圆锥三视图时，一般先画出对称中心线，然后画出圆锥反映底圆实形的投影，再根据投影关系画出圆锥的另两个投影。

3）圆球的投影

如图 2-16（a）所示，圆球由球面组成。投影特点如下：

（1）水平投影是球面上平行于 H 面的最大圆的投影，该圆的正面投影和侧面投影分别与圆的水平中心线重合，用点画线表示。

（2）正面投影是球面上平行于 V 面最大圆的投影，该圆的水平投影和侧面投影分别与圆的水平中心线和铅垂中心线重合，用点画线表示。

（3）侧面投影是球面上平行于 W 面的最大圆的投影，该圆的水平投影和正面投影与圆的铅垂中心线重合，用点画线表示。

圆球的水平投影圆、正平投影圆、侧平投影圆分别为上下半球分界圆、前后半球分界圆、左右半球分界圆，简称为上下分界圆、前后分界圆、左右分界圆。

圆球的三视图是直径相等的圆。如图 2-16（b）所示，画圆球的三视图时，可先画出球心的三个投影，再以球心的三个投影为圆心分别画出三个与圆球直径相等的圆。

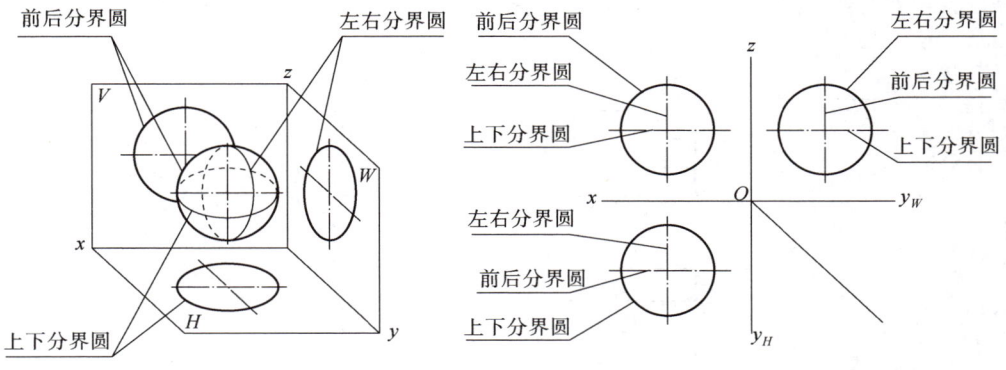

（a）   （b）

图 2-16　圆球投影分析
（a）轴测图；（b）投影图

圆球投影

拓展训练

（1）在如图 2-17 所示三视图中填写视图名称及物体的长、宽、高三个尺寸。

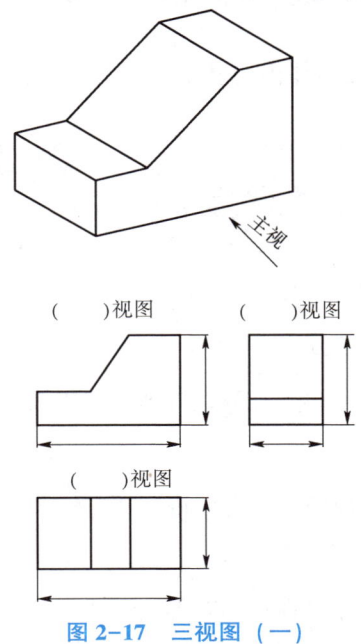

图 2-17　三视图（一）

（2）如图 2-18 所示在三视图中填写上下、左右和前后 6 个方位。

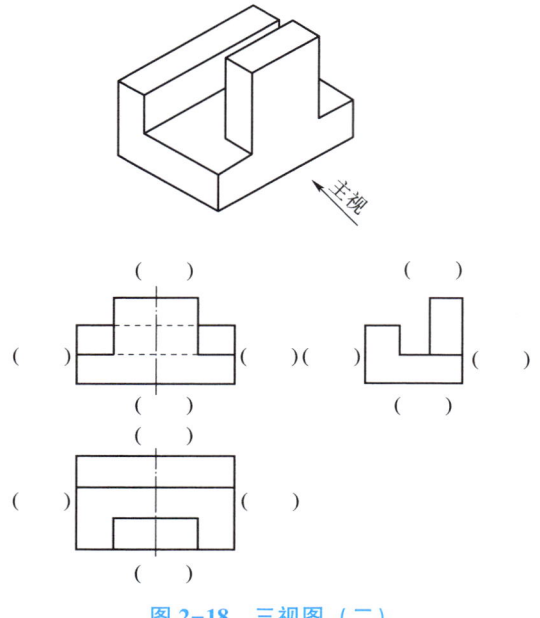

图 2-18　三视图（二）

知识链接 3　绘制立体表面的交线

【想一想】扫描二维码观看立体表面交线的视频，回答下列问题：

（1）如图 2-19 所示，几何体由何基本体切割而成，切出的交线是什么形状？

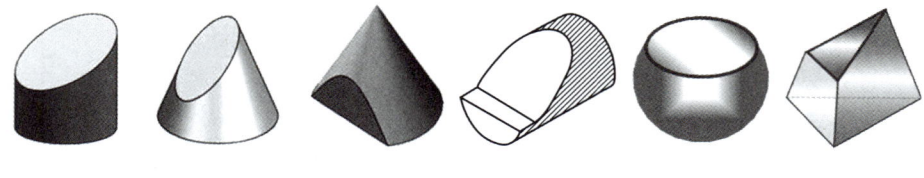

＿＿、＿＿　＿＿、＿＿　＿＿、＿＿　＿＿、＿＿　＿＿、＿＿　＿＿、＿＿

图 2-19　几何体

（2）平面切割圆柱有几种切法？可以得到哪些表面交线？

（3）平面切割圆锥有几种切法？可以得到哪些表面交线？

（4）平面切割圆球有几种切法？可以得到哪些表面交线？

组成机械零件的基本体通常是经过切割或者相交的，切割或者相交后的立体存在表面交线，不同的方位切割平面或者是不同的立体相交则产生的表面交线不一样。因此，在绘制机械零件图时，基本体表面交线是难点之一。

1. 立体表面截交线的绘制

基本体在组成机械零件时，因结构的需要往往要截掉一部分，这种被平面截割后的基本体称为截断体，截切后产生的表面交线叫截交线。分析截交线在三视图中的投影是绘制和识读截断体三视图的关键。

1）平面立体截交线

如图 2-20（a）所示，截平面截切四棱锥，由于平面基本体的表面都是平面，所以截交线是封闭的多边形，多边形的各顶点是平面基本体各棱线上的点。因此，求平面体上截交线的投影，就是求直线上点的投影。

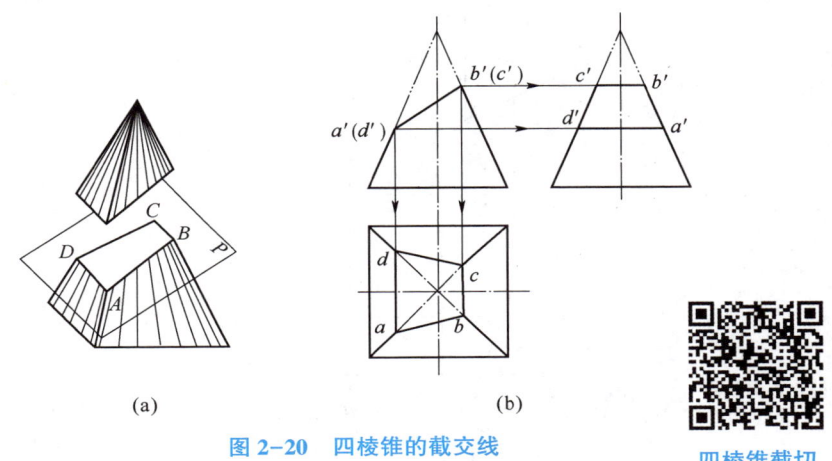

(a)   (b)

图 2-20　四棱锥的截交线

四棱锥截切

【例 2-1】图 2-21 所示为一带缺口的三棱锥，试根据主视图完成其余两视图。

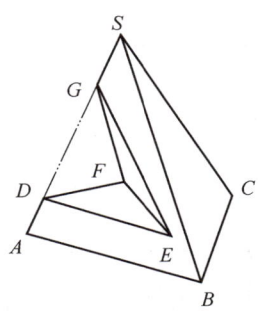

图 2-21　缺口三棱锥轴测图

分析：三棱锥的缺口由一个水平面和一个正垂面切割而形成，因水平截平面平行于底面，所以它与前棱面的交线 DE 必平行于底边 AB，与后棱面的交线 DF 必平行于底边 AC。正垂截平面分别与前、后棱面相交于直线 GE、GF。由于两个截平面都垂直于正面，所以其交线 EF 一定是正垂线。因这两个截平面都垂直于正面，所以 $d'e'$、

$d'f'$和$g'e'$、$g'f'$都分别重合在截平面有积聚性的正面投影上，$e'f'$则位于截平面有积聚性的正面投影的交点处。

带缺口三棱锥投影的作图过程见表2-9。

表2-9　带缺口三棱锥投影的作图步骤

步骤	图例	说明
完成未切割前三棱锥的投影		在题图上补齐未切割前三棱锥的投影，并标上点的投影符号
求棱线上被截断点G、D的投影		根据点在线上和点的投影规律，由d'、g'作投影连线，分别在sa、$s''a''$上作出d、d''、g、g''
求棱面上交点E、F的投影		根据平行直线的性质，由d作$de//ab$，$df//ac$，再分别由e'、f'作投影连线，在de、df上作出e、f，由e、e'和f'、f作投影连线得出e''、f''

步骤	图例	说明
连接各点并加粗	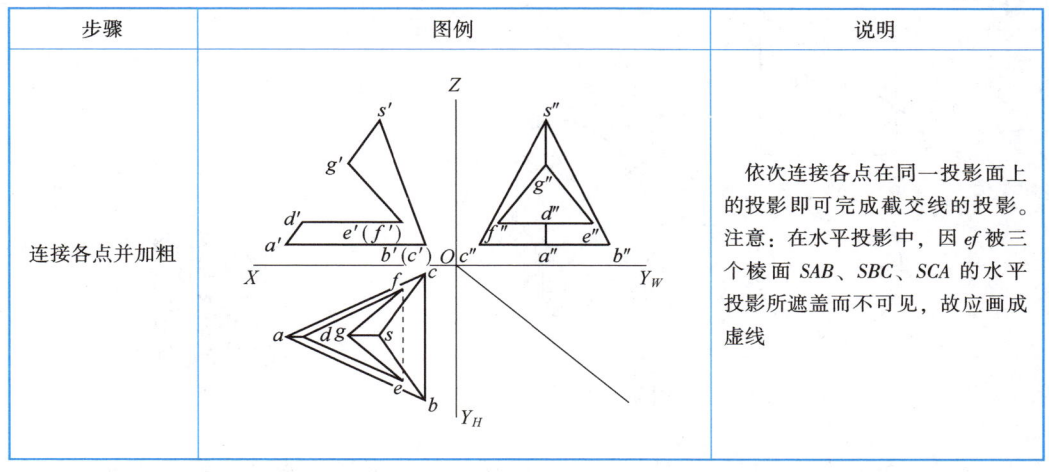	依次连接各点在同一投影面上的投影即可完成截交线的投影。注意：在水平投影中，因 ef 被三个棱面 SAB、SBC、SCA 的水平投影所遮盖而不可见，故应画成虚线

2）曲面立体截交线

截平面截切回转体表面所形成的交线一般是由曲线或曲线与直线组成的封闭的平面图形。求回转体表面的截交线，可归结为求截平面与回转体表面上某些素线交点的问题。

（1）圆柱截交线。根据截平面与圆柱轴线的相对位置不同，其截交线有三种不同的形状，见表 2-10。

表 2-10　圆柱表面截交线

截平面位置	与轴线垂直	与轴线平行	与轴线倾斜
轴测图			
投影图			
截交线形状	圆	矩形	椭圆

【例 2-2】完成如图 2-22 所示斜切圆柱的左视图。

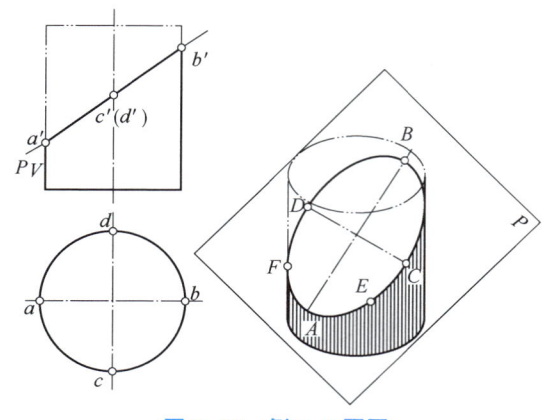

图 2-22　例 2-2 题图

圆柱截交投影

　　分析：由于截平面与圆柱轴线倾斜，故截交线为椭圆。求截交线的方法为取点法，即求出截交线上若干点后，光滑连接即可。

　　斜切圆柱三视图的作图步骤见表 2-11。

表 2-11　斜切圆柱三视图的作图步骤

步骤	图例	说明
补出切割前圆柱的左视图		按照高平齐、宽相等的关系用细实线画出未切割前圆柱的左视图
求特殊点的投影		在主视图中已知截交线的投影上标注特殊点的投影，A 为最低和最左点，B 为最高和最右点，C 为最前点，D 为最后点。根据点的投影规律分别求出 A、B、C、D 各点在俯视图、左视图中的投影
求一般点的投影		在主视图中已知截交线的投影上取若干一般点，如 E、F 点，并标注点的投影，再根据点的投影规律求出一般点的其余两投影

步骤	图例	说明
连接各点投影并加粗		用曲线板依次光滑连接各点的侧面投影，描深加粗，即可完成全图

常见圆柱缺口体的三视图见表 2-12。

表 2-12　常见圆柱缺口体的三视图

类型	投影图	轴测图
圆柱切口		
圆柱开槽		
圆柱筒开槽		

类型	投影图		轴测图
圆柱开方孔	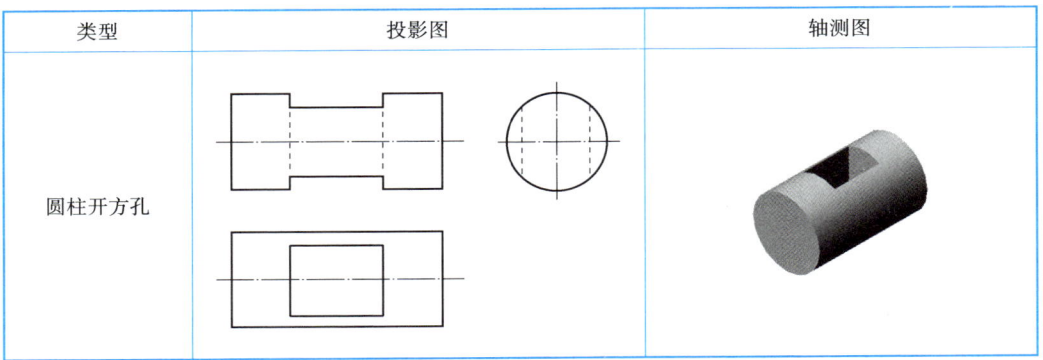		

（2）圆锥截交线。当截平面与圆锥相交时，由于平面对圆锥的相对位置不同，其截交线可以是圆、椭圆、抛物线或双曲线，这四种曲线总称为圆锥曲线。当截平面通过圆锥顶点时，其截交线为过锥顶的两直线。圆锥表面截交线见表2-13。

表2-13　圆锥表面截交线

截平面位置	与轴线垂直	过圆锥顶点	平行于任一素线	与轴线倾斜	与轴线平行
轴测图					
投影图					
截交线形状	圆	直线	抛物线	椭圆	双曲线

【例2-3】　如图2-23所示，已知圆锥被斜截后的正面投影，试完成其另两面投影。

分析：圆锥被斜截，截交线是椭圆，正面投影积聚成直线，其余两面投影均是椭圆，通过找椭圆长轴、短轴的端点（特殊点），再找出素线上的点和若干一般点，光滑连接各点即可。

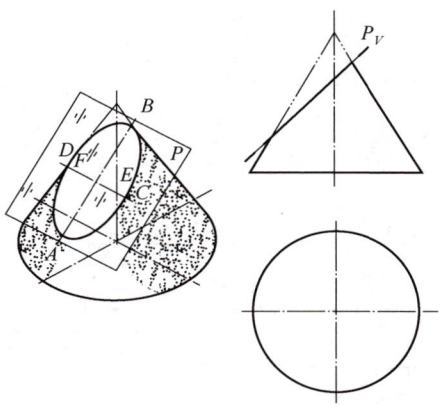

图 2-23　例 2-3 图

斜切圆锥三视图的作图步骤见表 2-14。

表 2-14　斜切圆锥三视图的作图步骤

步骤	图例	说明
补出切割前圆锥的左视图		按照高平齐、宽相等的关系用细实线画出未切割前圆锥的左视图
求特殊点的投影		在主视图中已知截交线的投影上标注特殊点的投影，A 为最低和最左点，B 为最高和最右点，C 为最前点，D 为最后点，E 为最前素线端点，F 为最后素线端点。根据点的投影规律分别求出 A、B、C、D、E、F 各点在俯视图、左视图中的投影。其中，C、D 两点的投影需要在锥面上作辅助线才能求出

步骤	图例	说明
求一般点的投影		在主视图中已知截交线的投影上取若干一般点，如 G、H 点，并标注点投影，再作辅助线求出一般点的其余两投影
连接各点投影并加粗		用曲线板依次光滑连接各点的侧面投影，描深加粗，即可完成全图

（3）圆球的截交线。平面与圆球相交，不论平面与圆球的相对位置如何，其截交线都是圆。但由于截切平面对投影面的相对位置不同，故所得截交线（圆）的投影有所不同，见表 2-15。

表 2-15　圆球表面截交线

截平面位置	与 V 面平行	与 H 面平行	与 W 面平行
轴测图			

截平面位置	与 V 面平行	与 H 面平行	与 W 面平行
投影图	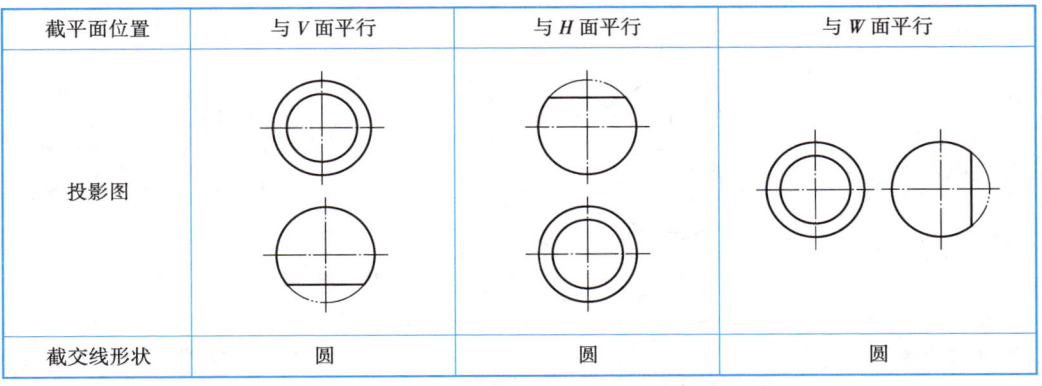		
截交线形状	圆	圆	圆

【例 2-4】 绘制如图 2-24 所示螺钉头部圆球切口的三视图。

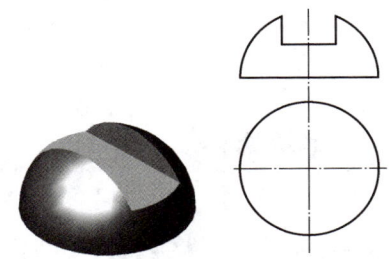

图 2-24　例 2-4 图

圆球截交线投影

分析：圆球切口由三个切平面组成，底平面为水平面，两侧面是侧平面。它们在圆球表面上形成的截交线都是圆弧，圆弧的实形分别反映在水平投影和侧面投影上，作图时只需找到圆弧的半径即可。

圆球切口三视图的作图步骤见表 2-16。

表 2-16　圆球切口三视图的作图步骤

步骤	图例	说明
补出切割前圆球的左视图		按照高平齐、宽相等的关系用细实线画出未切割前圆球的左视图
求切口的水平投影	 R_1 R_1	在主视图中量取水平面截切时产生截交线的半径，在俯视图中作切口底平面的圆弧形截交线

步骤	图例	说明
求切口的侧面投影		在主视图中量取侧平面截切时产生截交线的半径，在左视图中作切口两侧平面的圆弧截交线
检查描深		检查、描深即可完成全图

2. 曲面立体表面相贯线的绘制

1）两曲面立体表面交线的一般情况

两回转体相交称为相贯，相贯的两曲面立体表面产生的交线称为相贯线。两曲面立体的相贯线在一般情形下是封闭的空间曲线，特殊情形下可能是平面曲线或直线。相贯线上的点是两曲面立体表面的共有点，求相贯线的投影即为求相贯线上一系列点的投影。

（1）表面取点法。如图 2-25 所示，求作两正交圆柱相贯线的投影，作图步骤见表 2-17。

图 2-25　两圆柱相贯体　　圆柱相交投影

表 2-17　两正交圆柱相贯线作图步骤

步骤	图例	说明
画外轮廓		画出两相贯圆柱的外形轮廓投影。由于小圆柱面水平投影积聚为圆，故相贯线的水平投影便积聚在此圆上。同理，大圆柱面侧面投影积聚为圆，相贯线的侧面投影也就积聚在与小圆柱相交处的大圆圆弧上

步骤	图例	说明
找特殊点	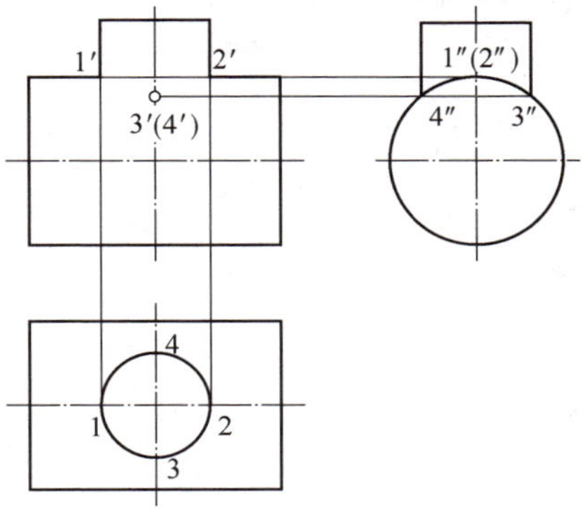	先在相贯线的水平投影和侧面投影上，确定相贯线上的最左、最右、最前、最后点的投影 1、2、3、4 和 1″、2″、3″、4″。由 1、2、3、4 和 1″、2″、3″、4″ 再求出这些点的正面投影 1′、2′、3′、4′
找一般点	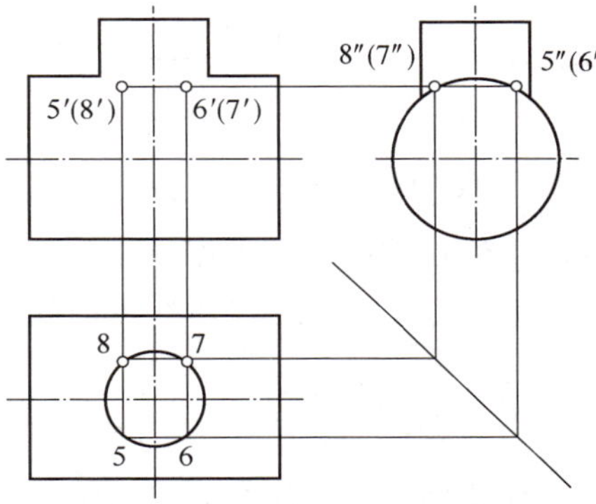	在相贯线的侧面投影上，定出左右、前后对称的四个点的投影 5″、6″、7″、8″，由此可在相贯线的水平投影上求出 5、6、7、8。由 5、6、7、8 和 5″、6″、7″、8″ 即可求出这些点的正面投影 5′、6′、7′、8′
光滑连接各点	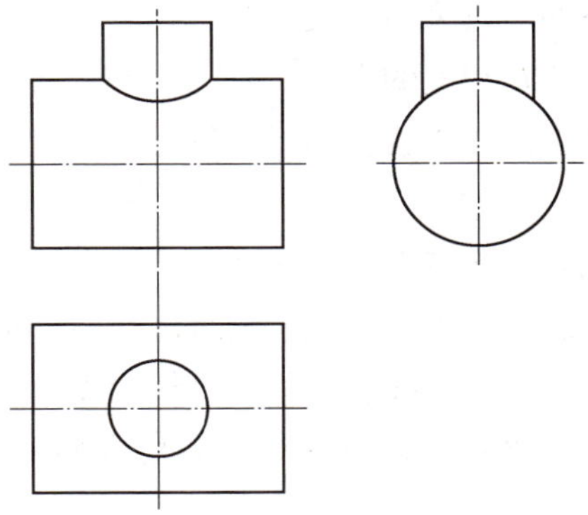	按相贯线水平投影所显示的各点的顺序，连接点，即得相贯线的正面投影

（2）简化画法。两圆柱正交时，可用如图 2-26 所示的圆弧近似代替相贯线，圆弧半径为大圆柱半径。注意：根据相贯线的性质，圆弧弯曲方向应向大圆柱轴线方向凸起。

除了两圆柱外表面相交之外，还有内表面相交、外表面与内表面相交等情况，其作图方法相同，见表 2-18。

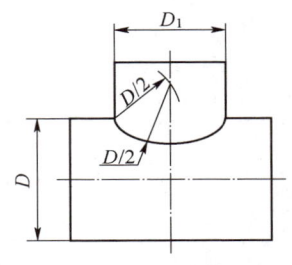

图 2-26　相贯线的简化画法

表 2-18　圆柱面的各种相贯线

相交情况	两圆柱表面相交	圆柱面与圆孔表面相交	圆柱面与方孔表面相交	两内孔表面相交
轴测图				
投影图				

（3）辅助平面法和辅助线法。当两回转体的相贯线不能或不便于利用积聚性直接求出时，可利用辅助平面法或辅助线法求解，即根据三点共面的原理，利用辅助平面求出两曲面立体表面上的若干共有点，从而画出相贯线投影的方法。

辅助平面法作图步骤：

①假设作辅助平面与两相贯的立体相交。为了作图简便，一般以特殊位置平面为辅助平面，并使辅助平面与相贯立体表面的交线投影简单易画。

②分别求出辅助平面与相贯两立体表面的交线。

③求出交线之间的交点即得相贯线上的点。

④判断可见性，顺次连接各点的同面投影即得相贯线的投影。

辅助线法作图步骤：

①在相贯线已知的投影上取点，过点在立体表面上作辅助线。

②求出辅助线的其他平面投影，利用点在线上的从属性即可求出点的投影。

③判断可见性，顺次连接各点的同面投影即得相贯线的投影。

【例 2-5】如图 2-27 所示，求圆柱和圆锥轴线正交时的相贯线。

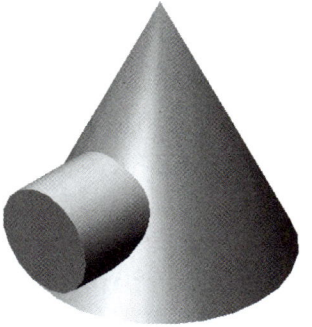

图 2-27　圆柱与圆锥相贯

分析：圆柱的轴线垂直于侧面，其侧面投影积聚为圆，相贯线的侧面投影重合在这个圆上，所以相贯线的侧面投影已知，只需要求其他两投影。

轴线正交的圆柱与圆锥相贯线作图步骤见表2-19。

表2-19　轴线正交的圆柱和圆锥相贯线作图步骤

步骤	图例	说明
画外轮廓		画出圆柱与圆锥相贯体的外形轮廓投影
找特殊点		在侧面投影上确定最上、最下、最前、最后四个特殊点的投影位置 1″、2″、3″、4″，并在相应的素线上作出其水平投影 1、2、3、4 与正面投影 1′、2′、3′、4′
找一般点		在侧面投影上，通过锥顶作一素线与小圆柱的投影圆相切得切点 5″、6″，求出该两点的水平投影 5、6 和正面投影 5′、6′，5′、6′可认为是相贯线上的最右点

步骤	图例	说明
光滑连接各点	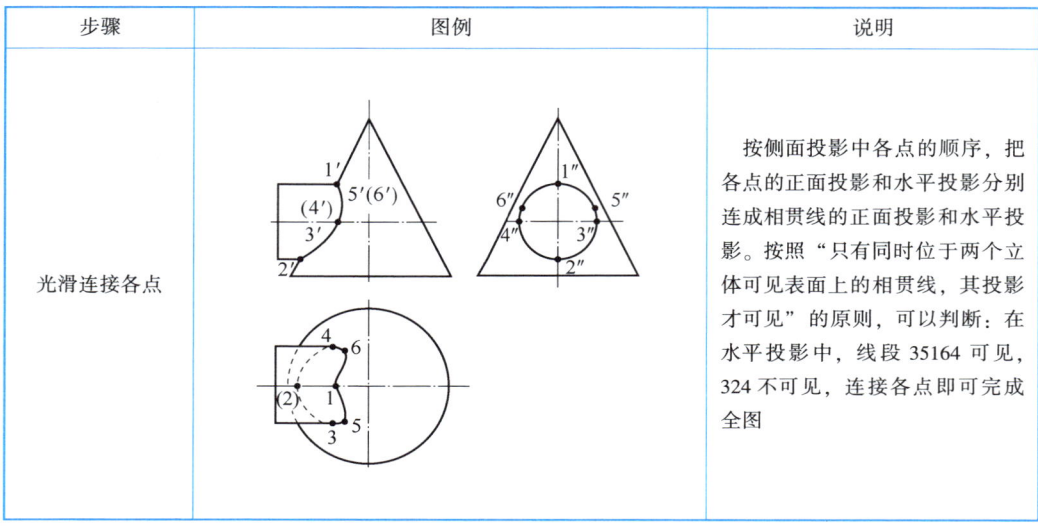	按侧面投影中各点的顺序，把各点的正面投影和水平投影分别连成相贯线的正面投影和水平投影。按照"只有同时位于两个立体可见表面上的相贯线，其投影才可见"的原则，可以判断：在水平投影中，线段35164可见，324不可见，连接各点即可完成全图

2）两曲面立体表面交线的特殊情况

两曲面立体相交时，其相贯线一般为空间曲线，在特殊情况下，相贯线可能是平面曲线或直线段，可根据两相交回转体的性质、大小和相对位置直接判断，并用简化方法作图。见表2-20。

表2-20　相贯线的特殊情况

	等径圆柱正交	等径圆柱斜交	圆锥轴线过球心	圆柱轴线过球心
轴测图				
投影图				

表中图例见插图。

拓展训练

（1）补齐如图2-28所示三棱锥被截切后俯视图、左视图中所缺漏的交线。

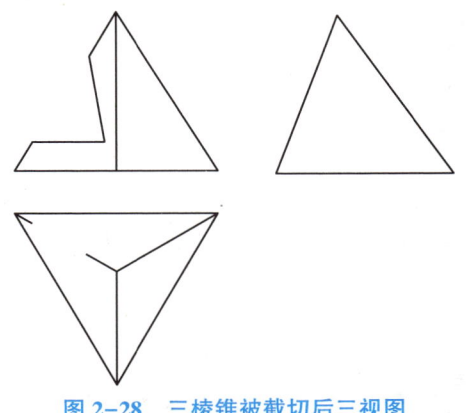

图 2-28　三棱锥被截切后三视图

棱锥裁切立体

（2）补齐如图 2-29 所示俯视图、左视图中所缺漏的相贯线。

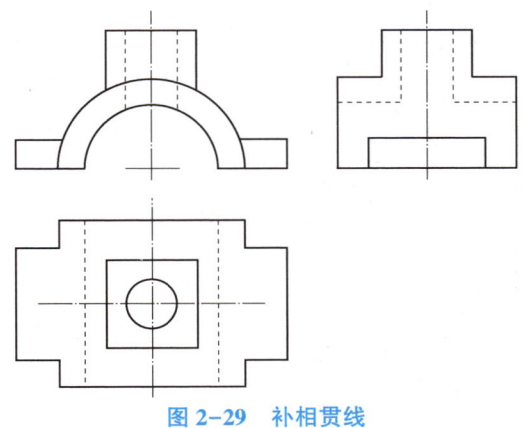

图 2-29　补相贯线

相贯线立体

 项目实施

　　画物体的三视图时，首先要根据物体的形状特征选择主视图的投射方向，并使物体的主要表面与相应的投影面平行，从反映形状特征的主视图入手，再按"长对正、高平齐、宽相等"的关系画出其他视图。作图步骤见表 2-21。

表 2-21　三视图的作图步骤

步骤	图例	说明
绘制大长方体三视图		根据大长方体的长度和高度尺寸绘制正面投影，再按照长对正的关系和物体的宽度尺寸绘制水平投影，按照高平齐、宽相等的关系绘制侧面投影

步骤	图例	说明
绘制小长方体三视图		确定大小长方体的相对位置，同理绘制小长方体的三视图
绘制凹槽的三视图		按照小长方体上凹槽的长度和高度绘制其正面投影，再按照长对正的关系绘制凹槽的水平投影，按照高平齐的关系绘制凹槽的侧面投影
加粗描深		检查描深即可完成三视图

项目评价表见表2-22。

表2-22　项目评价表

序号	检查项目	分值	自评	互评	教师评价
1	是否正确运用点、线的投影规律	15			
2	是否正确绘制基本体的投影	15			
3	线型是否正确	15			
4	三视图的绘制是否正确，是否遵循投影规律	35			
5	完成绘图后是否进行了认真检查，并对检查的问题进行思考或者师生交流	15			
6	参与思政课堂讨论	5			

项目三　绘制与识读组合体三视图

项目描述

    绘制如图3-1所示支架的三视图。任何复杂的立体都可以看成是由若干简单形体组合而成，要正确绘制复杂立体的三视图，首先要熟悉复杂立体的构成方法及表面连接关系，还要掌握画图的方法和步骤。

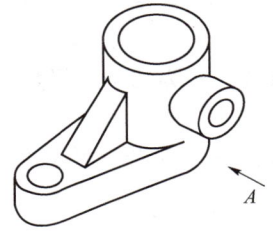

图3-1　支架轴测图

支架立体图

项目目标 ✏

    （1）了解组合体的组合方式和特点，掌握组合体三视图的绘制和识读方法，了解组合体轴测图的画法。

课程思政案例四

    （2）能利用形体分析法准确分析组合体的形状，能正确绘制组合体的三视图并标注尺寸，能读懂组合体三视图并正确补画视图或漏线。

    （3）培养学生爱岗敬业、严谨细致、精益求精、耐心执着、勇于创新的工匠精神，激发学生的学习动力。

知识链接 1　绘制组合体三视图

    【想一想】 观察如图3-2所示的立体，分析其形状特点和组成，回答下列问题。

    大多数机械零件无论结构多复杂都可以看作是由一些简单的基本形体组合而成，一般由两个或两个以上基本几何体所组成的物体，称为组合体。本部分内容要求能够分析形体组成形式，正确绘制和识读其三视图，并能正确标注组合体的尺寸。

组合体图

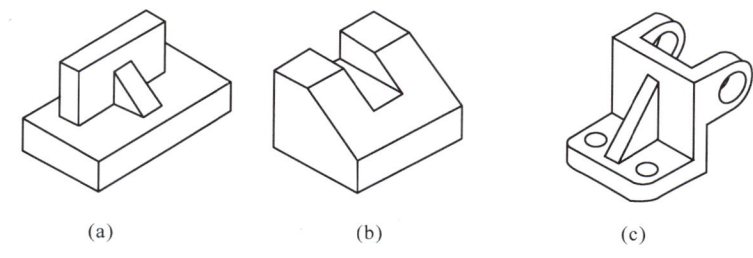

(a)　　　　　　　　(b)　　　　　　　　(c)

图 3-2　组合立体

（a）（　　　）组合形式；（b）（　　　）组合形式；（c）（　　　）组合形式

1. 组合体的组合形式及其表面连接关系

1）组合体的组合方式

由一些基本立体组合而成的立体，称为组合体。

组合体的组合形式有三种：叠加式、切割式、综合式。

（1）叠加式。由两个或多个基本体叠加而成的组合体称为叠加式组合体，如图 3-2（a）所示。

（2）切割式。由一个基本体切割而成的组合体，称为切割式组合体，如图 3-2（b）所示。

（3）综合式。既有叠加又有切割的组合体，称为综合式组合体，如图 3-2（c）所示。常见机件多为综合式组合体。

2. 组合体的表面连接关系

组合体中各表面之间的连接关系有不平齐、平齐、相切、相交等情况。

（1）不平齐。如图 3-3（a）所示，组合体上下表面不平齐，应在视图中画出结合处的分界线。

立体交线

（2）平齐。如图 3-3（b）所示，组合体的上下表面对齐，没有错开，结合处无分界线。

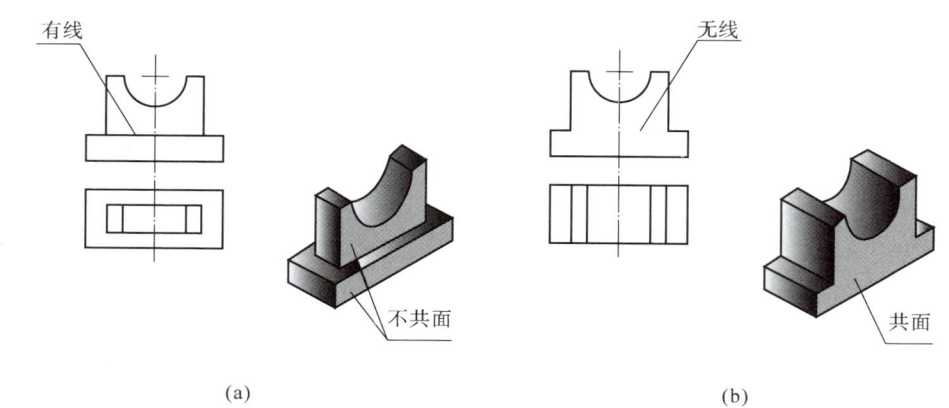

有线　　　　　　　　　　　　　　　　无线

不共面　　　　　　　　　　　　　　　　共面

(a)　　　　　　　　　　　　　　(b)

图 3-3　立体表面平齐与不平齐

（a）表面不平齐；（b）表面平齐

（3）相切。如图 3-4 所示，组合体两表面光滑连接，即相切，结合处是光滑过渡的，不画线。

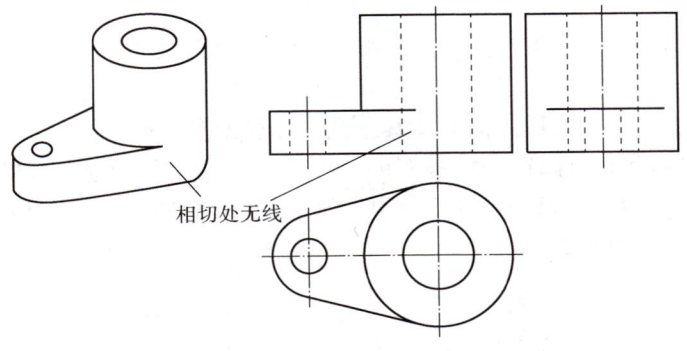

相切处无线

图 3-4　立体表面相切

（4）相交。如图 3-5 所示，平面与曲面相交，相交处有分界线，应画出。

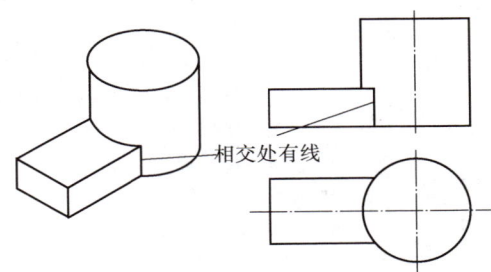

相交处有线

图 3-5　立体表面相切

3. 组合体的形体分析及三视图的画法

1）形体分析

假想将组合体分成若干部分，并弄清各部分的形状、大小、位置、组合形式以及表面连接关系，以便于画图、看图或标注尺寸的方法，称为形体分析法。

画图前，首先对组合体进行形体分析，弄清该组合体各组成部分的具体形状和大小。

如图 3-6 所示轴承座是一个综合型组合体，可看成由圆筒、支承板、底板和肋板四个部分组成。圆筒是空心圆柱体，支承板、肋板和底板分别是不同形状的平板，底板的顶面与支承板、肋板的底面相贴，支承板的左、右侧面都与圆筒的外圆柱面相切，肋板的左、右侧面与圆筒的外圆柱面相交。

2）组合体的视图选择

三视图中，主视图是最主要且不可缺少的视图，画图和看图都是从主视图开始，因此，选择视图首先要选择主视图。

在进行主视图方向选择时，应尽量满足下列三个原则：更多地反映组合体的形状特征；组合体的主要平面平行于投影面，以便于画图；视图中的虚线尽可能少。

主视图的方向确定后，其他视图的方向也就随之而定了。

如图 3-6 所示轴承座，从上、下、左、右、前、后六个方向投射都可以得到视图，

但哪一个方向作为主视图投影方向，要进行正确的分析和选择：

（1）上下两个方向因为不能反映轴承座的形状特征，故不能作主视图方向；

（2）选 D 方向作主视图方向时，会造成主视图虚线太多，也不好；

（3）选 C 方向作主视图方向会使其左视图虚线太多，也不好；

（4）A、B 两个方向都符合主视图的选择原则，所以均可选作主视图投影方向。其中，当取 B 方向为主视图方向时，长度尺寸较大，主视图特征较明显。

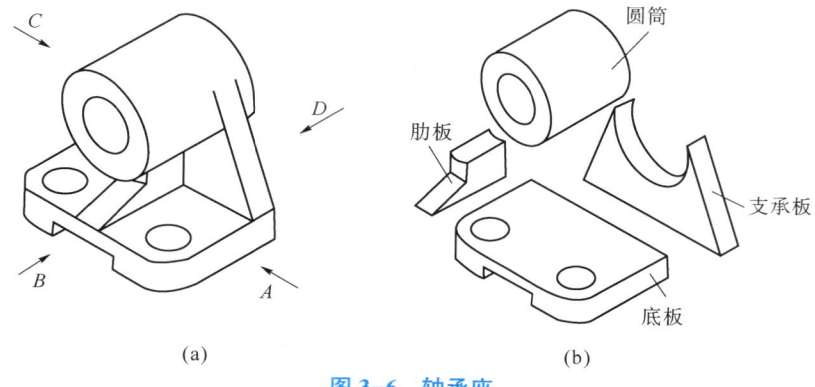

图 3-6　轴承座

（a）轴测图；（b）形体分析

4. 综合式组合体三视图的画法

组合体三视图的作图步骤为：形体分析，确定主视图；选择图幅和比例，布置视图；画基准线，画底稿；检查描深。轴承座三视图的作图过程见表 3-1。

表 3-1　轴承座三视图作图过程

步骤	图例	说明
画作图基准线		三视图确定后即可按照图形大小定图幅，画作图基准线
画底板三视图		按照尺寸绘制底板的三视图，注意底板上两个小圆孔的投影在主视图和左视图不可见，画成虚线

步骤	图例	说明
画圆筒三视图		按尺寸和位置绘制圆筒的三视图，注意圆筒与底板的相对位置
画支承板三视图		按尺寸绘制支承板三视图，注意支承板与圆筒的相切关系
画肋板三视图		按尺寸绘制肋板三视图，注意肋板与圆筒的交线
检查加粗		擦去作图线，检查加粗即可完成全图

5. 切割式组合体三视图的画图方法

切割式组合体三视图的步骤与叠加式相同，首先进行形体分析，确定主视图和其他视图后再画图。作图时从基本立体三视图开始，按切割的顺序逐步完成全图。

切割立体图

如图 3-7（a）所示，该组合体是一个切割式组合体，可看成是由一长方体经四次切割后形成。选择如图 3-7（b）所示箭头方向作为主视图的投影方向，使主视图反映组合体的外形特征。

切割式组合体三视图画图步骤见表 3-2。

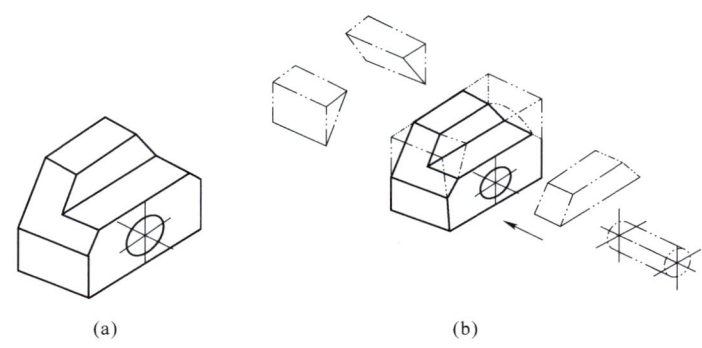

图 3-7　切割式组合体

（a）轴测图；（b）形体分析

表 3-2　切割式组合体三视图作图步骤

步骤	图例	说明
画基本体的三视图		该组合体可看成由长方体切割而成，首先画出长方体的三视图
画切去左右两边棱柱后的三视图		按切去左、右两边棱柱的大小确定主视图上的点，画出主视图后按长对正、高平齐的关系对应画出俯视图和左视图在切割后出现的交线
画出切割前方四棱台部分后的三视图		按照切除的四棱台尺寸先画出左视图，再按照高平齐、宽相等的关系画出主视图和俯视图切割后的投影
画切去圆柱后的三视图		按照切去圆柱后留下的小孔尺寸和位置先画主视图中的小圆，再按照投影关系画出小孔在俯视图和左视图中的虚线。注意画出小圆的中心线

步骤	图例	说明
检查加粗		擦去作图线，检查加粗即可完成全图

6. 组合体三视图的尺寸标注

1）组合体尺寸标注的要求

图形只表达了物体的结构形状，物体的大小以图上标注的尺寸为依据。

组合体标注尺寸的基本要求如下：

（1）正确。尺寸标注应符合规定。

（2）完整。尺寸标注必须完整，既不遗漏，也不重复。

（3）清晰。尺寸的布置要整齐、清楚，便于查看。

2）常见立体的尺寸注法

（1）基本体的尺寸注法。如图3-8所示，平面立体一般要标注长、宽、高三个方向的尺寸，回转体一般标注直径尺寸和轴向尺寸，以便确定它们的形状和大小。

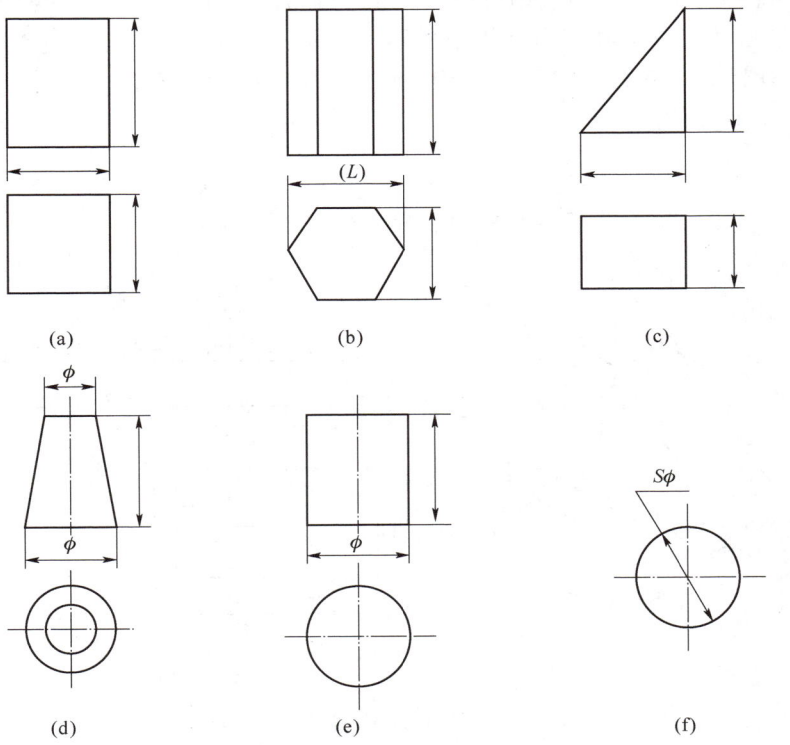

（a）   （b）   （c）

（d）   （e）   （f）

图3-8 基本立体的尺寸标注

（a）长方体；（b）六棱柱；（c）三棱柱；（d）圆台；（e）圆柱；（f）圆球

（2）切割体和相贯体的尺寸标注。如图 3-9 所示，先标注确定基本体长、宽、高三个方向大小的尺寸，再标注切割基本体时所用到的各切割平面定位尺寸或两个相贯体之间的相对位置尺寸。截平面与基本体（或相贯的两形体）的位置确定之后，截交线（或相贯线）的形状和大小就确定了，不必标注交线的尺寸。

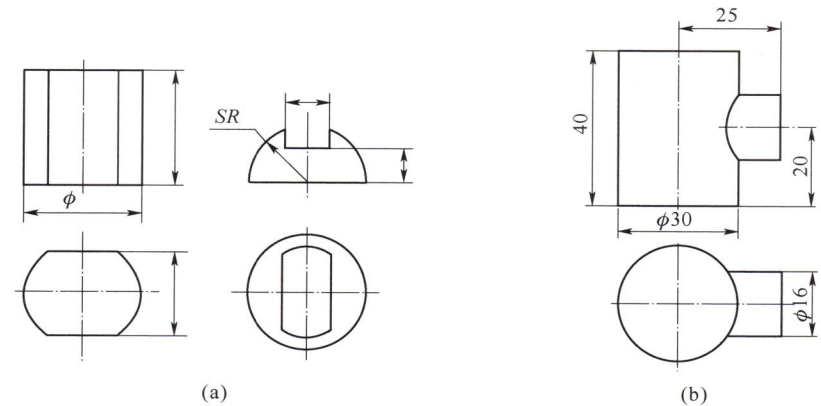

（a） （b）

图 3-9　常见切割体和相贯体的尺寸标注
（a）切割体的尺寸标注；（b）相贯体的尺寸标注

3）组合体的尺寸注法

（1）组合体尺寸的种类。组合体的尺寸可分为以下三种：

①定形尺寸，用于确定组合体中各基本体形状和大小的尺寸，如图 3-10 所示主视图中 7、8、30，俯视图中 R6、24，左视图中 19、4、ϕ10 等。

轴承立体图

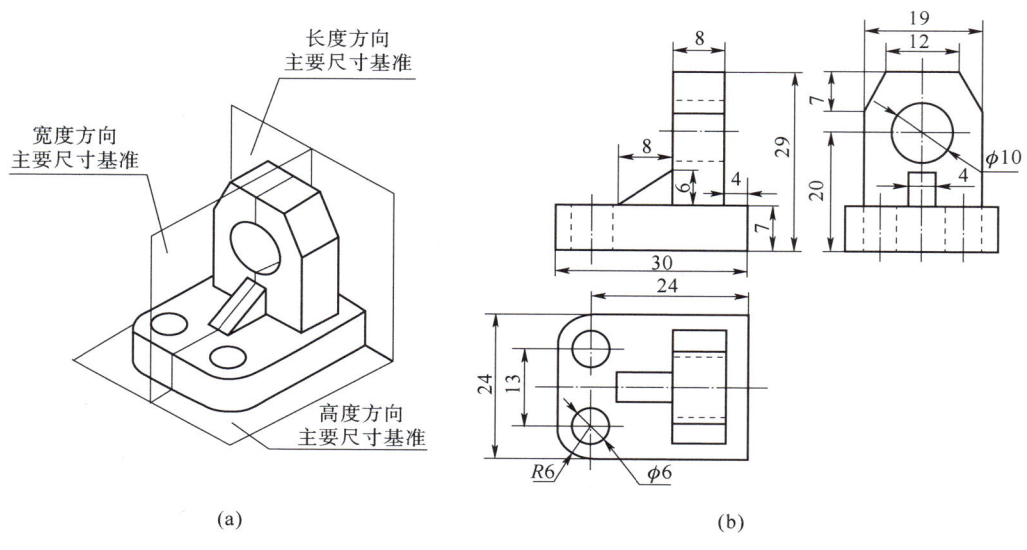

（a） （b）

图 3-10　组合体的基准和尺寸分析
（a）轴测图；（b）投影图

②定位尺寸，用于确定组合体中各基本体之间相互位置的尺寸，如图 3-10 所示主视图中 4，俯视图中 24、13，左视图中 20 等尺寸。

③总体尺寸，用于确定组合体总长、总宽、总高的尺寸，如图 3-10 所示的 30、24、29。

组合体一般要标注总体尺寸，但从形体分析和相对位置上考虑，组合体的定形、定位尺寸已标注完整，有时再加注总体尺寸会出现重复尺寸。因此，每加注一个总体尺寸的同时，就要减去一个同方向的定形尺寸或定位尺寸。

（2）尺寸基准。标注和测量尺寸的起点，称为尺寸基准，长、宽、高三个方向各有一个主要基准。同一方向除了主要基准外，还可以有一个或多个辅助基准。图形越复杂，尺寸越多，辅助基准就越多。常以组合体的对称平面、重要底面或端面、回转体轴线作为尺寸基准。

（3）组合体尺寸标注的步骤。尺寸标注要做到完整，不漏也不多，应完成形体分析后选定主要基准，分别标注各组成部分的定形尺寸、定位尺寸，最后标注总体尺寸。如图 3-6 所示轴承座三视图的尺寸标注见表 3-3。

表 3-3　轴承座尺寸标注步骤

步骤	图例	说明
确定尺寸基准	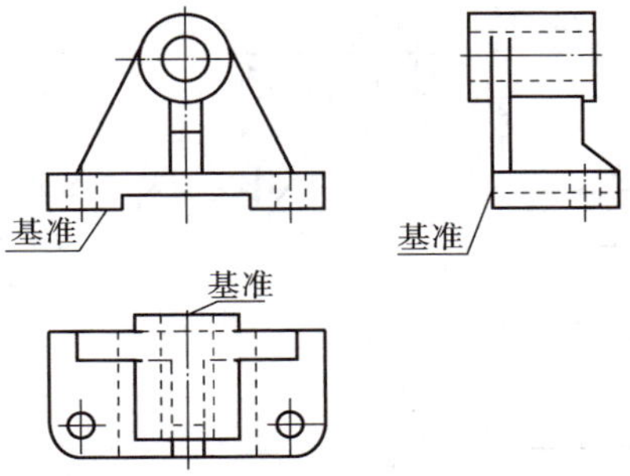	为使基准统一，便于加工测量，保证尺寸精度，分别选择左右对称面为长度方向基准，底板底面为高度方向基准，底板和支承板的后面为宽度方向基准
标注底板的定形和定位尺寸	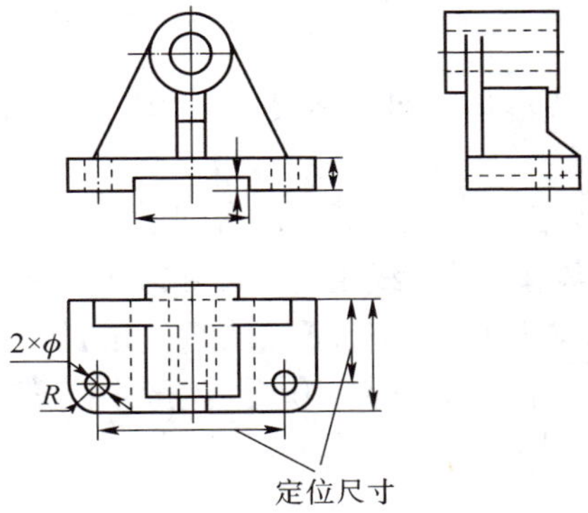	底板的定形尺寸有长度、宽度、高度和圆孔直径、圆弧半径及底槽的长度、高度；定位尺寸为圆孔的中心距

步骤	图例	说明
标准圆柱筒的定形和定位尺寸		圆柱筒的定形尺寸有圆柱直径和长度、圆孔直径，定位尺寸为孔的中心高和圆柱筒后端面与底板后面的距离
标注支承板和肋板的尺寸		支承板和肋板左右对称于长度方向的尺寸基准，分别与底板之间处于上下和前后叠加的位置，无定位尺寸，只需标注定形尺寸
检查		检查、调整并标注总体尺寸即可完成全图。已经标注的定形尺寸和定位尺寸含有总体尺寸，无须额外标注

4）尺寸标注的注意事项

为便于看图，不致发生误解或混淆，组合体尺寸的标注必须做到整齐、清晰。标注尺寸应注意下列几点：

（1）尺寸应尽量标注在视图外部，两个视图之间排列要整齐，且应小尺寸在里（靠近图形）、大尺寸在外，避免尺寸线和尺寸界线相交。如图3-10所示主视图中的7、29。

（2）尺寸应尽可能标注在反映形体形状特征较明显、位置特征较清楚的视图上，且同一形体的相关尺寸尽量集中标注。如图3-10所示俯视图中的 $\phi 6$ 和 $R6$。

（3）尽量避免在虚线上标注尺寸。

7. 组合体视图的识读

画图是将空间物体绘制成平面图形的过程，读图则是根据已给出的平面图形，想象出物体空间形状的过程。读图时应运用投影原理，正确分析视图中图线、线框的含义，综合想象出组合体的空间形状。

1）读图的基本知识

读图首先应注意以下几个问题：将几个视图联系起来看；看懂视图中图线和线框的含义；抓住物体的形体特征。

（1）将几个视图联系起来看。通常，仅一个视图并不能完全确定物体的形状，需要两个或两个以上的视图才能完全确定。如图3-11所示的立体，结构不同，但主视图、俯视图却完全相同，只有将左视图也联系起来，才能完全确定物体的空间形状。

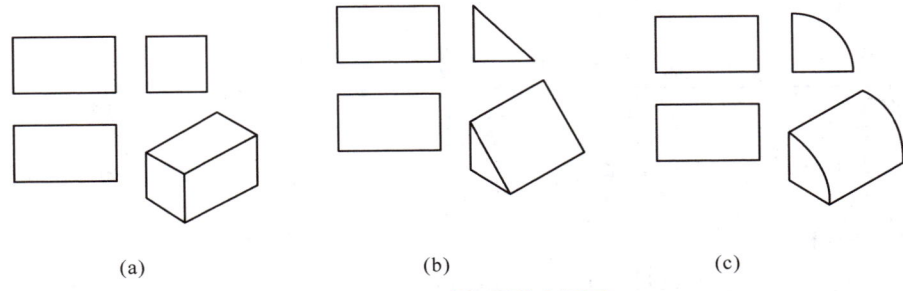

（a）　　　　　　　　　　（b）　　　　　　　　　　（c）

图3-11　三个视图结合看图

（a）长方体；（b）三棱柱；（c）四分之一圆柱

（2）抓住物体的形体特征。看图时还要注意抓住物体的形体特征，包括形状特征和位置特征。如图3-12所示，三个不同的立体其主视图是一样的，要注意俯视图的特点，才能确定立体的空间形状。

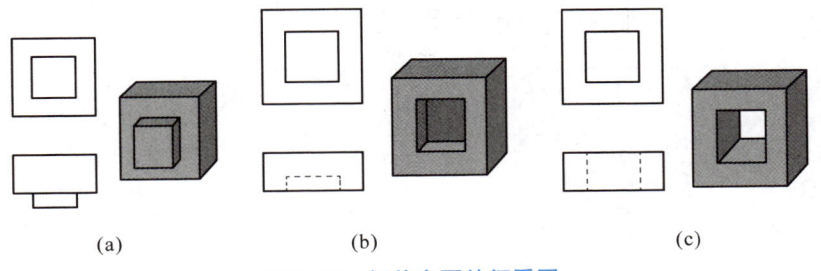

（a）　　　　　　　　　　（b）　　　　　　　　　　（c）

图3-12　抓住主要特征看图

（a）前后叠加；（b）不穿通的孔；（c）穿孔

（3）分析视图中线和线框的含义。弄清图中线和封闭线框所表达的含义，从而想象出物体的整体形状。图中每一条图线可以是曲面转向轮廓线的投影，也可以是两表面交线的投影，还可以是面的积聚性投影；图中每个封闭线框是形体上不同位置平面和曲面的投影，相邻的两个封闭线框是物体上两个面的投影。如图3-13所示，线框P、N为平面的投影，线框Q、G为曲面的投影，线框M为复合面的投影。

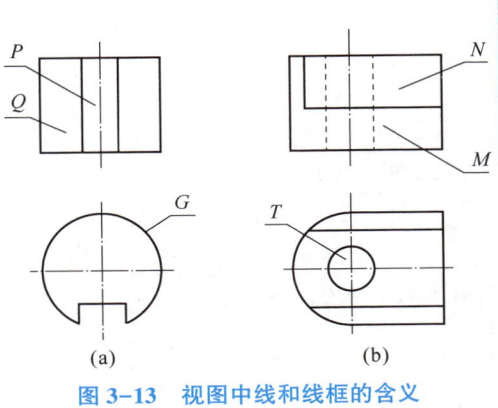

（a）　　　　　　　　　（b）

图3-13　视图中线和线框的含义

2）读图的方法和步骤

（1）形体分析法读图。形体分析法是读图的基本方法，一般是从反映物体形状特征的主视图着手，对照其他视图，初步分析出该物体是由哪些基本体以及通过什么连接关系形成的，然后按投影特性逐个找出各基本体在其他视图中的投影，以确定各基本体的形状及其相对位置，最后综合想象出物体的总体形状。

叠加型组合体

以轴承座为例，说明用形体分析法读图的方法和步骤。见表 3-4。

表 3-4　形体分析法读图方法和步骤

步骤	图例	说明
划线框，分形体		将轴承座主视图分为四个线框，其中线框 3 为左、右两个完全相同的三角形，因此，可归纳为三个线框。每个线框各代表一个基本形体
对投影，想形状		找出底板线框 1 对应的其他投影，并结合各自的特征视图想出投影所表示的形体形状
		找出支承板线框 2 对应的其他投影，并结合各自的特征视图想出投影所表示的形体形状
		找出肋板线框 3 对应的其他投影，并结合各自的特征视图想出投影所表示的形体形状
合起来，想整体		根据各部分的形状及其相对位置综合想象出其整体形状

（2）线面分析法读图。对形体比较清晰的物体，用形体分析法就能完全看懂视图。但是，当形体被多个平面切割，形体形状不规则或在某视图中形体结构的投影关系重叠时，应用形体分析法往往难以读懂，则可应用线面分析法来分析物体的表面形状、面与面的相对位置以及面与面之间的表面交线，并借助投影的概念来想象物体的形状。以压块为例，说明线面分析法的读图方法和步骤，见表3-5。

切割型组合体

表3-5　线面分析法读图方法与步骤

步骤	图例	说明
确定物体的整体形状		由压块三视图的外形均是有缺口的矩形，可初步认定该物体是由长方体切割而成
确定切割面的位置和面的形状		由主视图中的斜线 a' 在俯视图中可找出与其对应的梯形线框 a，可见，A 面是垂直于 V 面的梯形平面，长方体的左上角是由 A 面切割而成
		由俯视图中的斜线 b 在主视图中可找出对应的七边形线框 b'，可见，B 面是铅垂面，长方体的左端前后就是由这样的两个平面切割而成的
		从左视图上可以看出，在左视图的前后各有一个缺口，对照主、俯视图进行分析，可看出 C 面为水平面，D 面为正平面。长方体的前后就是由这样的两个平面切割而成的
综合想象整体形状		弄清楚各截切平面的空间位置和形状后，根据基本形体的形状、各截切平面与基本形体的相对位置，并进一步分析视图中线、线框的含义，可以综合想象出整体形状

【例 3-1】已知如图 3-14 所示组合体主、俯视图，补画左视图。

分析：首先对已知两个视图进行形体分析，想象出物体的形状，如图 3-14（f）所示；再分别画出各部分的左视图如图 3-14（b）~图 3-14（e）所示。

组合立体

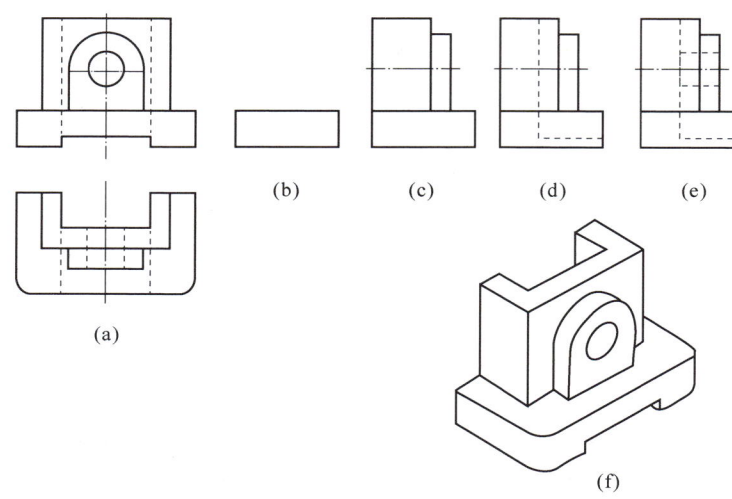

图 3-14　补画组合体的左视图

【例 3-2】补画如图 3-15 所示组合体三视图中漏掉的图线。

分析：如图 3-15（a）所示，由已知三视图可知，该组合体是由长方体被几次切割而成。可采用形体分析法，逐一切割、逐一补出漏线的方法，补画出三视图中的漏线。作图步骤如下：

（1）由图 3-15（b）所示的左视图可知，长方体前方被切去一个长方体，在主、俯视图中补画漏线。

（2）由图 3-15（c）所示的主视图上的斜线可知，长方体的上部又被切去一个三棱柱，再补画俯、左视图中的漏线。

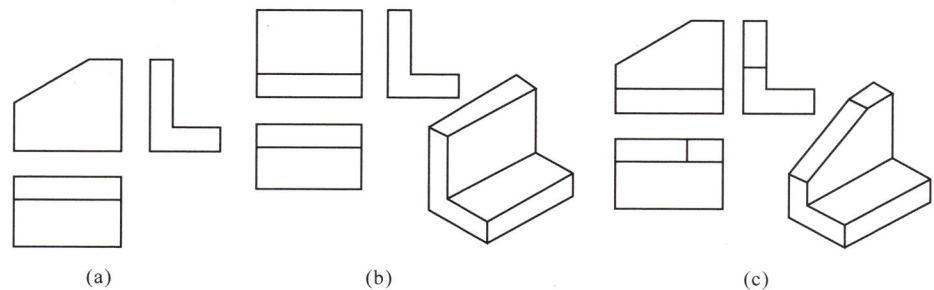

图 3-15　补画组合体三视图中的漏线

拓展训练

（1）根据如图 3-16 所示的轴测图，按照 1∶1 比例画三视图（尺寸从图中量取）。

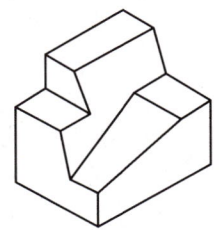

立体

图 3-16　轴测图

（2）已知如图 3-17 所示主、俯视图，想象其形状，并补画出左视图。

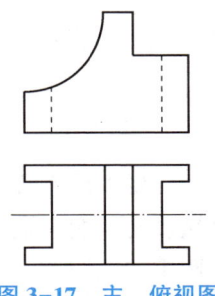

立体

图 3-17　主、俯视图

知识链接2　绘制简单零件轴测图

【想一想】查阅相关课程资源，提前预习轴测图知识点，回答下列问题：

（1）正等轴测图和斜二轴测图有何区别？

（2）轴测图与正投影图有何区别？

用正投影法绘制的三视图能准确地表达出物体的形状，但其缺点是直观性较差、不容易想象出物体的真实形状，因此在工程上，常采用能反映三个坐标面的轴测图作为辅助图样，来说明机械零件的结构、安装和使用等情况，用以帮助构思、想象物体的形状。

1. 轴测图的基本知识

1）轴测图的形成

将空间物体连同确定其位置关系的直角坐标系，沿不平行于任一坐标面的方向，用平行投影法将其投射在单一投影面上所得到的具有立体感的图形，称为轴测投影图，简称轴测图。如图 3-18 所示。

2）轴测图的基本参数

（1）轴间角。投影面 Q 称为轴测投影面，空间直角坐标轴 OX、OY、OZ 在轴测

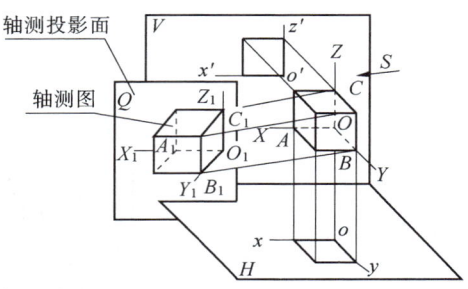

图 3-18　轴测图的形成

投影面上的投影 O_1X_1、O_1Y_1、O_1Z_1 称为轴测轴，两轴测轴之间的夹角 $\angle X_1O_1Y_1$、$\angle Y_1O_1Z_1$、$\angle X_1O_1Z_1$ 称为轴间角，三个轴间角之和为 $360°$，其中任何一个不能为零。如图 3-18 所示。

（2）轴向伸缩系数。轴测轴上的单位长度与空间直角坐标轴上对应单位长度的比值称为轴向伸缩系数。OX、OY、OZ 的轴向伸缩系数分别用 p、q、r 表示。例如，如图 3-18 所示，$p = O_1A_1/OA$，$q = O_1B_1/OB$，$r = O_1C_1/OC$。

（3）轴测图的种类。按照投影方法的不同，轴测图可分为两类：用正投影法得到的轴测投影图，称为正轴测图；用斜投影法得到的轴测投影图，称为斜轴测图。

按照轴向伸缩系数的不同，轴测图又可以分为以下三种：

① $p = q = r$，简称正（斜）等测图；

② $p = r \neq q$，简称正（斜）二测图；

③ $p \neq q \neq r$，简称正（斜）三测图。

3）轴测图的基本性质

物体上互相平行的线段，在轴测图中仍互相平行，同一轴向所有线段的轴向伸缩系数相同；物体上不平行于坐标轴的线段，可以用坐标法确定其两个端点，然后连线画出；物体上不平行于轴测投影面的平面图形，在轴测图中变成原形的类似形，如长方形的轴测投影为平行四边形、圆形的轴测投影为椭圆等。

2. 正等测图的绘制

1）正等测图的形成及参数

如图 3-19（a）所示，坐标轴 OX、OY、OZ 对轴测投影面的倾角都相等，把物体向轴测投影面投影，所得到的轴测投影就是正等测图，简称正等测图。

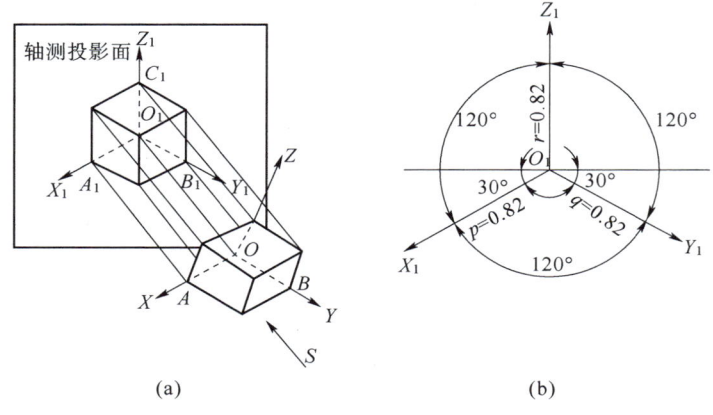

（a）　　　　　　　　　　　　　　（b）

图 3-19　正等测图的形成及参数

（a）正等测图的形成；（b）正等测图轴间角

如图 3-19（b）所示，正等测图的轴间角均为 120°，且三个轴向伸缩系数相等，$p=q=r=0.82$。为作图简便，实际画图时采用 $p=q=r=1$ 的简化伸缩系数，即沿各轴向所有尺寸都按实际长度画图。按简化伸缩系数画出的图形比实际大了 $1/0.82 \approx 1.22$ 倍。

2）平面立体正等测图的画法

（1）长方体的正等测图。根据长方体的特点，选择其中一个角顶点作为空间直角坐标系原点，并以过该角顶点的三条棱线为坐标轴，先画出轴测轴，然后用各顶点的坐标分别定出长方体八个顶点的轴测投影，依次连接各顶点即可。作图方法与步骤如图 3-20 所示。

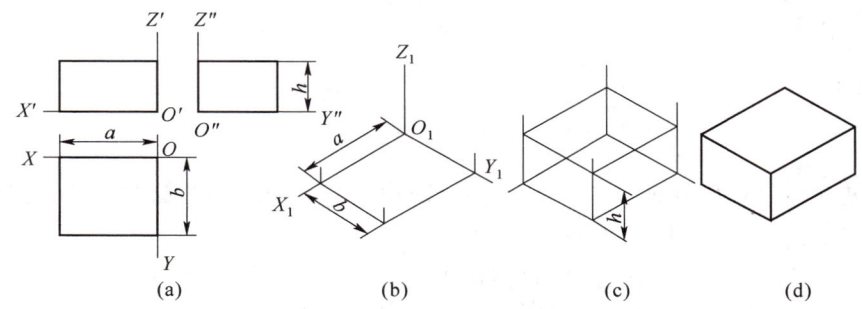

图 3-20　长方体的正等测图

（2）正六棱柱体的正等测图。由于正六棱柱前后、左右对称，为了减少不必要的作图线，从顶面开始作图比较方便。所以选择顶面的中心点作为空间直角坐标系原点，棱柱的轴线作为 OZ 轴，顶面的两条对称线作为 OX、OY 轴。然后用各顶点的坐标分别定出正六棱柱各个顶点的轴测投影，依次连接各顶点即可。作图方法与步骤如图 3-21 所示。

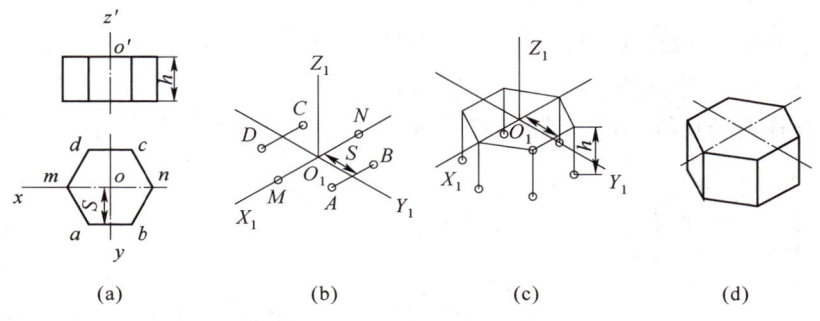

图 3-21　正六棱柱体的正等测图

①选定直角坐标系，以正六棱柱顶面的中心点为原点（坐标系原点可以任定，但应注意对于不同位置作原点，顶面和底面各顶点的坐标不同），如图 3-21（a）所示。

②画出轴测轴 O_1X_1、O_1Y_1、O_1Z_1。在 O_1X_1 轴上量取 O_1M、O_1N，使 $O_1M=om$、$O_1N=on$，在 O_1Y_1 轴上以尺寸 S 来确定 A、B、C、D 各点，依次连接 6 点即得顶面正六边形的轴测投影，如图 3-21（b）所示。

③过顶点正六边形各点向下作 O_1Z_1 的平行线，在各线上量取高度 h，得到底面上各点并依次连接，即得底面正六边形的轴测投影，如图 3-21（c）所示。

④擦去多余的图线并描深，即得到正六棱柱体的正等测图，如图 3-21（d）所示。

3）曲面立体正等测图的画法

（1）圆的正等测投影。圆的正等测投影是椭圆，椭圆常用的近似画法为菱形法，现以平行于 XOY 坐标面的圆（或位于 XOY 坐标面的圆）为例，介绍圆的正等测投影。如图 3-22 所示。

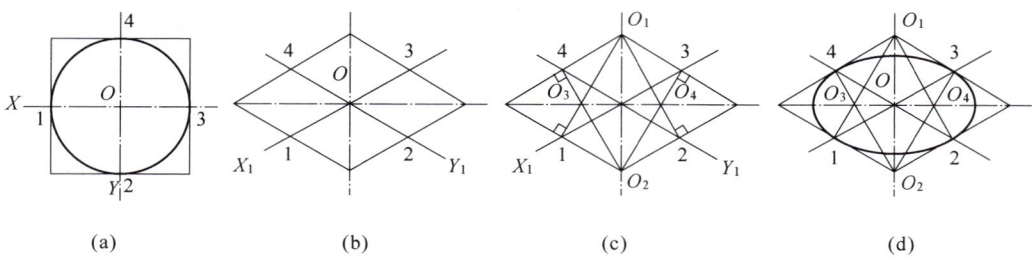

图 3-22　平行于 XOY 坐标面的圆的正等测投影

①过圆心 O 作坐标轴 OX 和 OY，再作四边平行于坐标轴的圆的外切正方形，切点为 1、2、3、4，如图 3-22（a）所示。

②画出轴测轴 OX_1、OY_1。从 O 点沿轴向直接量圆半径，得切点 1、2、3、4，过各点分别作轴测轴的平行线，即得圆的外切正方形的轴测图——菱形，再作菱形的对角线，如图 3-22（b）所示。

③过 1、2、3、4 作菱形各边的垂线，得交点 O_1、O_2、O_3、O_4，即画近似椭圆的四个圆心，O_1、O_2 就是菱形短对角线的顶点，O_3、O_4 都在菱形的长对角线上，如图 3-22（c）所示。

④以 O_1、O_2 为圆心，$O_1 1$ 为半径画出大圆弧 $\overparen{12}$、$\overparen{34}$；以 O_3、O_4 为圆心，$O_3 1$ 为半径画出小圆弧 $\overparen{14}$、$\overparen{23}$，四个圆弧连成的就是近似椭圆，如图 3-22（d）所示。

（2）圆柱的正等测图画法。如图 3-23 所示，作图时，先分别作出其顶面和底面的椭圆，再作其公切线即可。圆孔的正等测图画法与圆柱的正等测图画法相同。

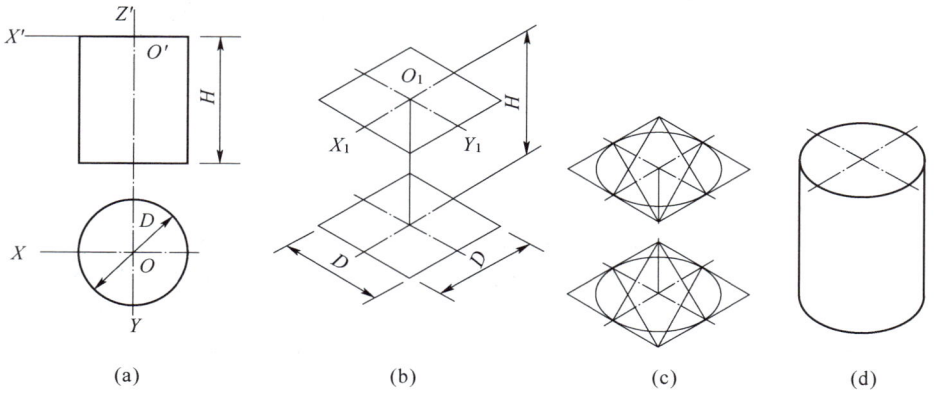

图 3-23　圆柱的正等测图画法

（a）确定坐标轴；（b）定椭圆中心，画菱形；（c）画椭圆；（d）检查加深

在画曲面立体的正等测图时，一定要明确圆所在平面与哪一个坐标面平行，才能确保画出的椭圆正确。不同坐标面上圆的正等测图的画图方法相似，但是椭圆的方位不同。如图 3-24 所示。

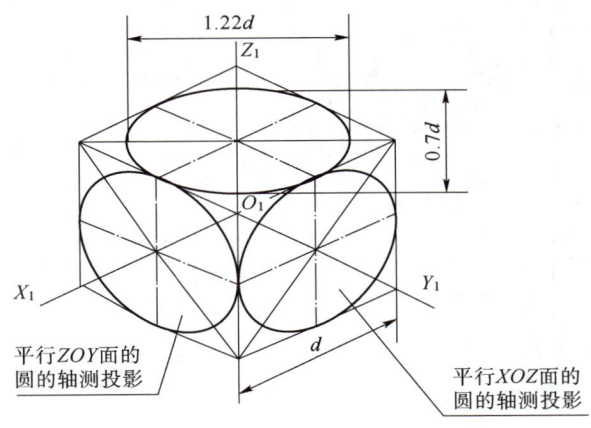

图 3-24　平行于坐标面的圆的正等测图

（3）圆角的正等测图画法。圆角相当于 1/4 的圆周，因此，圆角的正等测图正好是椭圆四段圆弧中的一段。作图时，可简化为如图 3-25 所示的画法，其作图步骤如下：

①在组成角的两条边上分别沿轴向各取一段长度等于半径 R 的线段，得 A 点和 B 点，过 A、B 点作相应边的垂线分别交于 O_1 和 O_2。以 O_1 和 O_2 为圆心，以 O_1A 及 O_2B 为半径作弧，即为圆角的轴测图，如图 3-25（a）所示。

②将 O_1 和 O_2 点垂直往后移（Y 方向），取 $O_1O_3 = O_2O_4 = h$（板厚），得 O_3、O_4 点。以 O_3 和 O_4 为圆心，以 O_1A 及 O_2B 为半径作弧，得后面圆角的轴测图，再作前、后圆弧的公切线，即完成作图。如图 3-25（b）所示。

③擦去多余的图线并描深，即得到圆角的正等测图，如图 3-25（c）所示。

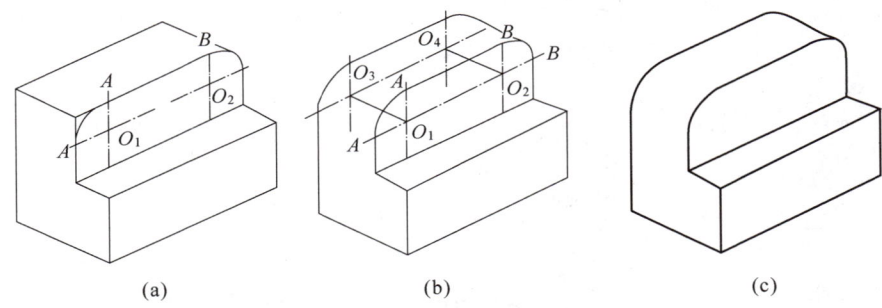

| (a) | (b) | (c) |

图 3-25　圆角的正等测图画法

4）组合体正等测图的画法

画组合体的正等测图时，自上而下先画出基本形体的轴测图，再利用切割法和叠加法完成全图。

（1）切割式组合体正等测图的画法。画切割体的轴测图时，首先要进行形体分

析，从而确定画图的顺序，以坐标法为基础，先画出基本形体的轴测投影，然后切去应该去掉的部分，从而得到所需的轴测投影。

【例3-3】画出如图3-26所示组合体的正等测图。

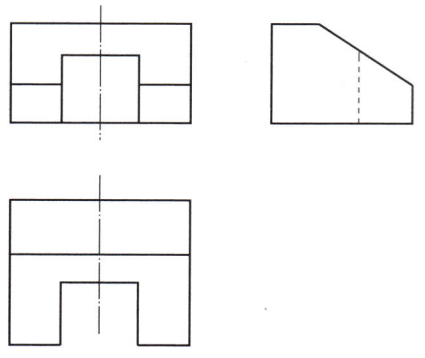

图3-26 切割型组合体

分析：该组合体由一长方体切割而成。画图时先画出长方体的正等测图，然后按形体分析的方法切去应该去掉的部分即可。

切割型组合体正等测图作图步骤见表3-6。

表3-6 切割型组合体正等轴测图作图步骤

步骤	图例	说明
选择坐标系		在三视图中选择并标注直角坐标系
画正等测轴及长方体底面		按尺寸 a、b 画出长方体底面的正等测图
画长方体正等测图		按尺寸 h 画出尚未切割时长方体的正等测图
画切割三棱柱后的正等测图		根据三视图中尺寸 d 和 f，画出长方体前上方被侧垂面切割掉一个三棱柱后的正等测图

步骤	图例	说明
画方形槽的正等轴测图		根据三视图中尺寸 c 和 e，画出前方中部被切割掉的一个铅垂方向方形槽的正等测图
检查加粗		擦去多余作图线并描深加粗，即可得到切割体的正等测图

（2）叠加式组合体正等测图的画法。叠加法是将组合体分解成若干个基本形体，再依次按其相对位置逐个画出各个部分的轴测投影的方法。

【例 3-4】画出如图 3-27（a）所示组合体的正等测图。

图 3-27　叠加型组合体

分析：该组合体由底板Ⅰ、背板Ⅱ、肋板Ⅲ三部分组成。利用叠加法，分别画出这三部分的轴测投影，擦去看不见的图线，即得该组合体的轴测图。

叠加型组合体轴测图作图步骤见表 3-7。

表 3-7　叠加型组合体轴测图作图步骤

步骤	图例	说明
选择坐标系	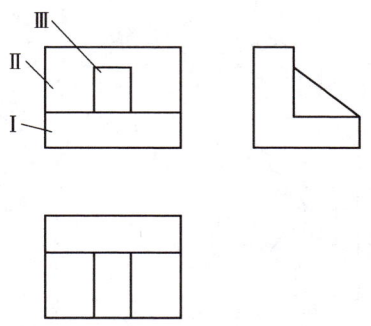	在投影图中选定坐标系，并将组合体分解为三部分

步骤	图例	说明
画轴测轴和部分Ⅰ轴测图		沿轴向分别量取尺寸 a、b 和 c，画部分Ⅰ
画部分Ⅱ轴测图		根据尺寸 e 和 $h-c$ 画部分Ⅱ
画部分Ⅲ轴测图		根据尺寸 d 和 f 画部分Ⅲ
检查加粗		擦去多余图线，描深加粗，即得该组合体的轴测图

3. 绘制斜二测图

1）斜二测图的形成

当轴测投影面与 XOZ 坐标面平行，物体上的两坐标轴 OX 和 OZ 与轴测投影面平行，而投射方向与轴测投影面倾斜时，所得的轴测图称为斜二测图，如图 3-28 所示。

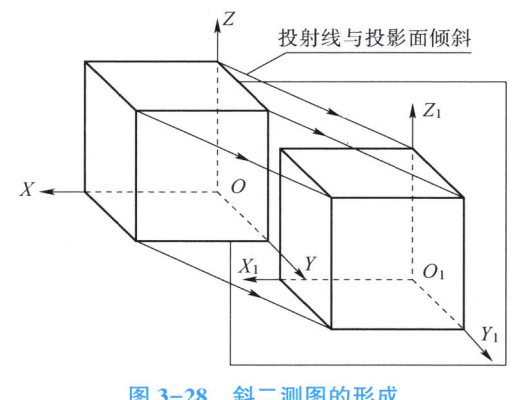

图 3-28　斜二测图的形成

2）斜二测图的轴间角和轴向伸缩系数

（1）轴间角 $\angle X_1O_1Z_1 = 90°$、$\angle X_1O_1Y_1 = \angle Y_1O_1Z_1 = 135°$，如图 3-29 所示。

（2）轴向伸缩系数 $p=r=1$，$q=0.5$。

斜二测图的轴测轴有一个显著的特征，即物体正面（X 轴和 Z 轴）的轴测投影没有变形，这一轴测投影的特征，对于那些在正面上形状复杂以及在正面上有圆的物体，画成斜二测图十分简便。

3）组合体斜二测图的画法

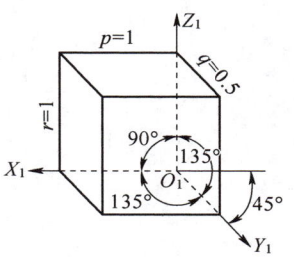

图 3-29　轴间角和
轴向伸缩系数

画斜二测图通常从位于物体最前面的面开始，沿 Y_1 轴方向分层定位，在 $X_1O_1Z_1$ 轴测面上定形，注意 Y_1 轴方向的轴向变形系数为 0.5。画图方法如图 3-30 和图 3-31 所示。

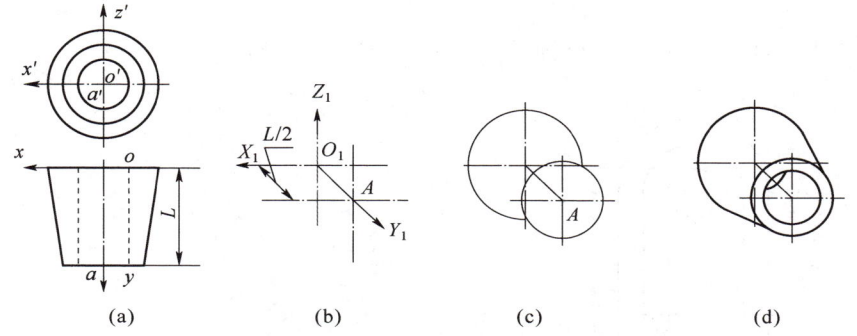

(a)　　　　(b)　　　　(c)　　　　(d)

图 3-30　带孔圆台的斜二测图

（a）定坐标系；（b）画轴测轴定圆心；（c）平移，画圆台两端面；（d）画圆孔，检查加粗

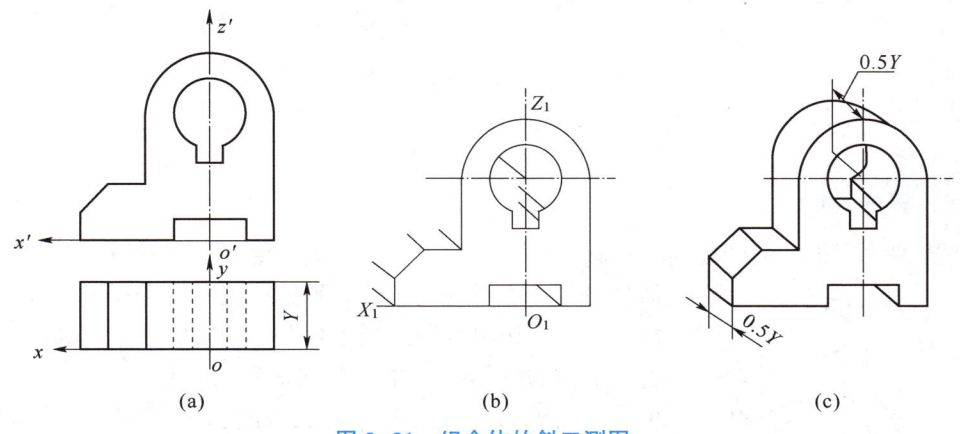

(a)　　　　(b)　　　　(c)

图 3-31　组合体的斜二测图

（a）定坐标体系；（b）画前端面实形；（c）平移，画后端面可见轮廓，加粗

拓展训练

（1）根据如图 3-32 所示已知视图，徒手绘制正等测图。

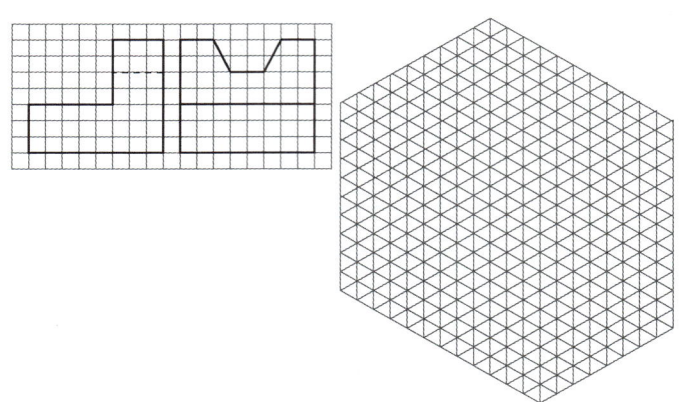

图 3-32　绘制正等测图

（2）根据如图 3-33 所示已知视图，徒手绘制斜二测图。

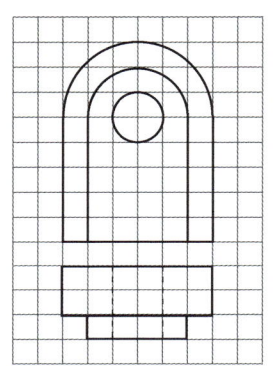

图 3-33　绘制斜二测图

项目实施

支架由底板、大圆柱筒、小圆柱筒、三棱柱肋板组成，要绘制其三视图，首先要清楚各部分之间的相对位置和连接关系，选择好主视图投影方向，再按组合顺序画出各部分的投影图，准确地画出连接部位的分界线，才能得到正确的三视图。由图 3-34 可见，底板侧面与大圆筒相切，相切处无交线；小圆筒与大圆筒相交，外表面和内表面都有相贯线；肋板前后两侧面与大圆筒相交，产生截交线——直线，肋板顶面与大圆筒相交产生截交线——椭圆弧。

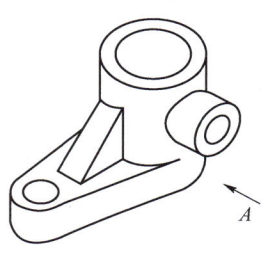

图 3-34　支架轴测图

支架三视图作图步骤见表 3-8。

表 3-8　支架三视图作图步骤

学习笔记

步骤	图例	说明
画作图基准线	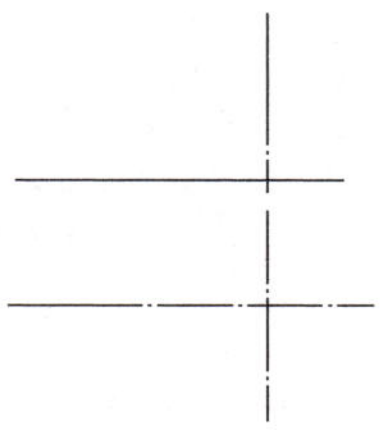	首先要确定主视图。将大圆筒直立使其轴线放在铅垂位置，为了清楚表达支架特征和减少视图中的虚线，将小圆筒放在前面，选择图 3-34 中的 *A* 方向作为主视图的投影方向。主视图选好后，俯视图和左视图就确定了。三视图确定后即可按照图形大小定图幅，画作图基准线
画底板和大圆筒三视图	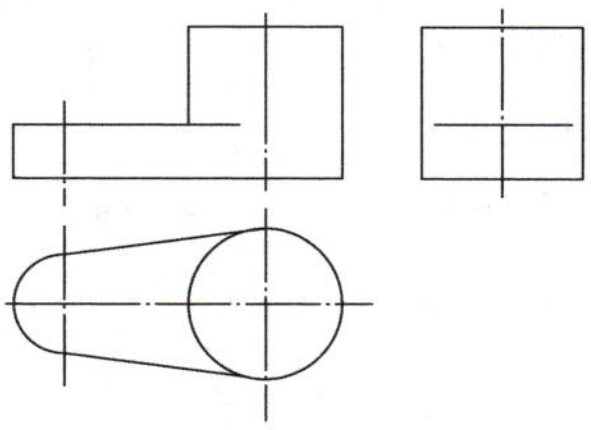	按照尺寸绘制底板和大圆筒的三视图，注意两者之间的相切关系
画肋板三视图	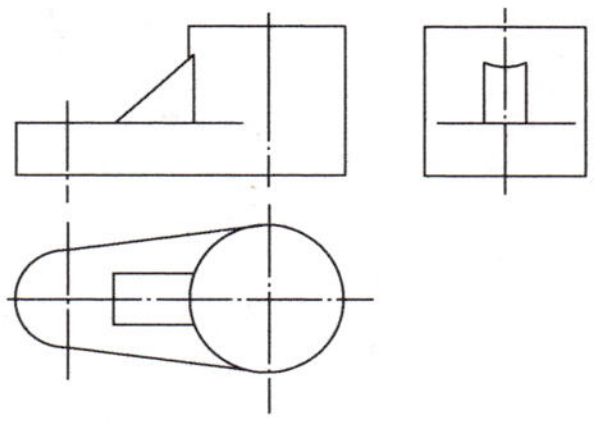	肋板在底板之上、大圆筒左侧，按尺寸绘制其三视图，注意肋板与大圆筒的交线
画小圆筒三视图	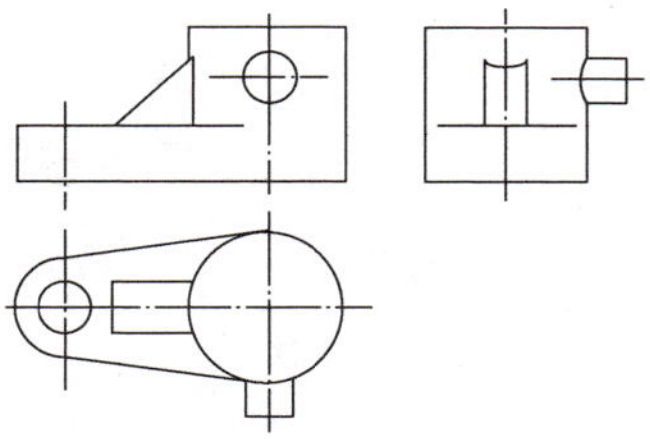	小圆筒在大圆筒的前方，按尺寸绘制其三视图，注意大圆筒与小圆筒的相贯线
画圆孔三视图	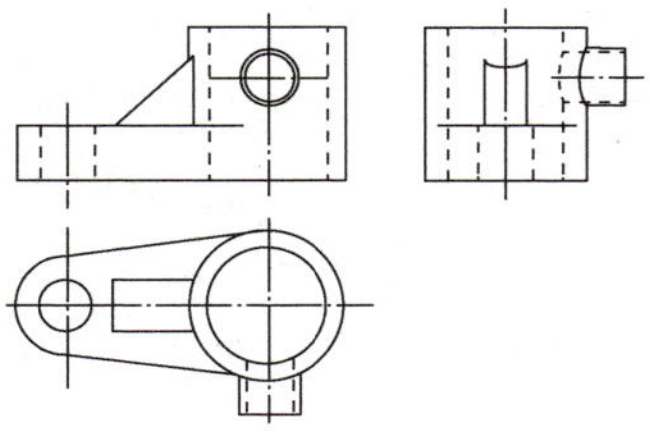	大圆筒的孔和小圆筒孔相通，看不见的投影画虚线，注意孔相通的相贯线
检查加粗	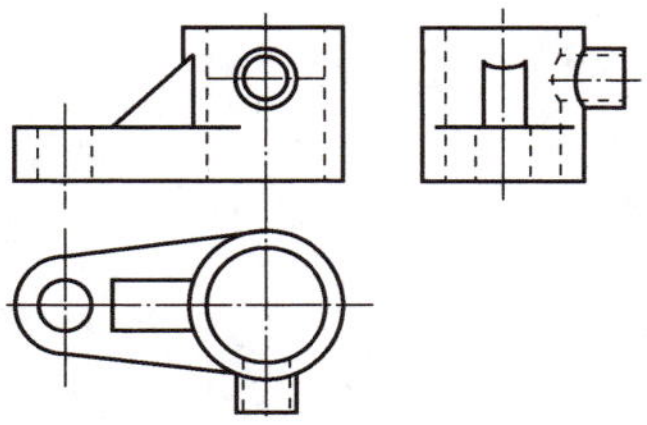	擦去作图线，检查加粗即可完成全图

项目评价表见表3-9。

表3-9　项目评价表

序号	检查项目	分值	自评	互评	教师评价
1	是否正确运用形体分析法	15			
2	是否正确选择组合体的投影方向	15			
3	线型是否正确	15			
4	三视图的绘制是否正确，是否遵循投影规律	35			
5	在绘图过程中遇到了什么困难，是否与同学和老师进行了沟通交流，通过什么方式解决了困难	15			
6	参与思政课堂讨论	5			

项目四　机件表达方法及应用

项目描述

　　根据如图 4-1 所示支座的两视图，分析机件的内外形状，运用合适的表达方法将机件的内外形状表达清楚。在生产实际中机件的作用不同，其结构形状是多种多样的。为了能把各种机件的结构形状完整、清晰、简便地表达出来，应根据机件的结构特点，采用各种不同的视图及剖视、断面等表达方法，在完整、清晰地表示物体形状的前提下，力求制图简便。

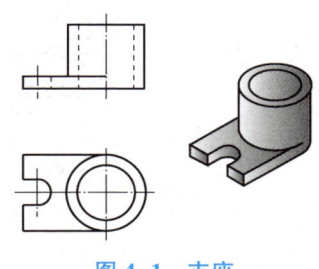

图 4-1　支座

项目目标

　　（1）熟悉各种视图、剖视图、断面图的画法和标注，掌握识读各种视图、剖视图和断面图的方法。

课程思政案例五

　　（2）具有综合应用各种表达方法绘制机械零件图的能力，能够根据零件的加工要求合理选择和正确标注尺寸、技术要求，能够运用空间思维能力和逻辑能力识读零件图。

　　（3）了解中国智造，认识大国重器，关注中国破解的"卡脖子"技术，培养学生的民族自豪感与责任感，增强爱国主义情怀。

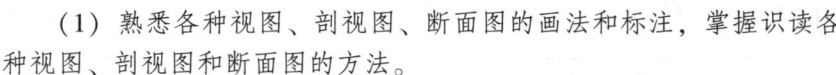

知识链接 1　机件外部形状的表达

　　【想一想】扫描二维码观看机件外部结构表达的视频，回答下列问题。

　　（1）六面基本视图在原三视图的基础上，增加了哪三个视图？

　　（2）向视图与基本视图的区别是什么？

（3）画局部视图时，能否省略波浪线？

（4）斜视图与旋转视图的区别是什么？

机件六面视图投影

视图一般只画机件的可见部分，必要时才画出不可见部分，所以视图主要用来表达机件的外部结构形状。根据机件的结构特点，视图表达通常有基本视图、向视图、局部视图、斜视图和旋转视图。本部分内容要学会正确绘制各类视图外部轮廓的表达方法。

1. 基本视图

机件向基本投影面投射所得的视图，称为基本视图。基本投影面是在原有三个投影面的基础上，再增加三个投影面，构成了一个正六面体，机件处于正六面体内，从机件的上、下、前、后、左、右六个方向分别向基本投影面投射就得到六个基本视图，如图 4-2 所示。

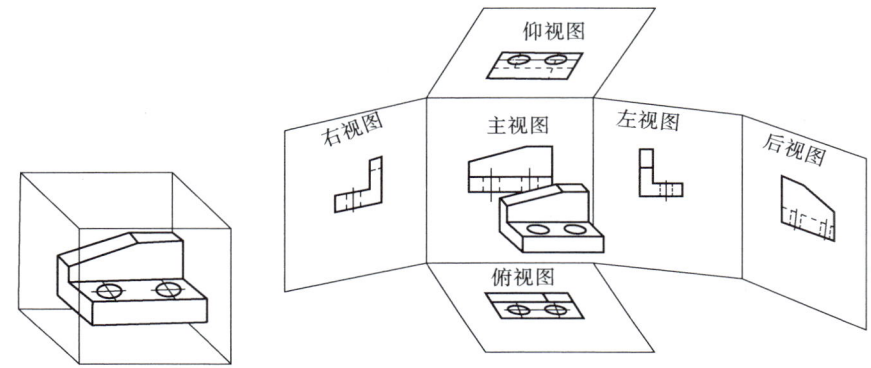

图 4-2　六个基本视图的形成及展开

六个投影面按规定的方向旋转展开，如图 4-2 所示，并按图 4-3 所示的规定位置配置时，一律不用标注视图名称。六个视图之间仍应符合"长对正、高平齐、宽相等"的投影规律。除后视图外，各视图靠近主视图里侧，均反映机件的后面；而远离主视图的外侧，均反映机件的前面。

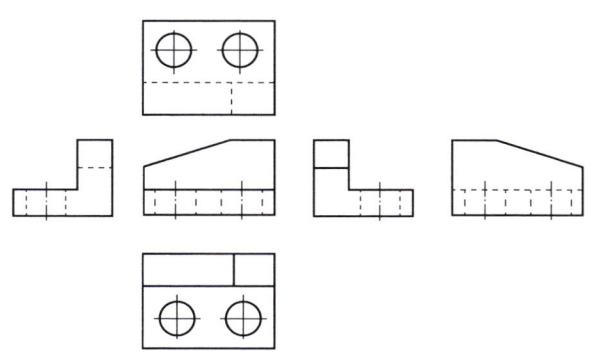

图 4-3　六个基本视图的配置

实际画图时，并不是每一个机件都要画六个基本视图，而是根据机件的复杂程度，选用适当的视图。

2. 向视图

当基本视图没有按规定位置摆放时，称为向视图。如图 4-4 所示的 A、B、C 等向视图，首先在相应的视图附近画出箭头指明投影方向，写上字母，并在画出的向视图上方写出同样的字母。

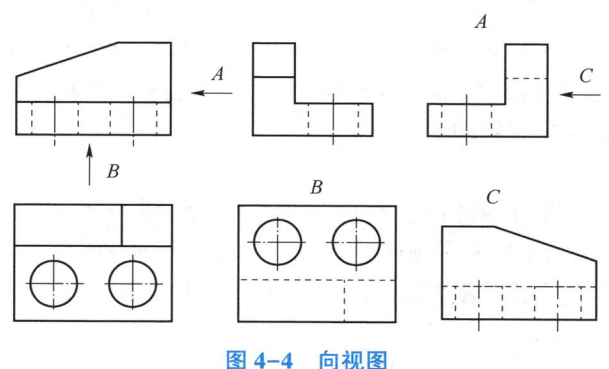

图 4-4　向视图

3. 局部视图

将机件的一部分向基本投影面投射所得的视图，称为局部视图，如图 4-5 所示的机件采用主、俯两视图表达后，只有右侧凸台和左侧凹槽部分尚未表达清楚。为此，采用了 A 向和 B 向两个局部视图加以补充，既简化了作图，又使表达简单明了。

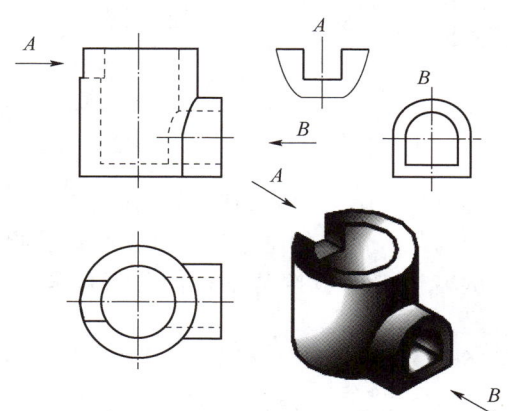

图 4-5　局部视图

画局部视图时应注意以下几点：

（1）用带字母的箭头指明要表达的部位和投射方向，并注明视图名称。表示图名的字母一律水平书写。

（2）局部视图的断裂边界线用波浪线表示。画波浪线时应注意做到"不出头、不重合、不穿空"，即：波浪线不应与轮廓线重合或在其延长线上；波浪线不应超出机件轮廓线；波浪线不应穿空而过。当所表达的局部结构是完整的，且外轮廓线自成封闭且与其他部分分开时，波浪线可省略不画，如图 4-5 的 B 向局部视图。

（3）局部视图应尽量配置在箭头所指方向的一侧，并与原基本视图保持投影关系，为了合理利用图纸幅面，也可将局部视图配置在其他适当位置，如图4-5中的 *B* 向局部视图。

4. 斜视图

将机件的倾斜部分向不平行于基本投影面的平面投射所得的视图，称为斜视图。

如图4-6所示机件的倾斜部分在基本视图上不能反映实形，可用与倾斜部分平行且又与基本投影面垂直的平面作为投影面，将该倾斜部分向这个投影面进行投射，即得到反映倾斜部分实形的图形。

画斜视图时注意：

（1）斜视图必须进行标注：在相应的视图附近用带字母的箭头指明投射方向，在视图的上方标注相同字母表示视图的名称。字母一律水平书写。

（2）斜视图通常只用于表达机件倾斜部分的实形，其余部分不必画出而用波浪线断开。

（3）斜视图一般按投影关系配置，必要时也可配置在其他位置。允许将斜视图旋转摆正后画出，此时在图形上方应标注出旋转符号，如图4-6所示。

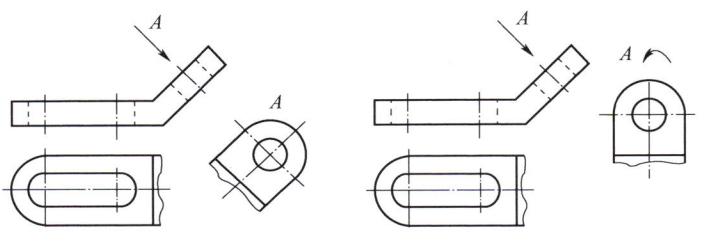

图4-6　斜视图

5. 旋转视图

当机件上倾斜部分有垂直于基本投影面的回转轴线时，可以假想将机件的倾斜部分绕着回转轴线旋转到与某一选定的基本投影面平行后，再向该投影面投影得到的视图称为旋转视图。旋转视图一般按基本视图位置配置，不必标注。如图4-7所示。

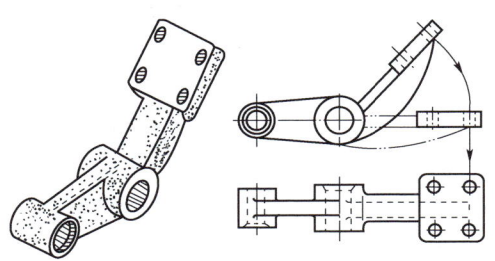

图4-7　旋转视图

斜视图和旋转视图都可以表达机件上倾斜部分的实际形状。前者适用于没有明显回转轴的机件，且必须标注；后者适用于有明显回转轴的机件，而且不必标注。

拓展训练

（1）完成如图 4-8 所示 C、G 向视图。

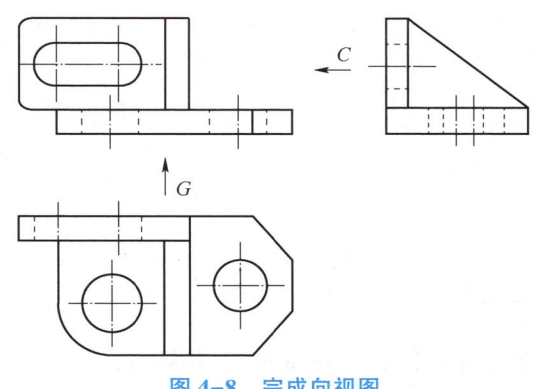

图 4-8　完成向视图

拓展立体

知识链接 2　机件内部形状的表达

【想一想】扫描二维码观看剖视图形成的视频，回答下列问题：

（1）绘制机件剖视图时，如何选择剖切面？

（2）机件剖开后与未剖开前图线表达的区别是什么？

用视图表达机件，当内部结构复杂时，视图中就会出现许多虚线，影响图面清晰，也不便于看图和标注尺寸。如图 4-9（b）所示，为了减少图中的虚线，可以采用剖视的方法来表达机件的内部结构。

剖视图形成视频

1. 剖视图的绘制

1）剖视图的概念

假想用剖切平面剖开机件，将处于观察者与剖切平面之间的部分移去，而将剩余部分向投影面投射所得到的视图称为剖视图。如图 4-9（c）所示。

2）剖视图的画法

（1）确定剖切平面的位置。为了能反映出机件内部结构的真实形状，剖切面通常应与投影面平行，并应通过零件内部结构的对称平面或通过其轴线，如图 4-9（a）所示的剖切面平行于正面，且通过机件前后方向的对称平面。

（2）画剖视图。把被移去部分带走的轮廓线擦掉，将断面及剖切面后方的可见轮廓线用粗实线画出，仍不可见的虚线结构在剖视图中一般可省略，在断面区域画上剖面符号。

（3）画剖面符号。剖面符号见表 4-1。金属材料的剖面符号（又称剖面线）一般画成与水平线成 45°、间隔相等的细实线，如图 4-10（a）所示。在同一张图上，同一机件在各剖视图中的剖面线方向和间距应一致。当图形中主要轮廓线与水平线接

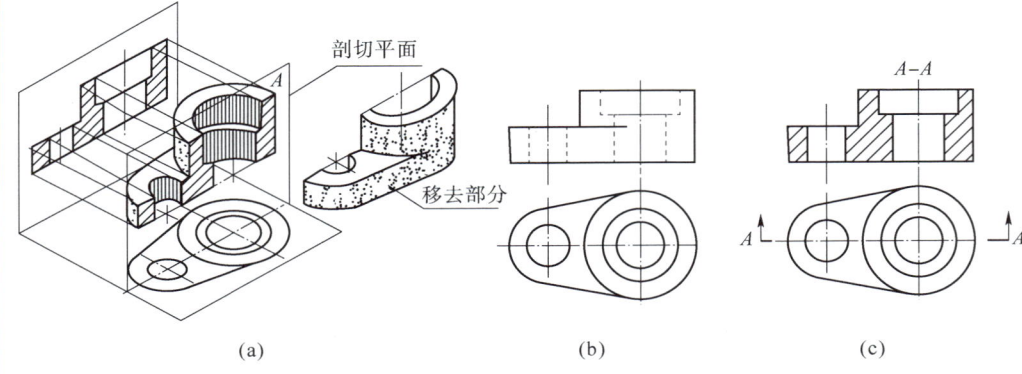

剖切平面

移去部分

(a)　　　　　　　　　　(b)　　　　　　　　　　(c)

图 4-9　剖视图的形成

（a）直观图；（b）视图；（c）剖视图

近 45°时，该图形上的剖面线应画成与水平线成 30°或 60°，其倾斜方向仍与其他图形的剖面线一致，如图 4-10（b）所示。

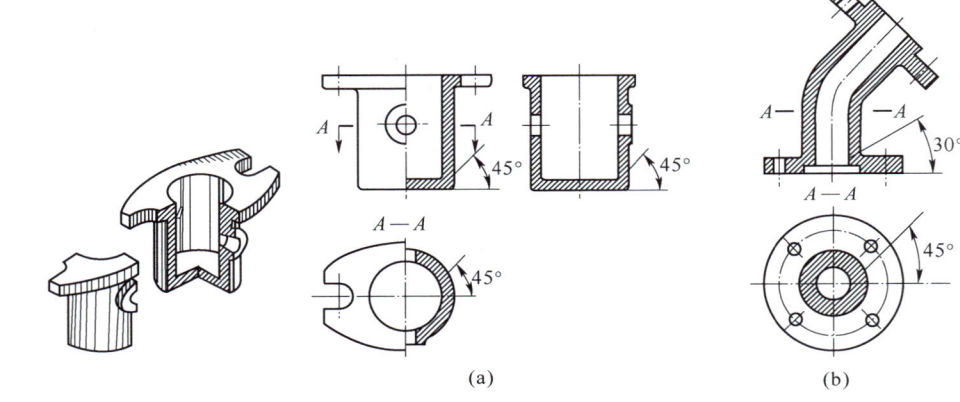

(a)　　　　　　　　　　　　　(b)

图 4-10　剖面线方向

表 4-1　剖面符号

材料	符号	材料	符号
金属材料 （已有规定剖面符号者除外）		胶合板 （不分层数）	
线圈绕组元件		基础周围的混土	
转子、电枢、变压器和 电抗器等的迭钢片		混凝土	
非金属材料 （已有规定剖面符号者除外）		钢筋混凝土	

材料	符号	材料	符号
型砂、填砂、粉末冶金、砂轮、陶瓷刀片、硬质合金刀片等		砖	
玻璃及供观察用的其他透明材料		格网（筛网、过滤网等）	
木材　纵剖面		液体	
横剖面			

3）剖视图的标注

为了便于看图，在剖视图中应标注剖切符号和剖视图名称。

（1）剖切符号。剖切符号是表示剖切面起、迄和转折处及投射方向的符号，即在剖切面的起、迄和转折处画粗短线，线宽为 1~1.5 mm，长为 5~10 mm，并尽可能不与图形的轮廓线相交。在两端用箭头表示投射方向，并与剖切位置线垂直。

（2）剖视图名称。在剖视图的上方用大写字母标注剖视图的名称"×-×"，并在剖切符号的附近标出相同的字母，字母一律水平书写。如图 4-9 所示。

下列情况下可省略或简化标注：

（1）当单一剖切平面通过零件的对称平面或基本对称平面或剖切位置明显，且剖视图按投影关系配置，中间没有其他图形隔开时，可省略标注。如图 4-10（a）所示的左视图。

（2）当剖视图按投影关系配置，中间又没有其他图形隔开时，可省略箭头，如图 4-10（b）所示的俯视图。

4）剖视图应注意的问题

（1）在剖视图中一般不画虚线，只有当需要在剖视图上用虚线表达某些结构，否则会增加视图数量或影响表达时，才画出少量必要的虚线。如图 4-11 所示，用虚线表示机件底板的厚度。

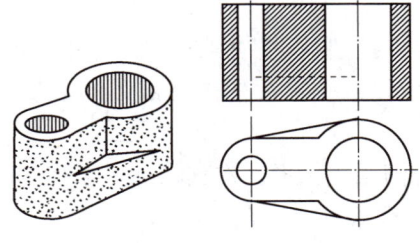

图 4-11　剖视图中的虚线

（2）剖切平面后方的可见轮廓应全部画出，不能遗漏。如图 4-12 所示剖视图中阶梯孔的台阶面。

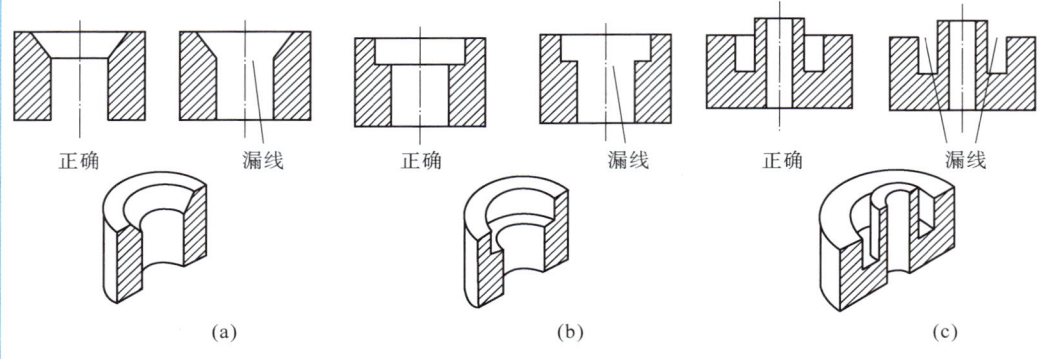

正确　　漏线　　　　正确　　　漏线　　　　正确　　　漏线

(a)　　　　　　　　　(b)　　　　　　　　　(c)

图 4-12　剖视图中容易缺漏的线

5）剖视图的种类

剖视图分为全剖视图、半剖视图和局部剖视图。

（1）全剖视图。用剖切平面（一个或几个）完全地剖开机件所得的剖视图称为全剖视图，如图 4-9 所示，主要用于表达内形复杂、外形简单的不对称的机件。

（2）半剖视图。当机件具有对称平面时，在垂直于对称平面的投影面上投射所得的图形，可以以对称中心线为界，一半画成剖视图，另一半画成视图，这样画出的图形称为半剖视图。其适用于内、外形都需要表达，而形状又基本对称的机件。

如图 4-13 所示机件内外形状都比较复杂，前后和左右都对称。如果主视图采用全剖视图，则凸台形状无法表达；如果俯视图采用全剖视图，则顶板及其四个小孔的形状和位置也无法表达，如图 4-13（c）所示。将主视图和俯视图都画成半剖视图，可在同一个图形中清楚地表达机件的内外结构形状，如图 4-13（b）所示。

画半剖视图及其标注时应注意：

①半个视图与半个剖视图的分界线是细点画线，不是粗实线。

②机件对称，内部结构形状已在半个剖视图中表达，在另外半个视图上无须再画虚线。

③半剖视图标注的方法及省略标注的情况与全剖视图完全相同。

（3）局部剖视图。用剖切面局部地剖开机件所得到的剖视图，称为局部剖视图。局部剖视图是一种比较灵活的表达方法，剖切位置根据实际需要来决定，当形状不对称而又在同一视图中需表达内外形状时特别适合采用局部剖视图。局部剖视图剖切位置明显，一般不标注。但应注意一个视图中局部剖的数量不宜过多，以免图形过于零碎。

如图 4-14 所示，主视图采用正平面作剖切面，俯视图采用水平面作剖切面，在适当位置局部地剖开机件，以表达这一部分内形。

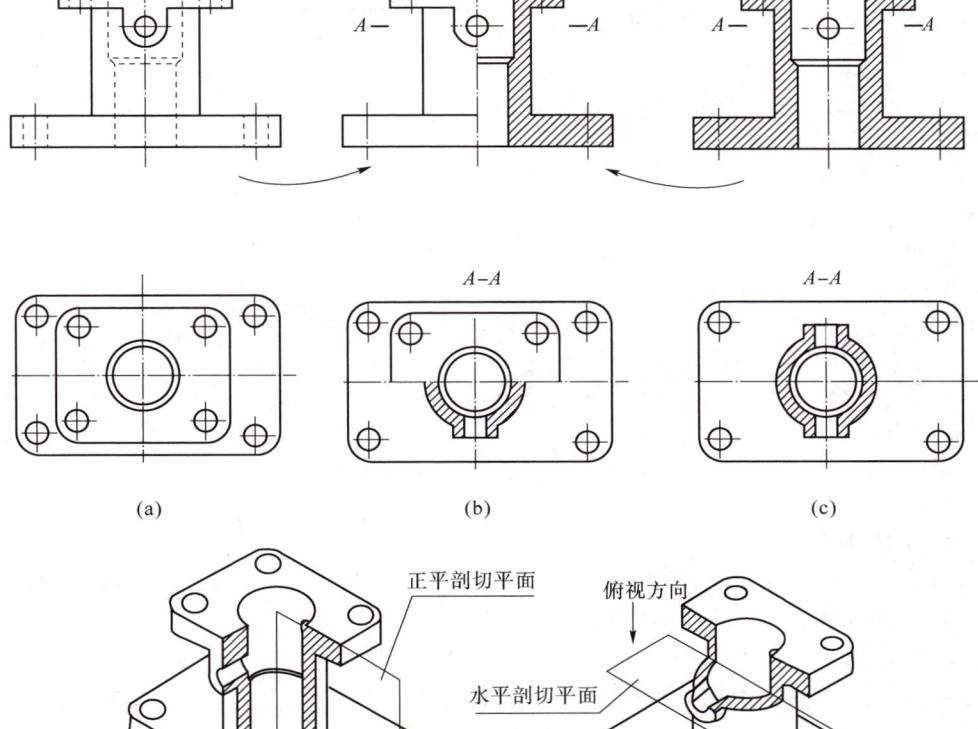

(a)　　　　　　　　(b)　　　　　　　　(c)

(d)

图 4-13　半剖视图

（a）视图；（b）半剖视图；（c）全剖视图；（d）轴测图

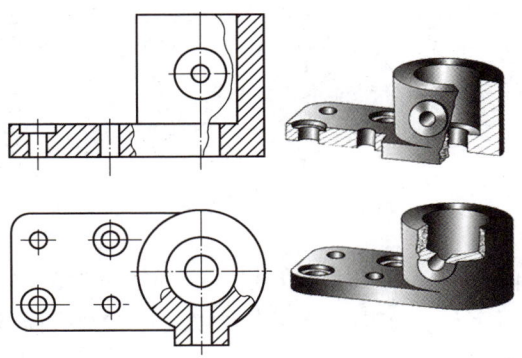

(a)　　　　　　　　(b)

图 4-14　局部剖视图

（a）局部剖视图；（b）直观图

局部剖视图中的波浪线可以看作是机件断裂面的投影，因此，波浪线不能与图形中其他的图线重合，不要穿空而过，也不能超出图形轮廓线。如图4-15所示。

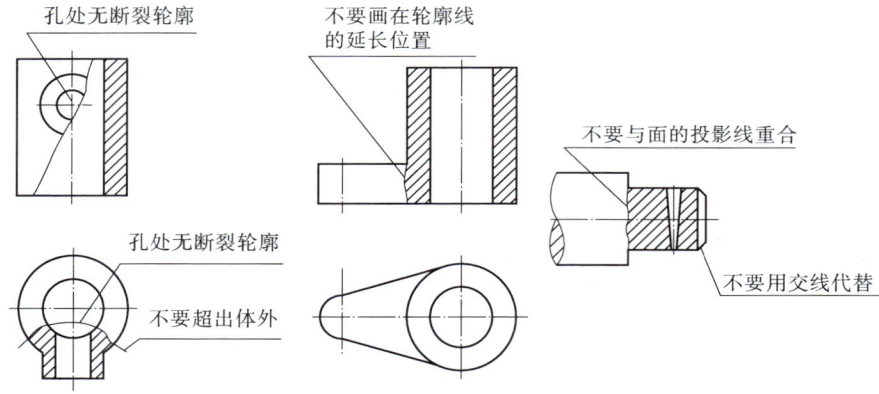

图4-15　画波浪线注意的问题

6）剖切面的种类

（1）单一剖。在画剖视图时用一个与投影面平行的平面剖切零件，这种剖切零件的方法称为单一剖。前述图例均为单一剖。

（2）旋转剖。用两相交的剖切平面（一个与投影面平行、一个与投影面垂直，交线与回转轴重合）剖开机件的剖切方法称为旋转剖。画图时，将被剖开的倾斜结构绕回转轴旋转到与基本投影面平行后再投影。

如图4-16所示，端盖内部形状用单一剖切平面剖切不能完全表达，而常采用两个相交的剖切平面通过所要表达的孔、槽剖开机件，并将倾斜平面切到的结构要素旋转到与投影面平行后再投影，这样就可以在同一剖视图上表达出两个相交剖切平面所剖切到结构的真实形状。在剖切平面后的其他结构一般仍按原来的位置投影，如图4-17所示。

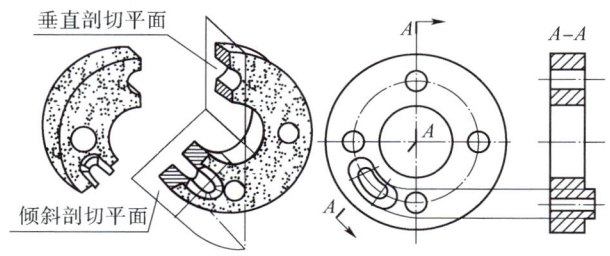

图4-16　旋转剖（一）

旋转剖必须进行标注。在剖切平面的起、迄和转折处画出剖切符号表示剖切位置，并注上相同的大写字母，如果转折处地方太小，在不引起误解的情况下可省略字母。在起、迄处画出箭头表示投射方向，并在剖视图的上方标注出相同字母。如图4-16和图4-17所示。如按投影关系配置，中间无其他图形隔开，则可省略箭头。

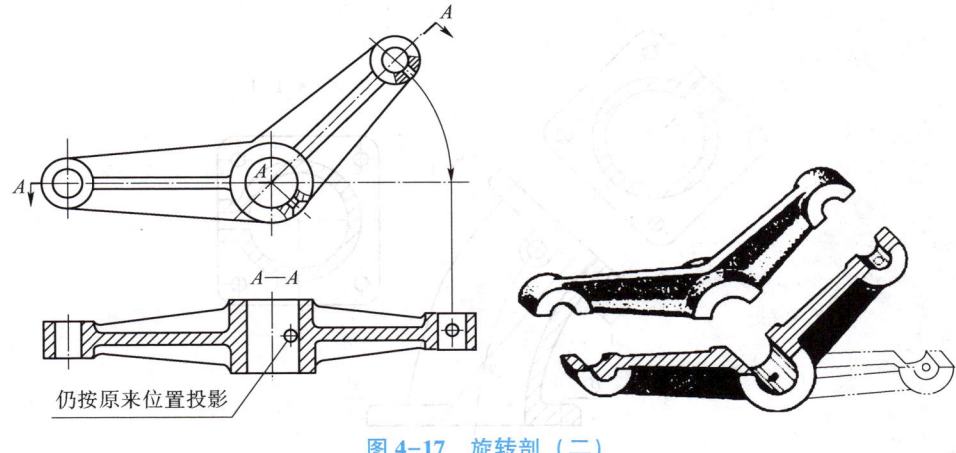

图 4-17　旋转剖（二）

（3）阶梯剖。用几个平行于某一基本投影面的剖切平面剖开机件的方法称为阶梯剖。

如图 4-18 所示，用一个剖切平面不可能把机件内部结构形状完全剖出，故用三个互相平行的剖切面剖开机件后画主视图。

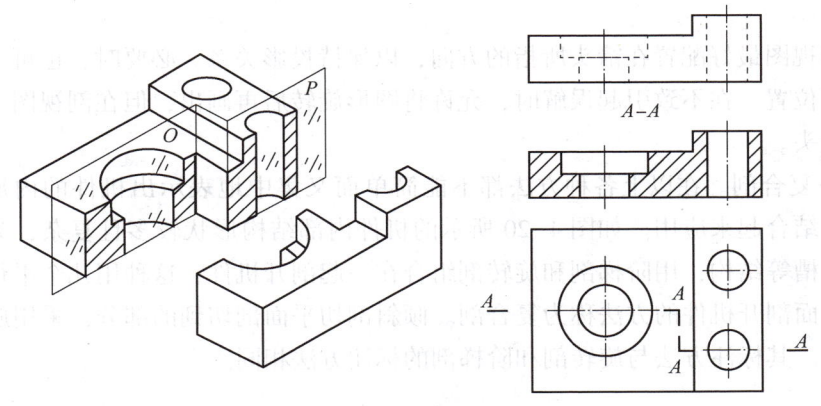

图 4-18　阶梯剖

阶梯剖必须进行标注。在剖切平面的起、迄和转折处用相同字母及剖切符号表示剖切位置，用箭头指明投射方向，并在相应的剖视图上方标出相同字母。剖切符号不得与图形中的任何轮廓线重合；阶梯剖视图中各剖切平面的分界处（转折处）不必画出，也不应在图形中出现不完整要素。如图 4-18 所示。

（4）斜剖。用不平行于基本投影面的剖切平面剖开机件的方法称为斜剖。如图 4-19 所示机件倾斜部分的内形，在基本投影面上不能反映实形，只有用与基本投影面倾斜的平面剖切，再投影到与剖切平面平行的投影面上，得到的图形才能反映倾斜结构的内部真实形状。

在采用斜剖绘制剖视图时，必须标注剖切位置，并用箭头指明投影方向，注明剖视名称。注意字母一律水平书写，与倾斜部分的方向无关。

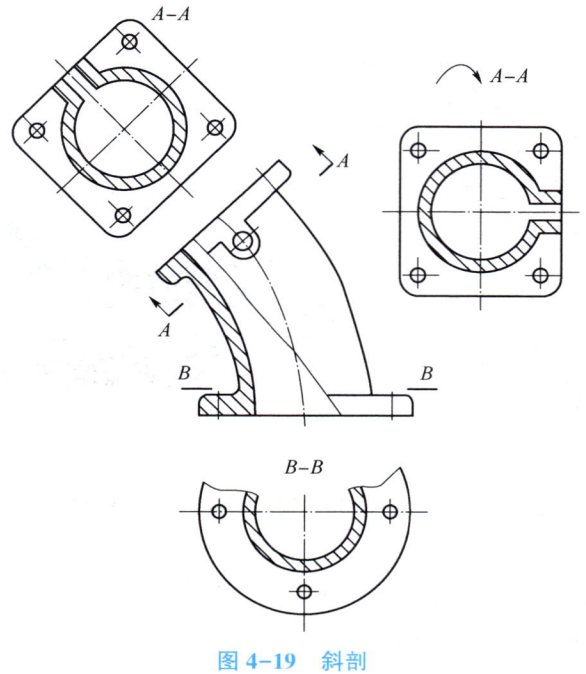

图 4-19　斜剖

　　斜剖视图最好配置在箭头所指的方向，以保持投影关系。必要时，也可以平移到其他适当位置。在不致引起误解时，允许将图形旋转后再画出，但在剖视图上方应标注旋转箭头。

　　（5）复合剖。在以上各种方法都不能简单而又集中地表示出机件的内形时，可以把它们结合起来应用。如图 4-20 所示的机件内部结构形状较多且复杂，为了表达各种孔、槽等结构，用阶梯剖和旋转剖组合在一起剖开机件，这种用几个平行或相交的剖切平面剖开机件的方法称为复合剖。倾斜剖切平面剖切到的部分，采用旋转剖的画图方法。其标注方法与旋转剖和阶梯剖的标注方法相同。

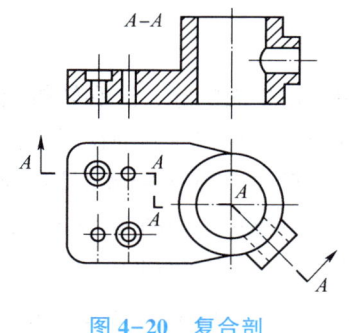

图 4-20　复合剖

　　【例 4-1】　将如图 4-1 所示机件的主视图改为全剖视图。

　　分析：该机件的外形简单，内形有孔和槽且都在对称平面上，所以将主视图画成全剖视图即可。

全剖视图作图方法和步骤见表4-2。

表4-2　全剖视图作图方法和步骤

步骤	图例	说明
剖		确定剖切位置，通过孔中心标注剖切位置
去		移去位于观察者和剖切平面的部分，将移去部分的外形线删掉
看		将剩余部分当成一个立体进行投影，将剖开部位的虚线改成粗实线
画剖面符号，完成全图		在断面上画出金属材料的剖面线，即间隔均匀、倾斜45°的细实线。此图为单一剖切平面通过零件的对称平面，且剖视图按投影关系配置、中间没有其他图形隔开，省略标注

【例4-2】将如图4-21所示机件的主视图改为剖视图。

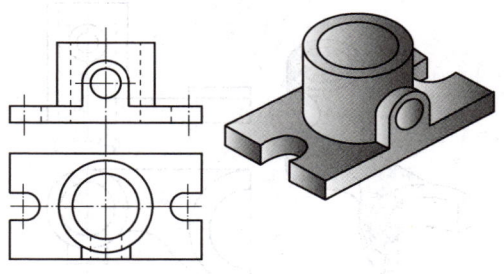

图4-21　例4-2图

分析：该机件的内外形都复杂，在表达内形的同时要保留外形且左右对称，所以将主视图画成半剖视图即可。半剖视图作图方法和步骤见表4-3。

表 4-3　半剖视图作图方法和步骤

步骤	图例	说明
剖		确定剖切位置，通过孔中心标注剖切位置
去		移去位于观察者和剖切平面的部分，将移去部分的外形线删掉
看		将剩余部分当成一个立体进行投影，将剖开部位的虚线改成粗实线
画剖面符号，完成全图		在断面上画出金属材料的剖面线，即间隔均匀、倾斜 45° 的细实线。标注方法与全剖相同。此图为单一剖切平面通过零件的对称平面，且剖视图按投影关系配置、中间没有其他图形隔开，省略标注

【例 4-3】将如图 4-22 所示机件的主视图改为剖视图。

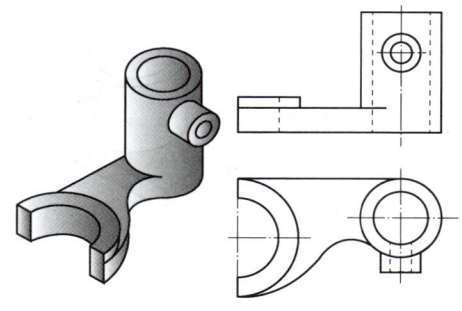

图 4-22　例 4-3 图

　　分析：该机件的内形复杂外形简单，但外形右圆柱上方有圆形凸台，需要表达的内形又很少，不必要全剖，将主视图画成局部剖视图即可。

局部剖视图作图方法和步骤见表4-4。

表4-4　局部剖视图作图方法和步骤

步骤	图例	说明
剖	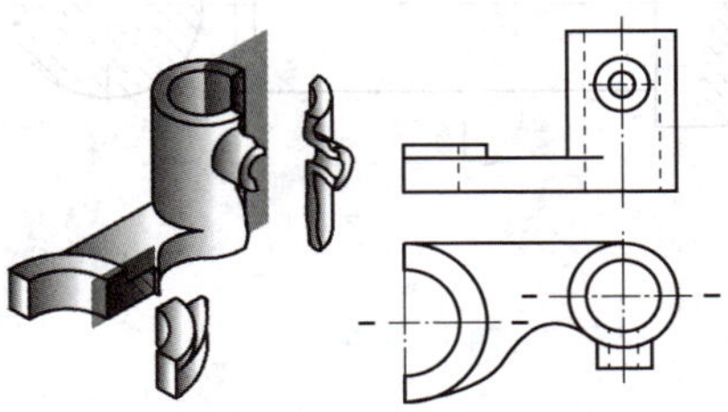	确定剖切位置，通过孔中心标注剖切位置
去	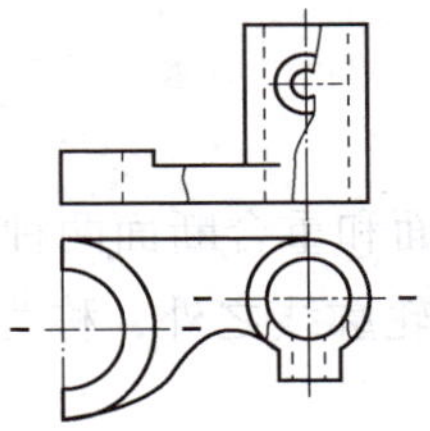	移去位于观察者和剖切平面的部分，画出波浪线，将移去部分的外形线删掉
看	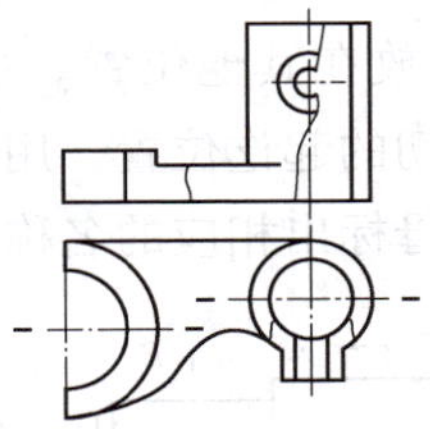	将剩余部分当成一个立体进行投影，将剖开部位的虚线改成粗实线
画剖面符号，完成全图	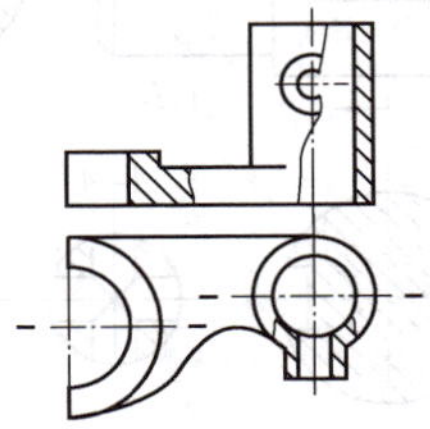	在断面上画出金属材料的剖面线，即间隔均匀、倾斜45°的细实线。标注方法与全剖相同。局部剖视图剖切位置明显，可省略标注

2. 断面图的绘制

1）断面图的概念

假想用剖切面将机件的某处切断，仅画出断面（剖切平面与机件接触部分）的图形称为断面图，简称断面。

如图4-23所示，假想用一个剖切平面垂直于轴线方向将键槽处切断，然后画出断面的实形，就能清楚地表达出断面的形状和键槽的深度。

断面图与剖视图的区别是：断面仅画剖切面与机件接触部分的图形，而剖视则是将断面连同它后面的可见结构一起投影画出，如图4-23（b）所示。

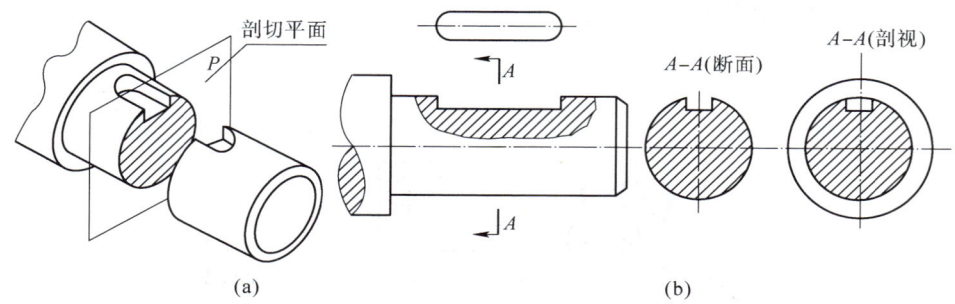

图 4-23 断面的基本概念

断面图主要用于表达机件某部分的断面形状，如机件上的肋板、轮辐、键槽、杆件及型材的断面等。

2）断面图的种类

根据断面配置的位置，分为移出断面和重合断面两种。

（1）移出断面。断面图配置在视图轮廓线之外，称为移出断面。

①移出断面的画法。

移出断面应尽量配置在剖切符号或剖切线（即剖切平面与投影面的交线，用细点画线画出）的延长线上，必要时也可放在其他位置。移出断面的轮廓线用粗实线绘制。移出断面一般用剖切符号表示剖切的起讫位置，用箭头表示投影方向，并注上大写字母，在断面图的上方用同样的字母标出相应的名称"×-×"，如图 4-24 所示。

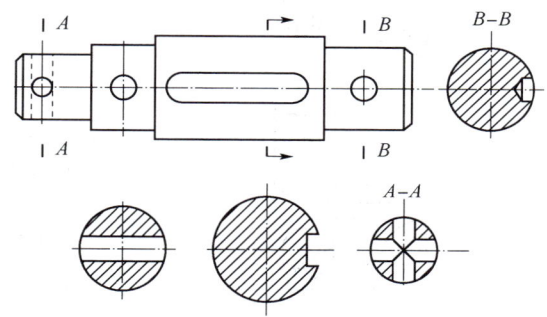

图 4-24 移出断面画法

当剖切平面通过回转面形成的孔或凹坑的轴线时，这些结构按剖视绘制，如图 4-24 中的 $B-B$ 断面。当剖切平面通过非圆孔，导致出现完全分离的两个断面时，这些结构也按剖视绘制，如图 4-24 中的 $A-A$ 断面。

移出断面图在下列情况下可以省略标注：

a. 配置在剖切符号延长线上的不对称移出断面，可省略字母，如图 4-23 所示的键槽断面图。

b. 配置在剖切平面延长线上的对称移出断面，用细点画线表示剖切平面的位置，并可省略字母和箭头，如图 4-24 所示的通孔断面图。

c. 不配置在剖切符号延长线上的对称移出断面，以及按投影关系配置的不对称移出断面，均可省略箭头，如图 4-24 所示的 A-A、B-B 断面图。

移出断面对称时，也可以配置在视图中断处，如图 4-25 所示。

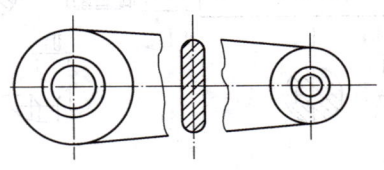

图 4-25　移出断面

（2）重合断面。断面图配置在剖切位置并与原视图重合的断面称重合断面，如图 4-26 和图 4-27 所示。

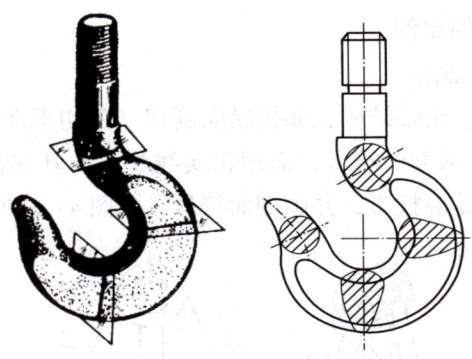

图 4-26　吊钩的重合剖面图

重合断面的轮廓线用细实线绘制，当视图中的轮廓线与重合断面的图形重叠时，视图中的轮廓线仍需完整、连续地画出，不可间断。

不对称的重合断面图可不标注名称（字母），如图 4-27 所示；对称的重合断面图可不标注，如图 4-26 所示。

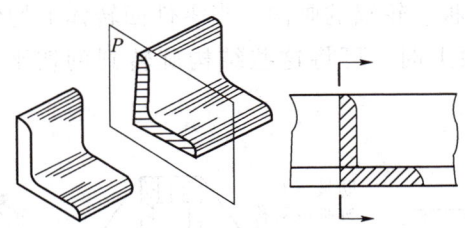

图 4-27　角钢的重合剖面图

3. 其他表达方法

1）局部放大图

将机件的部分结构，用大于原图所采用的比例画出的图形称为局部放大图。它用于机件上较小结构的表达和尺寸标注，可以画成视图、剖视图、断面等形式，与被放大部位的表达形式无关。图形所用的放大比例应根据结构需要而定，与原图比例无关，如图 4-28 所示。

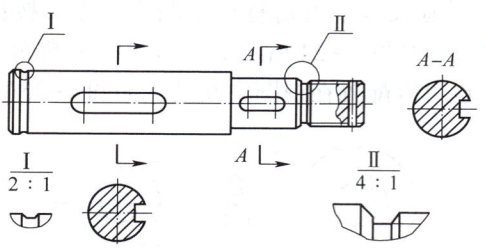

图 4-28　局部放大图

局部放大图应尽量配置在被放大部位的附近。画局部放大图时，除螺纹牙型、齿轮和键的齿形外，应用细实线圆或长圆圈出被放大部分的部位。当同一机件上有几个被放大的部分时，用罗马数字依次标明被放大的部位，并在局部放大图的上方标出相应的罗马数字和所采用的比例。

2）规定画法和简化画法

（1）对于机件的肋、轮辐结构，如按纵向剖切（剖切平面与肋板、轮辐的对称平面重合或平行），肋板不画剖面符号，而用粗实线将它与其邻接部分分开。横向剖切时，肋板按剖切部位的轮廓投影，并画剖面符号。如图 4-29 所示。

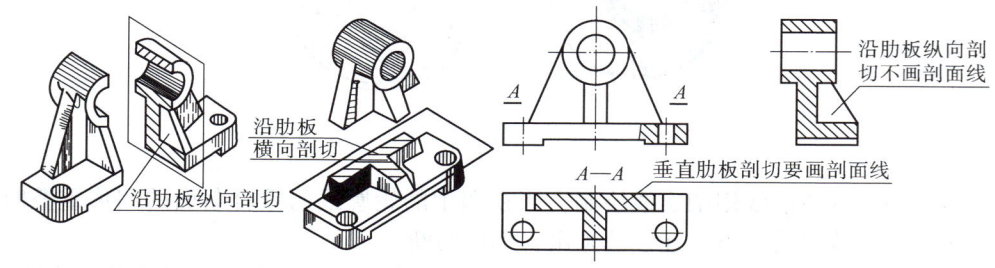

图 4-29　规定画法（一）

（2）均匀分布的肋板、轮辐的画法。当零件回转体上均匀分布的肋、轮辐、孔等结构不位于剖切平面上时，可将这些结构旋转到剖切平面再画出。如图 4-30 所示。

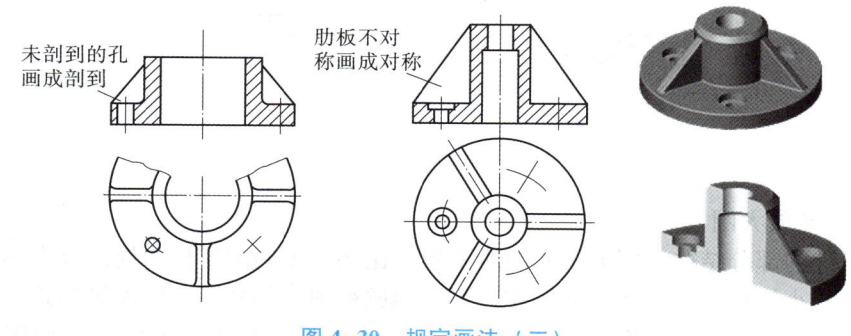

图 4-30　规定画法（二）

（3）对称图形的简化画法。在不致引起误解时，对称机件的视图可画出略大于一半，并以波浪线断开，或只画二分之一、四分之一，并在对称中心线的两端画出两条与其垂直的平行细实线。如图 4-31 所示。

（4）相同结构要素的简化画法。当机件具有若干相同结构（齿、槽、孔等）并按一定规律分布时，只需要画出几个完整的结构，其余用细实线连接，并注明该结构的总数。如图 4-32 所示。

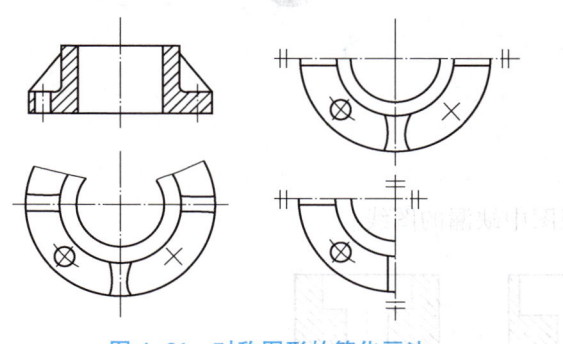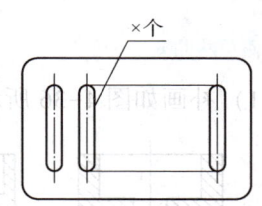

图 4-31　对称图形的简化画法　　　　图 4-32　相同要素的简化画法

（5）剖视图的规定画法。在剖视图中可再作一次局部剖，又称"剖中剖"，采用这种表达方法时，两个剖面的剖面线方向和间隔应一致，但要相互错开，并用引出线标注其名称"×-×"。当剖切位置明显时，也可省略标注。如图 4-33 所示。

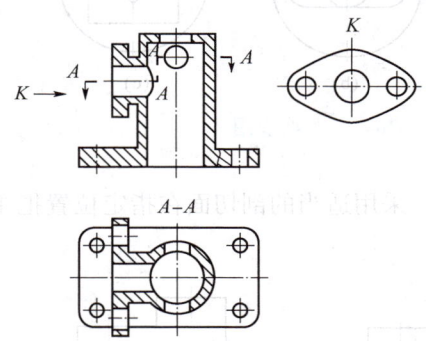

图 4-33　剖视图的规定画法

（6）较长机件的简化画法。轴、杆类较长的机件，当沿长度方向形状相同或按一定规律变化时，允许用波浪线断开画出，如图 4-34 所示。

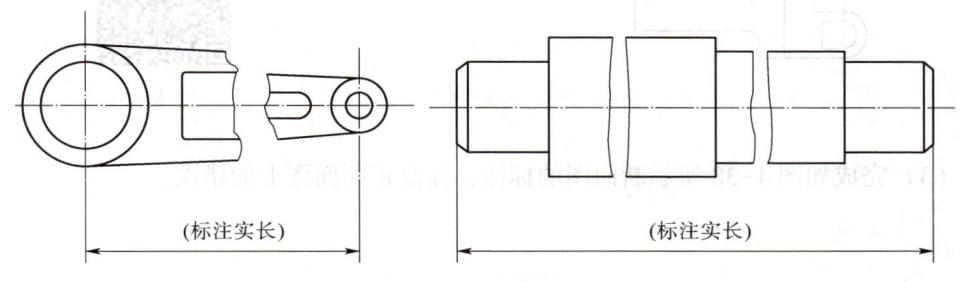

图 4-34　折断画法

（7）平面表示法。如图 4-35 所示机件上的平面，可在平面轮廓内用平面符号（两相交细实线）来表示。

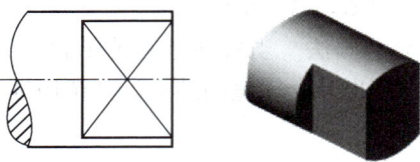

图 4-35　平面表示法

拓展训练

（1）补画如图 4-36 所示剖视图中缺漏的图线。

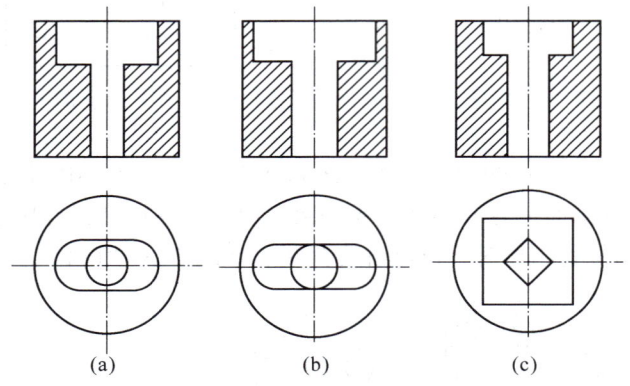

（a）　　　　（b）　　　　（c）

图 4-36　补画剖视图　　　　补图线立体图

（2）如图 4-37 所示，采用适当的剖切面在指定位置把主视图改画成全剖视图并标注。

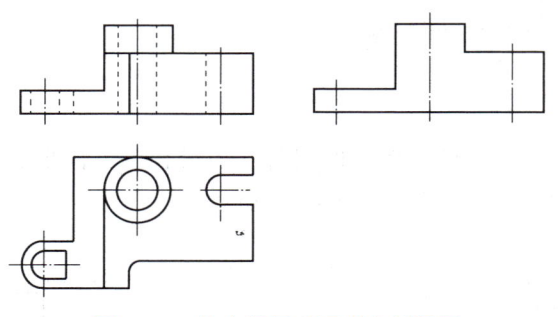

图 4-37　将主视图改画成全剖视图　　　　立体图

（3）完成如图 4-38 所示断面图的标注，并改正断面图上的错误。

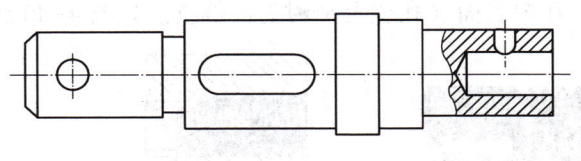
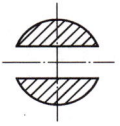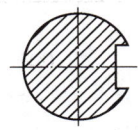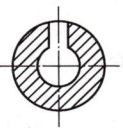

图 4-38　标注并修正断面图　　　　　　　　立体图

（4）为方便看图，用回转体上规定的平面符号重新表达该轴，如图 4-39 所示。

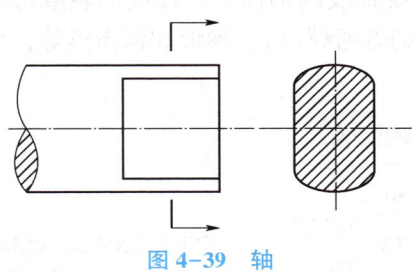

图 4-39　轴

知识链接 3　常见机件结构要素的表达

【想一想】通过学习资源了解内外螺纹加工形成的特点，回答下列问题：

（1）螺纹牙顶圆的投影用_____线表示，牙底圆的投影用_____线表示，在垂直于螺纹轴线投影面的视图中，表示牙底圆的_____线只画约_____圈，此时，螺杆或螺孔上倒角的投影_____画出（选填"也应"或"不应"）。

（2）以剖视图表示内外螺纹的连接时，其旋合部分应按_____的画法绘制，其余部分仍按_____的画法表示。

在工业产品的零部件中，用于零件连接的产品如螺栓、螺钉、螺母、键、销和滚动轴承等零件在工矿企业中广泛应用。此类零件用量大，并且需要经常更换。为了减轻设计工作，提高零件的互换性，降低生产成本，缩短生产周期，便于组织专业化协作生产，国家对此类零件从结构、尺寸到成品质量都做了明确规定。

全部符合国家标准规定的零件称为标准件，如螺钉、螺母、垫圈等；不符合国家标准规定的为非标准件，如减速器箱体、端盖等。零件的部分结构和参数也已标准化，称为常用件，如齿轮、皮带轮和弹簧等。

1. 螺纹的绘制

1）螺纹的形成

螺纹为回转体表面上沿螺旋线所形成的、具有相同剖面的连续凸起和沟槽。螺纹

在回转体外表面时为外螺纹，在内表面（孔壁上）时为内螺纹。如图 4-40 所示。

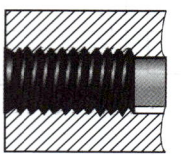

（a）　　　　　　　　　　　　（b）

图 4-40　螺纹的分类

（a）外螺纹；（b）内螺纹

2）螺纹要素

（1）牙型。在通过螺纹轴线的剖面上，螺纹的轮廓形状称为螺纹牙型。常见的螺纹牙型有三角形（常用的普通螺纹）、梯形和锯齿形等，见表 4-5。

表 4-5　常用螺纹牙型

螺纹种类		牙型代号	牙型放大图	说明
连接螺纹	普通螺纹	M		常用的连接螺纹，根据螺距不同可分为粗牙和细牙普通螺纹两种，一般连接多用粗牙螺纹
	管螺纹	G Rp R1 R2 Rc		包括圆锥内螺纹和外螺纹、圆柱内螺纹与外螺纹。根据管螺纹的特性，可分为密封管螺纹和非密封管螺纹两种。非密封管螺纹无密封性，可在密封面间添加密封材料，常用于润滑管路系统
传动螺纹	矩形螺纹			矩形螺纹为非标准螺纹，无牙型代号，摩擦系数较小，效率比其他螺纹高，故多用于传动。但精加工困难，磨损后松动，间隙难以补偿，对中性差
	梯形螺纹	Tr		用于传递运动和动力，如机床丝杠、尾架等。加工较容易，对中性好，牙根强度较高，但效率较矩形螺纹低
	锯齿形螺纹	B		用于传递运动和动力，工作面的倾斜角为3°。螺牙具有足够的强度，兼有矩形螺纹效率高和梯形螺纹强度高的优点，但只能承受单向载荷

（2）螺纹直径。螺纹的直径分类见图 4-41 和表 4-6。

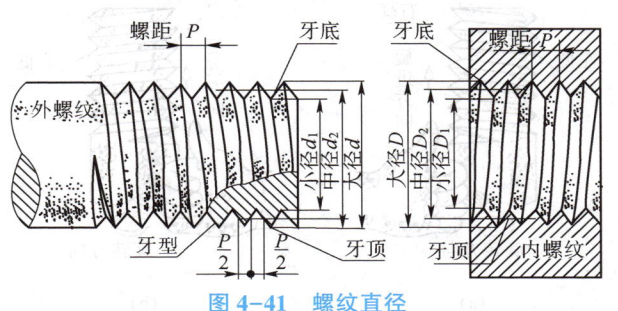

图 4-41　螺纹直径

表 4-6　螺纹直径

直径名称	直径代号		定义
	外螺纹	内螺纹	
大径 （公称直径）	d	D	螺纹大径又称公称直径，是与外螺纹的牙顶或与内螺纹的牙底相重合的假想圆柱面的直径
小径	d_1	D_1	螺纹小径即与外螺纹的牙底或内螺纹的牙顶相重合的假想圆柱面的直径
中径	d_2	D_2	螺纹中径为一假想圆柱面直径，位于大径和小径之间，在此圆柱母线上槽宽和齿宽相等

（3）线数。螺纹有单线和多线之分，沿一条螺旋线形成的螺纹称为单线螺纹；沿两条或两条以上，且在轴向等距离分布的螺旋线所形成的螺纹称为双线螺纹或多线螺纹，螺纹的线数用 n 表示。如图 4-42 示。

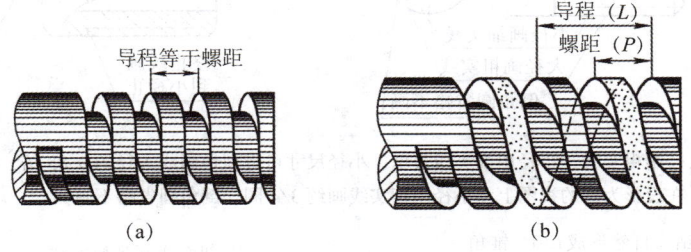

（a）　　　　　　　　　　　　（b）

图 4-42　螺纹的线数
（a）单线；（b）双线

（4）螺距和导程。相邻两牙在中径线上对应点之间的轴向距离，称为螺距，用 P 表示。同一螺旋线上相邻两牙在中径线上对应两点之间的轴向距离，称为导程，用 L 表示。导程、螺距和线数之间有以下关系：

$$L=nP$$

（5）旋向。螺纹分左旋和右旋，顺时针旋入的螺纹，称右旋螺纹；逆时针旋入的螺纹，称左旋螺纹。也可按图 4-43 所示的方法判断，将外螺纹竖直放置，螺纹的可见部分是右高左低时为右旋螺纹，左高右低时为左旋螺纹。

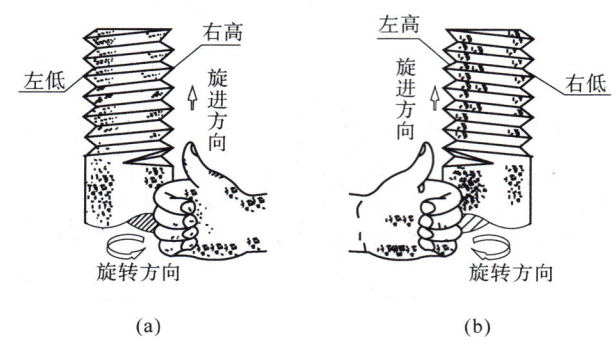

图 4-43 螺纹的旋向

（a）右旋；（b）左旋

内外螺纹必须成对配合使用。螺纹的牙型、大径、螺距、线数和旋向，当这五个要素完全相同时，内外螺纹才能相互旋合。

3）螺纹的规定画法

螺纹结构要素已标准化，故画图时不必画出螺纹的真实投影，国家标准 GB/T 4459.1—1995 中规定了螺纹的画法，见表 4-7。

表 4-7 螺纹的规定画法

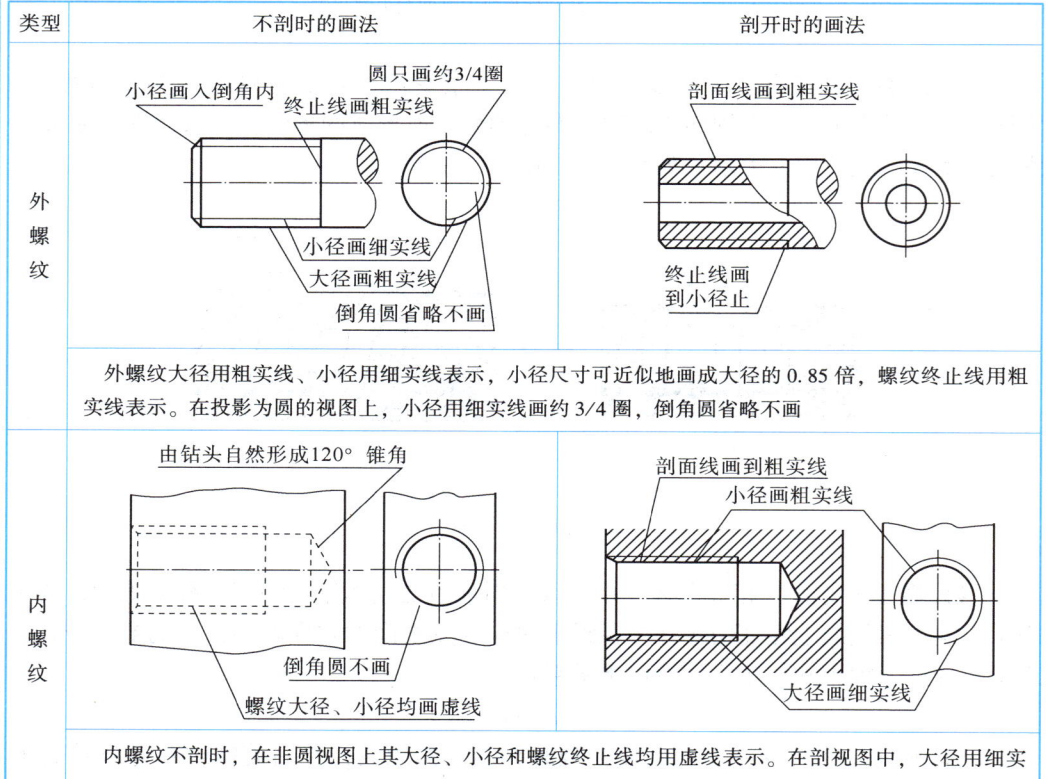

类型	不剖时的画法	剖开时的画法
螺纹连接	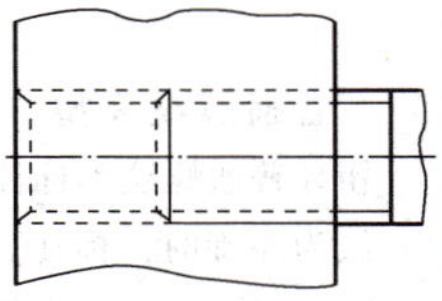	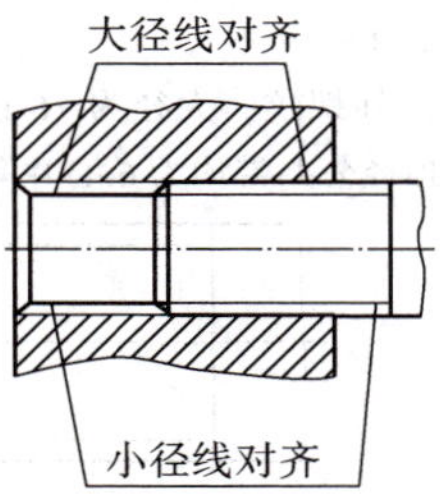 大径线对齐 小径线对齐
	画内外螺纹连接的剖视图时，旋合部分按外螺纹画，即大径画成粗实线、小径画成细实线；其余部分仍按各自规定画法绘制。此时，内外螺纹大径和小径应对齐，剖面线均应画到粗实线位置	
锥形螺纹	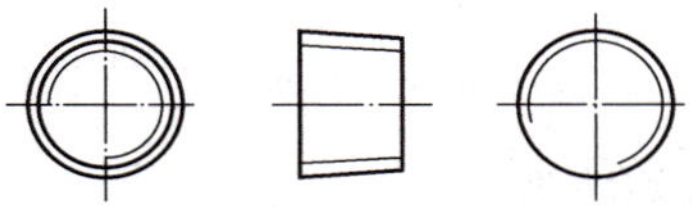 圆锥外螺纹画法	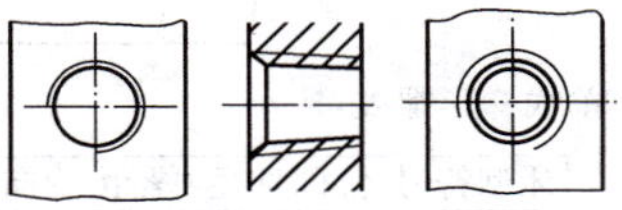 圆锥内螺纹
	圆锥外螺纹和圆锥内螺纹在非圆视图上的画法与圆柱面上螺纹的画法相同，在投影为圆的视图上只画出可见端面螺纹的投影	
螺纹牙型		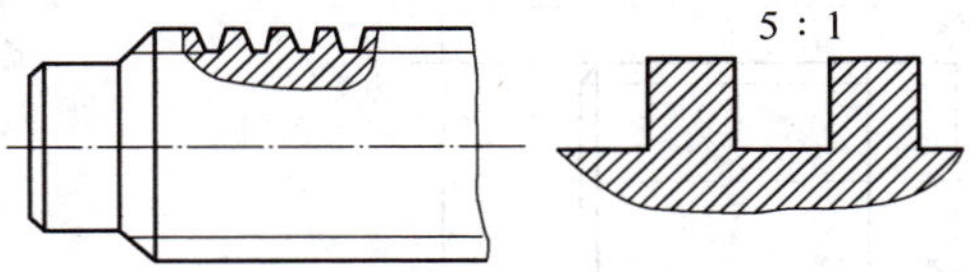 5∶1
	一般在图形中不表示螺纹牙型，当需要表示时，可在剖视图中表示几个牙型，也可以用局部放大图表示	

4）螺纹的标注

采用规定画法后，在图上无法反映螺纹的牙型、螺距、线数、旋向和制造精度等内容，因此国家标准规定标准螺纹用标记代号标注在图中，以区别不同种类的螺纹，见表4-8。

表 4-8　螺纹的标注方法

类型	标记代号及标注示例	说明
普通螺纹	□牙型符号 公称直径×螺距 旋向□ —□中径、顶径公差带□—□旋合长度□ 例：M16×1.5-6e 　表示普通细牙外螺纹，大径为 16 mm，螺距为 1.5 mm，右旋，中径公差带和顶径公差带均为 6e，中等旋合长度。标注如图所示。 M16×15-6g（标注图） 例：M10LH-5g6g-s 　表示粗牙普通外螺纹，大径为 10 mm，左旋，中径公差带为 5g，顶径公差带为 6g，短旋合长度。标注如图所示 M10LH-5g6g-S（标注图）	普通螺纹牙型符号为"M"，粗牙普通螺纹不标注螺距。当螺纹为左旋时，标注"LH"，右旋时不标注旋向。公差带代号中大写字母表示内螺纹，小写字母表示外螺纹。若两组公差带相同，则只标注一组。旋合长度分为短（S）、中（N）、长（L）三种，则中等旋合长度可省略不标注
梯形螺纹	单线梯形螺纹： □牙型符号 公称直径×螺距 旋向□—□中径公差带□—□旋合长度□ 多线梯形螺纹： □牙型符号 公称直径×导程（螺距 P 和数值）旋向□—□中径公差带□—□旋合长度□ 例：Tr32×12（P6）LH-7e-L 　表示梯形外螺纹，大径为 32 mm，导程为 12 mm，螺距为 6 mm，双线，左旋，中径公差带代号 7e，长旋合长度。标注如图所示 Tr32×12(p6)LH-7e-L（标注图）	梯形螺纹的标记与普通螺纹基本一致，牙型符号用 Tr 表示，不分粗细牙。当螺纹为左旋时，标注"LH"，右旋时不标注。其公差带代号只标注中径的，旋合长度分中等旋合长度（N）和长旋合长度（L）两种，中等旋合长度可省略不标注
管螺纹	非密封的管螺纹： □牙型符号□—□尺寸代号□—□公差等级代号□—□旋向代号□ 密封的管螺纹： □牙型符号□—□尺寸代号□—□旋向代号□ 例：G3/4LH　表示非密封的管螺纹，尺寸代号为 3/4、左旋。标注如图所示 G3/4LH（标注图）	55°非密封管螺纹牙型符号为"G"。密封的管螺纹牙型符号为：圆锥内螺纹为"Rc"，圆柱内螺纹为"Rp"，圆锥外螺纹为"R"。尺寸代号表示管子孔径的近似值，管螺的大径、小径和螺距可查附表。公差等级代号只标注外螺纹，分 A、B 两级；螺纹为左旋时，标注"LH"，右旋时省略不标

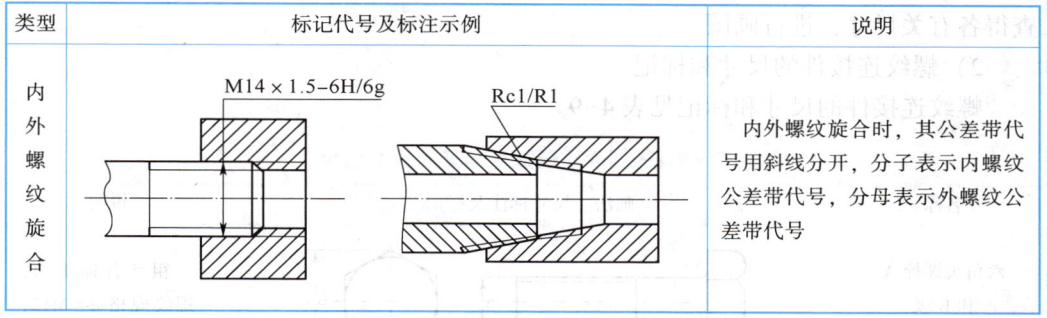

类型	标记代号及标注示例	说明
内外螺纹旋合	M14×1.5–6H/6g　　Rc1/R1	内外螺纹旋合时，其公差带代号用斜线分开，分子表示内螺纹公差带代号，分母表示外螺纹公差带代号

2. 螺纹连接的绘制

1）螺纹连接件的简化画法

螺纹连接件是一对用来连接和紧固零部件的零件。常用的螺纹连接件主要包括螺栓、螺柱、螺母、垫圈、螺钉等。

螺纹连接件为标准件，其结构和尺寸可以根据其标记在有关标准中查阅。为了简化作图，除公称长度外，其余各部分尺寸都按以公称直径 d 为基准，按一定的比例确定其余各部分的结构尺寸，采用比例画法。如图 4-44 所示。

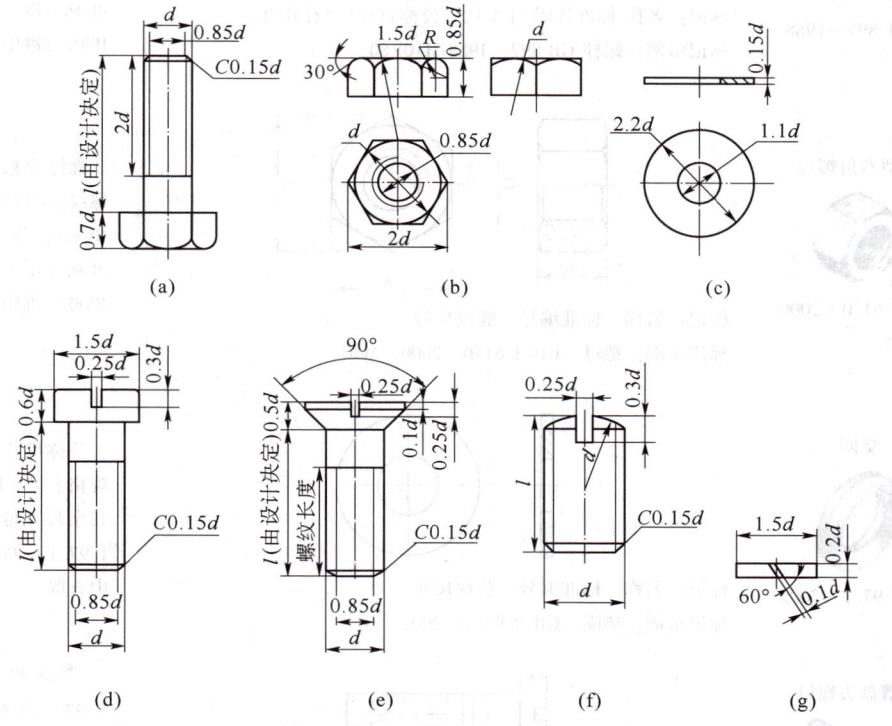

图 4-44　螺栓、螺母、垫圈、螺钉的比例画法

（a）螺栓；（b）螺母；（c）平垫圈；（d）开槽圆柱头螺钉；
（e）开槽沉头螺钉；（f）开槽紧定螺钉；（g）弹簧垫圈

螺纹连接件还可以采用查表法绘制，查表法是根据螺纹连接件的标记，在标准中查得各有关尺寸，进行画图。

2）螺纹连接件的尺寸和标记

螺纹连接件的尺寸和标记见表4-9。

表4-9　螺纹连接件的尺寸及标记

名称	画法、尺寸标注及标记	说明
六角头螺栓 A 和 B 级 GB/T 5782—2000	标记：名称 标准代码 牙型代号 公称直径×公称长度 标记示例：螺栓 GB/T 5782—2000 M12×80	粗牙普通螺纹，螺纹规格 d = M12，公称长度 L = 80 mm，其余尺寸可从 GB/T 5782—2000 标准中查取
双头螺柱 GB/T 897—1988	标记：名称 标准代码 牙型代号 公称直径×公称长度 标记示例：螺柱 GB 897—1988 M10×80	两端均为粗牙普通螺纹，螺纹规格 d = 10 mm，L = 80 mm，其余尺寸可从 GB/T 897—1988 标准中查取
I 型六角螺母 GB/T 6170—2000	标记：名称 标准编号 螺纹代号 标注示例：螺母 GB/T 6170—2000 M10	螺母为粗牙普通螺纹，螺纹规格 D = 10 mm，其余尺寸可从 GB/T 6170—2000 标准中查取
垫圈 GB/T 97.1—2002	标记：名称 标准编号 公称尺寸 标记示例：垫圈 GB/T 97.1—2002 10	公称尺寸（螺纹规格）d = 10 mm，其余尺寸可从 GB/T 97.1—2002 标准中查取
开槽盘头螺钉 GB/T 67—2008	标记：名称 标准编号 螺纹代号×公称长度 标记示例：螺钉 GB/T 67—2008 M8×30	螺纹规格 d = 8 mm、公称长度 L = 30 mm 的开槽盘头螺钉，其余尺寸可从 GB/T 67—2008 标准中查取

名称	画法、尺寸标注及标记	说明
弹簧垫圈 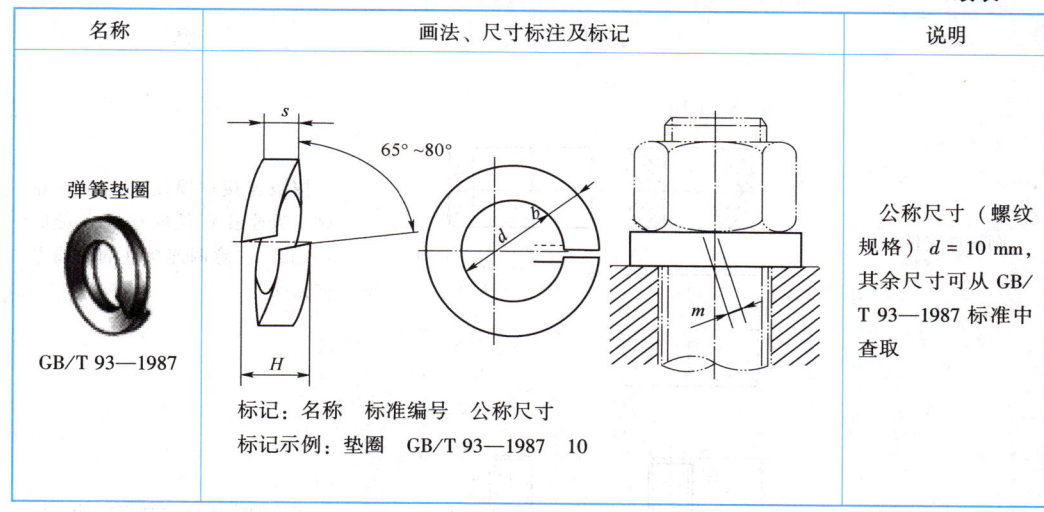 GB/T 93—1987	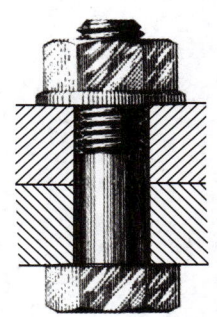 标记：名称　标准编号　公称尺寸 标记示例：垫圈　GB/T 93—1987　10	公称尺寸（螺纹规格）$d = 10$ mm，其余尺寸可从 GB/T 93—1987 标准中查取

3）螺纹连接的画法

（1）螺栓连接。螺栓连接适用于连接两个不太厚的零件。螺栓穿过两被连接件上的通孔，加上垫圈，拧紧螺母，即将两个零件连接在一起。如图 4-45 所示。

在装配图中，螺栓连接常采用近似画法或简化画法画出，如图 4-46 所示。

螺纹连接作图步骤见表 4-10。

图 4-45　螺栓连接

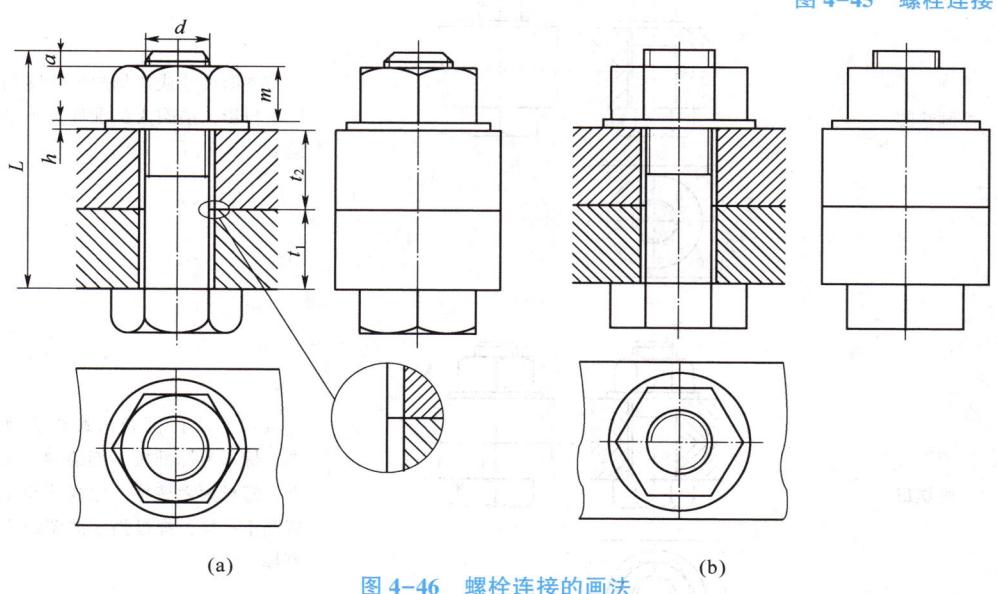

(a)　　　　　　　　　　　　　(b)

图 4-46　螺栓连接的画法

（a）近似画法；（b）简化画法

表 4-10 螺栓连接作图步骤

步骤	图例	说明
画被连接件		按被连接件厚度画出机件轮廓，螺栓孔直径取螺纹大径的1.1倍。注意两连接件剖面线方向相反
画螺栓		按比例或按尺寸画出螺栓，螺栓长度 L 为确定的标准长度。注意：螺栓为标准件按不剖绘制，螺栓头为六棱柱，主视图和左视图不一样，螺栓挡住的图线应删掉
画垫圈		按垫圈尺寸或比例画出垫圈的三个投影，垫圈为标准件按不剖绘制
画螺母		按尺寸或比例画出螺母三视图，螺母为标准按不剖绘制。注意：螺母为六棱柱，主视图和左视图不一样，螺母挡住的图线应删掉

连接时，要知道螺栓的大径和被连接零件的厚度，计算出螺栓长度，且要按螺栓长度系列选择接近的标准长度。

螺栓的公称长度 L 可按下式计算：

$$L \geq t_1 + t_2 + h + m + a$$

式中：t_1，t_2——被连接件的厚度；

      h——平垫圈厚度（$h = 0.15d$）；

      m——螺母高度（$m = 0.8d$）；

      a——螺栓末端超出螺母的高度（$a \approx 0.2 \sim 0.3d$）。

按上式计算出螺栓长度后，根据螺栓的长度系列选取标准长度值。

（2）双头螺柱连接。双头螺柱的两端都有螺纹，一端为旋入端，全部旋入螺孔中，保证连接的可靠性；另一端为紧固端，穿过被连接件的光孔（光孔直径取 $1.1d$）后，用垫圈、螺母进行紧固。双头螺柱连接多用于被连接的两个零件中有一个零件太厚，不便使用螺栓连接，或因拆卸频繁不宜使用螺钉的地方。如图 4-47 所示。

在装配图中，双头螺柱连接常采用近似画法或简化画法画出，如图 4-48 所示。画图时，应按螺柱的大径和螺孔件的材料确定旋入端的长度 b_{m}，见表 4-11。

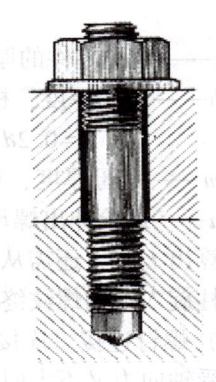

图 4-47　双头螺柱连接

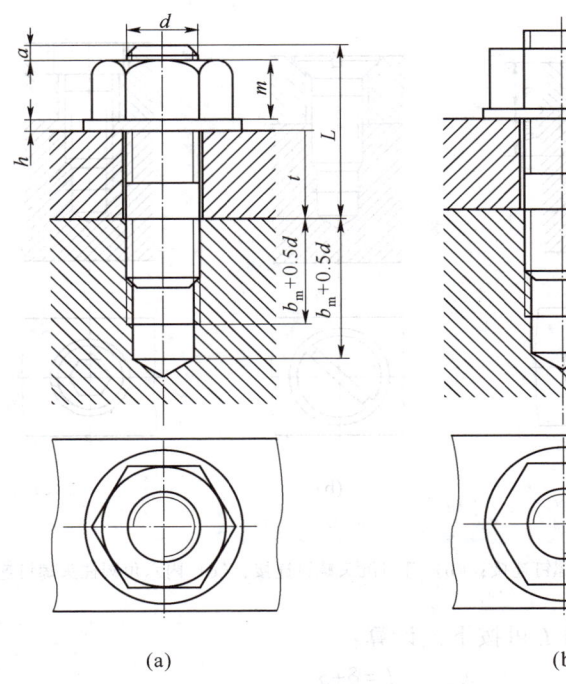

(a)　　　　　　　　　　　　(b)

图 4-48　双头螺柱连接的画法

（a）近似画法；（b）简化画法

表 4-11　旋入端长度

被旋入零件的材料	旋入端长度 b_m	国标代号
钢、青铜	$b_m = d$	GB/T 897—1998
铸铁	$b_m = 1.25d$	GB/T 898—1998
	或 $b_m = 1.5d$	GB/T 899—1998
铝等轻金属	$b_m = 2d$	GB/T 900—1998

螺柱的公称长度参考值 L 可按下式计算：

$$L = t + h + m + a$$

式中：t——通孔零件的厚度；

$\quad\quad h$——垫圈厚度，根据垫圈标记查表取值或近似取 $h = 0.15d$（采用弹簧垫圈时，$h = 0.2d$）；

$\quad\quad m$——螺母厚度，根据螺母标记查表取值或近似取 $m = 0.85d$；

$\quad\quad a$——螺栓伸出螺母的长度，$a \approx (0.2 \sim 0.3)d$。

计算出 L 后，还需从螺栓的标准长度系列中选取与 L 相近的标准值。在连接图中，螺柱旋入端的螺纹终止线应与两零件的结合面平齐，表示旋入端已完全拧紧。

（3）螺钉连接。连接螺钉主要用于当被连接的两机件中有一个较厚，而装配后连接件受轴向力又不大时。将螺钉穿过薄零件的通孔（通孔直径取 $1.1d$）而旋入厚零件的螺孔，螺钉头部压紧被连接件即可将两机件固紧。

螺钉各部分比例尺寸参看图 4-49。

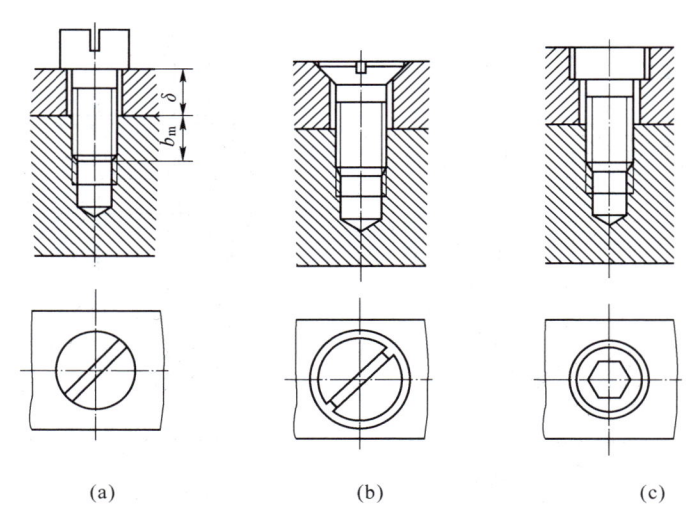

图 4-49　连接螺钉的画法

（a）开口槽盘头螺钉连接；（b）开口沉头螺钉连接；（c）内六角圆柱头螺钉连接

螺钉公称长度参考值 L 可按下式计算：

$$L = \delta + b_m$$

式中：δ——光孔零件的厚度；

$\quad\quad b_m$——螺钉的旋入深度，取值与被旋入零件的材料有关，可参照表 4-11 确定。

计算出 L 后，还需从螺钉的标准长度系列中选取与 L 相近的标准值。

作图时注意：在投影为圆的视图中，头部起子槽一般按 45°倾角绘制，当槽宽小于 2 mm 时，可以采用涂黑方式表达。

还有一种紧定螺钉主要用于固定两零件的相对位置，如图 4-50 所示。先在轮毂的适当部位加工出螺孔，然后将轮、轴装配在一起，以螺孔导向，在轴上钻出锥坑，最后拧入螺钉，即可限定轮、轴的相对位置，使其不产生轴向相对移动和径向相对转动。

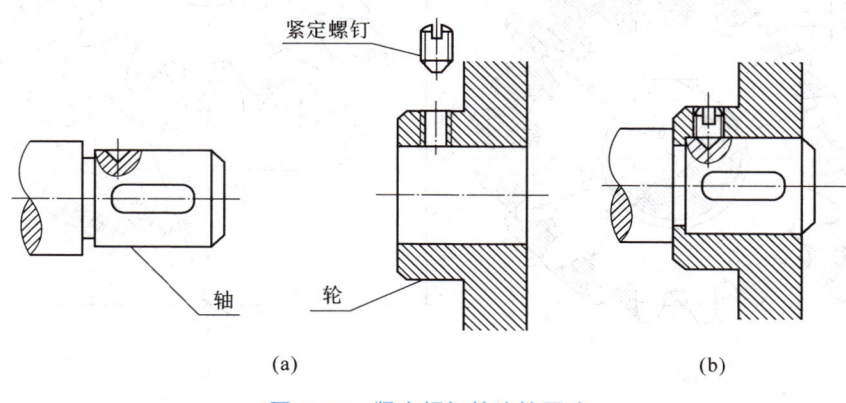

(a)   (b)

图 4-50　紧定螺钉的连接画法

（a）连接前；（b）连接后

3. 齿轮的绘制

齿轮是机械传动中广泛应用的传动零件，可以用来传递动力、改变转速和旋转方向。其常用的传动形式有圆柱齿轮传动、圆锥齿轮传动和蜗轮蜗杆传动。如图 4-51 所示。

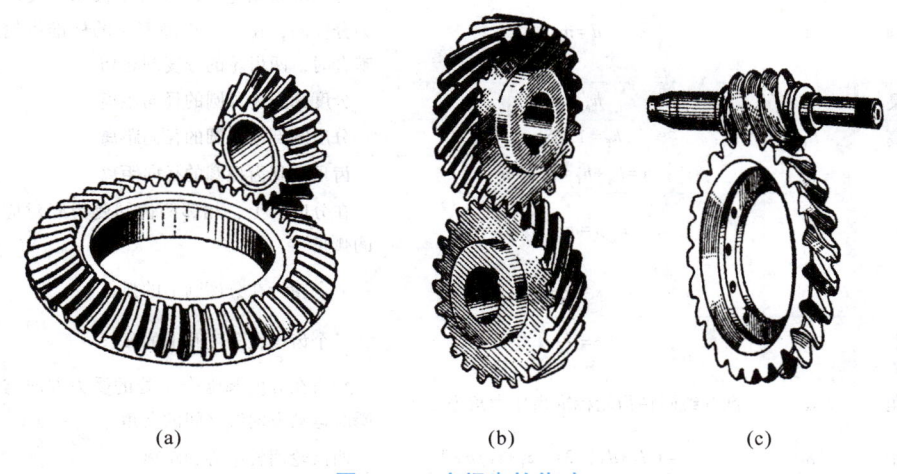

(a)   (b)   (c)

图 4-51　空间齿轮传动

1）直齿圆柱齿轮参数计算及画图方法

（1）直齿圆柱齿轮参数计算。圆柱齿轮有直齿、斜齿和人字齿三种，常用于传递两平行轴的运动。各部分名称及有关参数如图 4-52 所示，详见表 4-12。

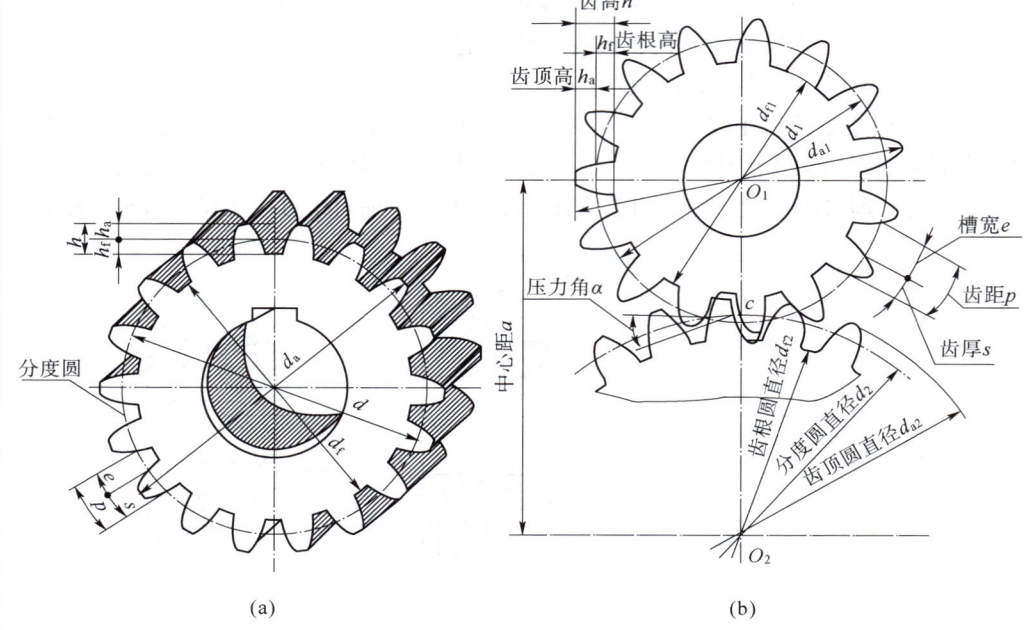

(a)　　　　　　　　　　　　　　(b)

图 4-52　齿轮各部分名称

表 4-12　标准直齿圆柱齿轮各部分名称及有关参数计算

名称	代号	尺寸计算	说明
模数	m	见表 4-13	设计、制造齿轮的重要参数
齿顶圆	d_a	$d_a = d + 2h_a = m(z+2)$	通过轮齿顶部的圆
齿根圆	d_f	$d_f = d - 2h_f = m(z-2.5)$	通过轮齿根部的圆
分度圆	d	$d = mz$	使标准齿轮轮齿厚度等于齿槽宽度的圆称为分度圆，在一对正确安装的标准齿轮互相啮合时，两齿轮的分度圆相切
齿顶高	h_a	$h_a = m$	分度圆到齿顶圆的径向距离
齿根高	h_f	$h_f = 1.25m$	分度圆到齿根圆的径向距离
齿高	h	$h = h_a + h_f = 2.25m$	齿顶圆到齿根圆的径向距离
齿距	p	$p = \pi m$	在分度圆上，相邻两齿同侧齿廓对应点间的弧长
齿厚	s	$s = \dfrac{p}{2}$	一个轮齿在分度圆上的弧长
槽宽	e	$e = \dfrac{p}{2}$	一个齿槽在分度圆上的弧长
压力角	α	渐开线圆柱齿轮标准齿压力角为20°	轮齿在分度圆啮合点处的受力方向与该点瞬时运动方向线之间的夹角
中心距	a	$a = (d_1 + d_2)/2 = (z_1 + z_2)m/2$	两齿轮回转中心的距离

表 4-13　齿轮模数系列（GB/T 1357—2008）

第一系列	1　1.25　1.5　2　2.5　3　4　5　6　8　10　12　16　20　25　32　40　50
第二系列	1.75　2.25　2.75　(3.25)　3.5　(4.5)　5.5　(6.5)　7　9　(11)　14　18　22　28　36　45

注：优先选用第一系列，括号内的模数尽可能不用。

（2）单个圆柱齿轮规定画法。齿轮是在齿轮加工机床上用齿轮刀具加工出来的，一般不需要画出它的真实投影。按国标 GB/T 4459.2—2003 规定的画法进行绘制，齿顶圆和齿顶线用粗实线绘制；分度圆和分度线用细点画线绘制；齿根圆和齿根线用细实线绘制，也可以省略不画；在剖视图中，当剖切平面通过齿轮的轴线时，轮齿一律按不剖处理，齿根线用粗实线绘制；需要表示齿线的特征时（如斜齿轮和人字齿轮），可用三条与齿线方向一致的细实线表示，直齿则无须表示。如图 4-53 所示。

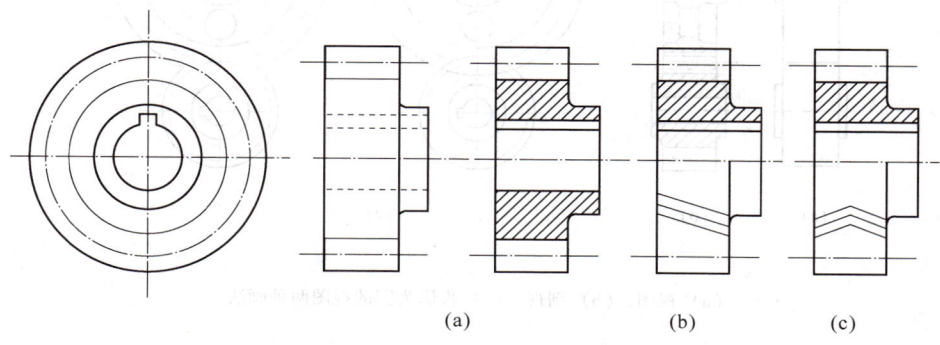

(a)　　　　　　(b)　　　　(c)

图 4-53　单个直齿圆柱齿轮的画法
（a）直齿；（b）斜齿；（c）人字齿

齿轮的零件图应按零件图要求绘制和标注，并在其零件图右上角用表格列出齿轮的有关啮合参数和检验精度。如图 4-54 所示。

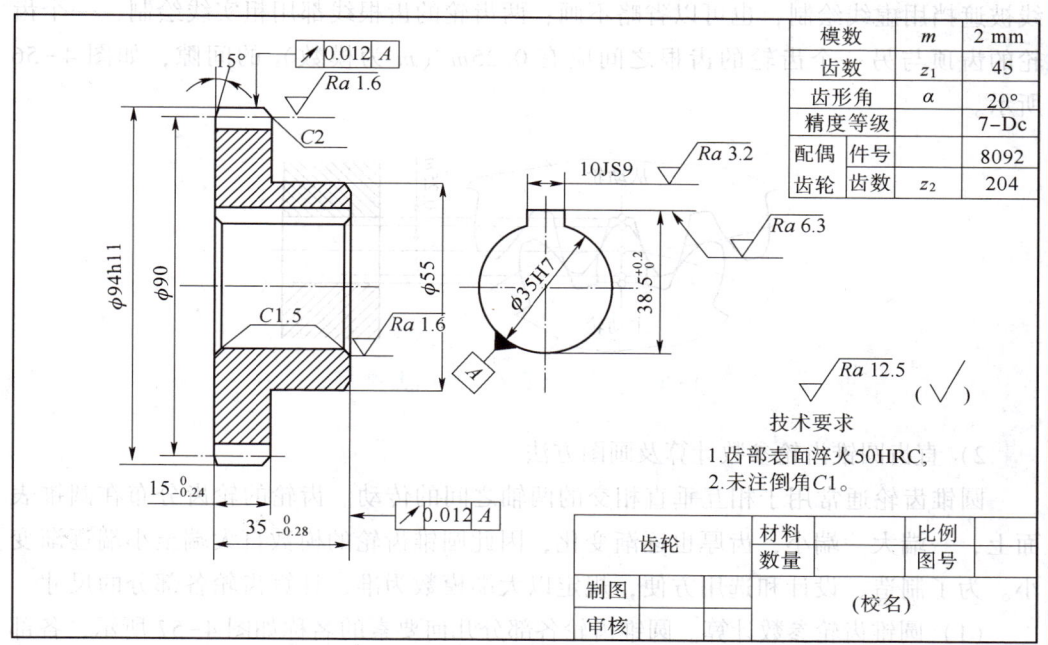

图 4-54　直齿圆柱齿轮的零件图

（3）圆柱齿轮的啮合画法。一对模数、压力角相同的标准圆柱齿轮，处于正确的安装位置时，两齿轮的分度圆相切，此时的分度圆又称节圆。两圆柱齿轮啮合时，按国标 GB/T 4459.2—2003 规定的画法进行绘制，如图 4-55 所示。

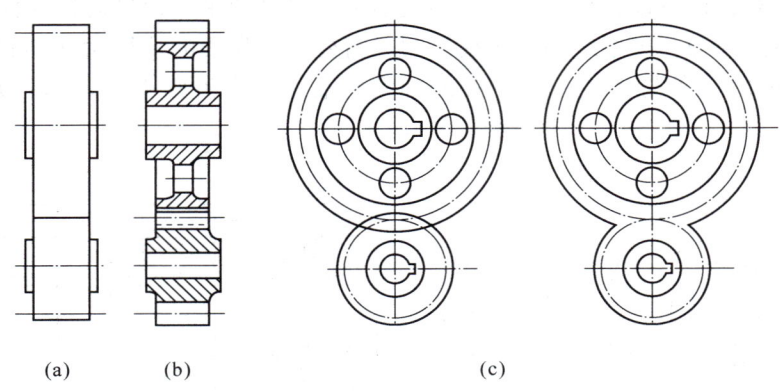

(a)　　(b)　　　　　　　(c)

图 4-55　圆柱齿轮的啮合画法

（a）视图；（b）剖视；（c）投影为圆的视图两种画法

在非圆的外形视图中，啮合区的齿顶线不画，节线（分度线）画成粗实线；在投影为圆的视图中，啮合区内的齿顶圆均用粗实线绘制，或省略不画；在剖视图中，当剖切平面通过啮合齿轮的轴线时，轮齿一律按不剖绘制。此时，两齿轮的节线重合，用点画线绘制，其中一个齿轮的齿顶线用粗实线绘制，另一个齿轮的齿顶线被遮挡用虚线绘制，也可以省略不画；两齿轮的齿根线都用粗实线绘制，一个齿轮的齿顶与另一个齿轮的齿根之间应有 $0.25m$（m 为模数）的间隙，如图 4-56 所示。

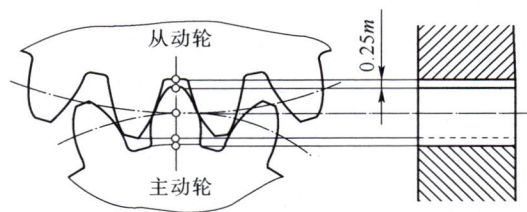

图 4-56　轮齿啮合区在剖视图上的画法

2）直齿圆锥齿轮参数计算及画图方法

圆锥齿轮通常用于相互垂直相交的两轴之间的传动。齿轮的轮齿分布在圆锥表面上，一端大一端小，齿厚也逐渐变化，因此圆锥齿轮的模数自大端至小端逐渐变小。为了制造、设计和选用方便，规定以大端模数为准，计算齿轮各部分的尺寸。

（1）圆锥齿轮参数计算。圆锥齿轮各部分几何要素的名称如图 4-57 所示，各部分尺寸的计算公式见表 4-14。

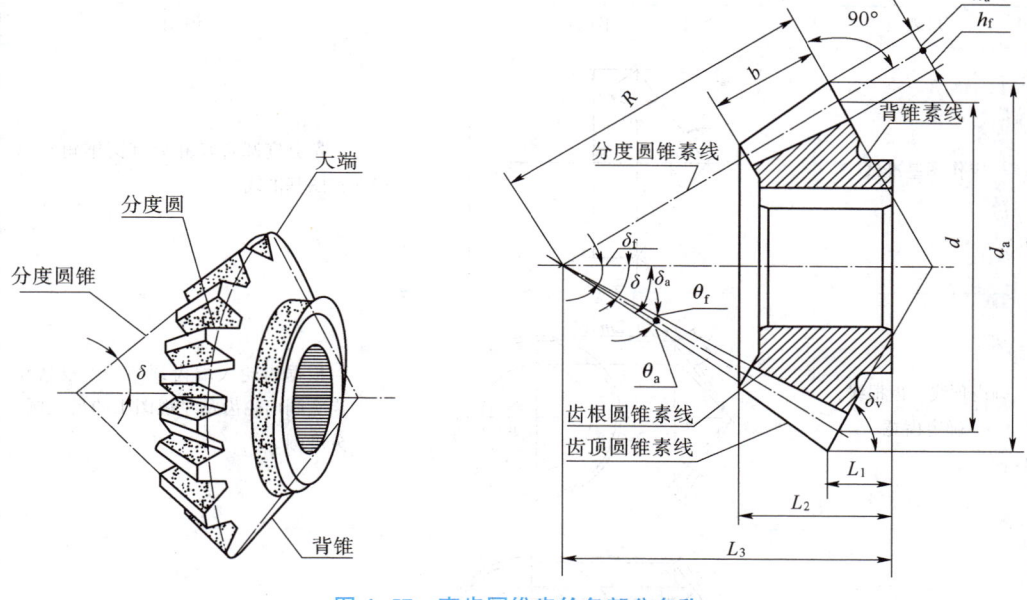

图 4-57 直齿圆锥齿轮各部分名称

表 4-14 标准直齿圆锥齿轮有关参数计算公式

名称	代号	计算公式	说明
锥距	R	$R = \dfrac{d_1}{2\sin\delta_1} = \dfrac{d_2}{2\sin\delta_2} = \dfrac{m}{2}\sqrt{z_1^2 + z_2^2}$	
齿顶角	θ_a	$\tan\theta_a = h_a / R$	
齿根角	θ_f	$\tan\theta_f = h_f / R$	
顶锥角	δ_a	$\delta_a = \delta + \theta_a$	（1）计算公式均用于大端，仅
根锥角	δ_f	$\delta_f = \delta - \theta_f$	适用于 $\delta_1 + \delta_2 = 90°$ 的场合。
齿顶圆直径	d_a	$d_a = d + 2h_a\cos\delta$	（2）下标中"1"表示小齿轮，
齿根圆直径	d_f	$d_f = d - 2h_f\cos\delta$	"2"表示大齿轮
齿宽	b	$b = \psi_R R$	
分度圆锥角	δ	$\cot\delta_1 = i, \ \tan\delta_2 = i$	
分度圆直径	d	$d = mz$	
齿顶高	h_a	$h_a = h_a^* m = m \quad (h_a^* = 1)$	
齿根高	h_f	$h_f = (h_a^* + c^*)m = 1.2m \quad (c^* = 0.2m)$	
全齿高	h	$h = h_a + h_f = 2.2m$	

（2）单个圆锥齿轮规定画法。单个圆锥齿轮的规定画法与标准圆柱齿轮一样，在投影为非圆的视图中常用剖视图表示，轮齿按不剖处理，齿顶线、齿根线用粗实线绘制，分度线用点画线绘制。在投影为圆的视图中，只用粗实线画出大端和小端的齿顶圆，用点画线画出大端的分度圆，齿根圆和小端分度圆规定不画。

单个圆锥齿轮的作图方法和步骤见表 4-15。

表 4-15　单个圆锥齿轮作图方法和步骤

步骤	图例	说明
定作图基准线		按分度圆直径和分度圆锥角画出作图基准线
画齿顶线、齿根线，确定齿宽		根据齿轮大端齿顶高、齿根高和齿宽画出轮齿及左视图中的齿顶圆、分度圆
画出其他投影轮廓		根据齿轮具体结构画出轮毂部分的投影
检查加粗		擦去作图线，检查加粗完成全图

（3）圆锥齿轮啮合的画法。两圆锥齿轮啮合时，其锥顶交于一点，两分度圆画成相切，主视图画成剖视图，其啮合区域的表达与圆柱齿轮相同。不剖的主视图两分度圆锥相切处的节线用粗实线绘制。如图 4-58 所示。

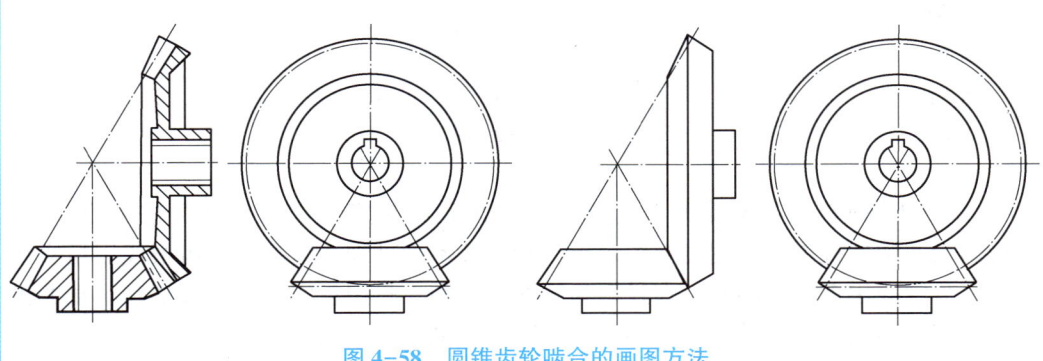

图 4-58　圆锥齿轮啮合的画图方法

3）蜗轮、蜗杆参数计算及画图方法

（1）蜗杆蜗轮的参数计算。基本参数和主要尺寸的计算见表 4-16。蜗杆、蜗轮各部分的名称及尺寸关系和基本参数与圆柱齿轮基本相同，但多了个蜗杆的直径系数 q。

表 4-16　蜗杆蜗轮主要尺寸的计算公式

基本参数：蜗杆轴向模数 m、蜗杆头数 z_1、蜗杆直径系数 q；蜗轮端面模数 m、蜗轮齿数 z_2

名称	符号	计算公式	
		蜗杆	蜗轮
齿顶高	h_a	$h_{a1} = h_{a2} = m$	
齿根高	h_f	$h_{f1} = h_{f2} = 1.2m$	
分度圆直径	d	$d_1 = mq$	$d_2 = mz_2$
齿顶圆直径	d_a	$d_{a1} = m(q+2)$	$d_{a2} = m(z_2+2)$
齿根圆直径	d_f	$d_{f1} = m(q-2.4)$	$d_{f2} = m(z_2-2.4)$
蜗杆轴向齿距 蜗轮端面齿距	p_a p_f	$p_{a1} = p_{f2} = \pi m$	
蜗杆分度圆导程角 蜗轮分度圆螺旋角	γ β	$\gamma = \arctan(z_1/q)$	$\beta = \gamma$
蜗杆螺纹部分长度 蜗轮齿顶圆弧半径	L r	$z_1 = 1,2; L \geqslant (11+0.06z_2)m$ $z_1 = 3,4; L \geqslant (12.5+0.09z_2)m$	$r_{a2} = a - \dfrac{1}{2}d_{a2}$
蜗轮外圆直径	d_e		$z_1 = 1,\ d_{e2} \leqslant d_{a2}+2m$ $z_1 = 2,3,\ d_{e2} \leqslant d_{a2}+1.5m$ $z_1 = 4\sim6,\ d_{e2} \leqslant d_{a2}+m$
蜗轮轮缘宽度	b		$z_1 = 1,2,\ b \leqslant 0.75d_{a1}$ $z_1 = 4\sim6,\ b \leqslant 0.67d_{a1}$

（2）单个蜗杆、蜗轮的规定画法。蜗杆的画法与圆柱齿轮的画法相似，画蜗杆时必须知道齿形各部分的尺寸，画法如图 4-59 所示。

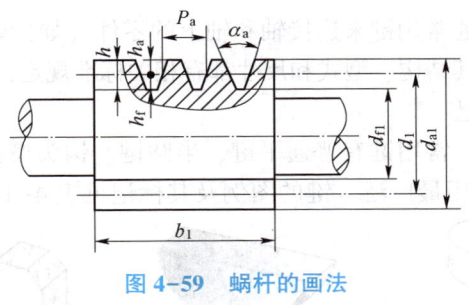

图 4-59　蜗杆的画法

蜗轮的画法如图 4-60 所示，在投影为圆的视图上只画出分度圆和外圆，齿顶圆和齿根圆可以省略不画。

（3）蜗杆、蜗轮啮合画法。如图 4-61 所示，在蜗轮投影为圆的视图中，蜗轮与

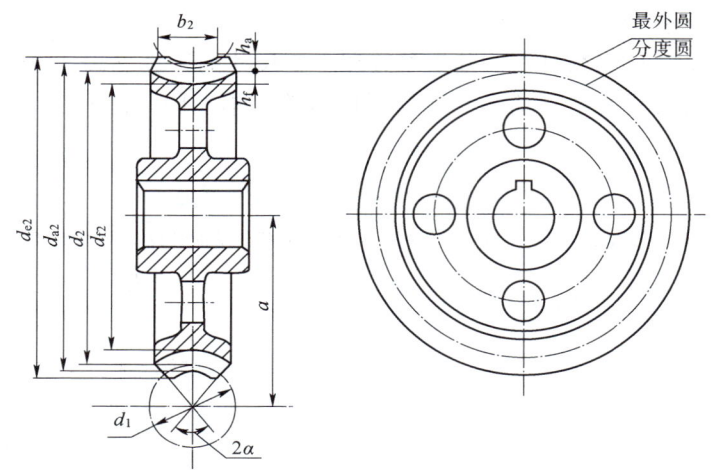

图 4-60 蜗轮的画法

蜗杆的分度圆相切，在蜗杆投影为圆的视图中，蜗轮被蜗杆遮住的部分可以不画，其他部分按投影画出。在剖视图中，当剖切平面通过蜗轮轴线并垂直于蜗杆轴线时，在啮合区内将蜗杆的轮齿用粗实线画出，蜗轮的轮齿被遮住的部分不画。当剖切平面通过蜗杆轴线并垂直于蜗轮轴线时，在啮合区内，蜗轮的外圆、齿顶圆和蜗杆的齿顶线可以省略不画。

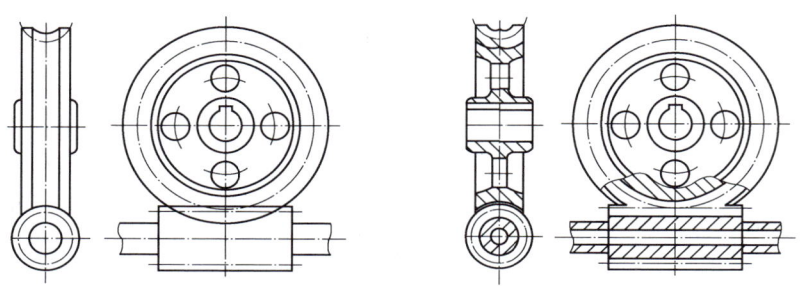

图 4-61 蜗杆、蜗轮的啮合画法

4. 键连接的绘制

在机器和设备中，通常用键来连接轴和轴上的零件（如齿轮，带轮等），使它们能一起转动并传递转矩。其结构、型式和尺寸都有相关标准规定，可从标准中查阅选用。

1）键的画法及标记

键连接有多种型式，常用键有普通平键、半圆键、钩头楔键等，其形状如图 4-62 所示，其中普通平键使用最广泛。键的图例及其标记见表 4-17。

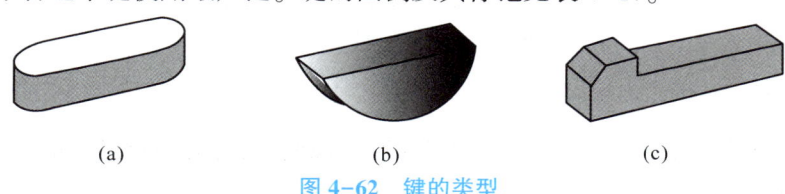

(a)　　　　　　　(b)　　　　　　　(c)

图 4-62 键的类型

（a）普通平键；（b）半圆键；（c）钩头楔键

表 4-17　常用键的图例和标记

名称及标准编号	图例	标记示例	说明
普通平键 GB/T 1096—2003		GB/T 1096—2003 键 10×8×25	圆头普通平键 键宽 $b=10$ mm， 键高 $h=8$ mm， 键长 $l=25$ mm
半圆键 GB/T 1099.1—2003		GB/T 1099.1—2003 键 6×10×25	半圆键 键宽 $b=6$ mm， 键高 $h=10$ mm， 直径 $D=25$ mm
钩头型 楔键 GB/T 1565—2003		GB/T 1565—2003 键 16×100	钩头型 楔键 键宽 $b=16$ mm， 键高 $h=10$ mm， 键长 $l=100$ mm

2）键的连接画法

设计时，首先应确定轴的直径、键的型式、键的长度，然后根据轴的直径 d 查阅标准选择键，确定键槽相关尺寸。如图 4-63 所示。

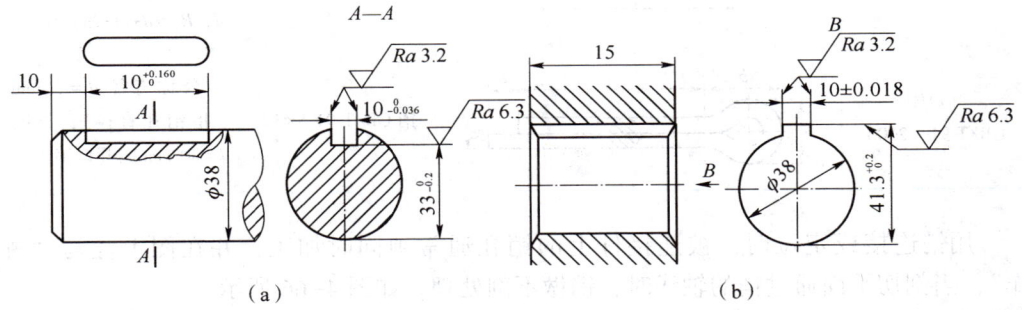

（a）　　　　　（b）

图 4-63　轴、轮毂上键槽画法及注法

图 4-64 所示为普通平键的连接画法，根据国家标准规定，轴和键在主视图上均按不剖绘制，为了表示键在轴上的连接情况，轴采用了局部剖视，键的两侧面为工作面，键与键槽两侧面相接触，应画一条线，而键与轮毂槽的键槽顶面间应留有空隙，故画成两条线。

5. 销连接的绘制

销主要用于连接和定位，常用的销有圆

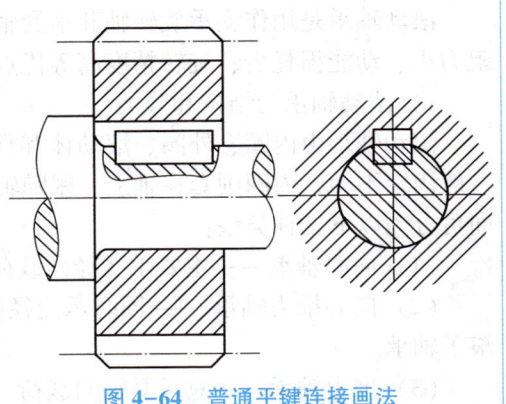

图 4-64　普通平键连接画法

柱销、圆锥销、开口销等，其形状如图 4-65 所示。销的画图方法和标记示例见表 4-18。

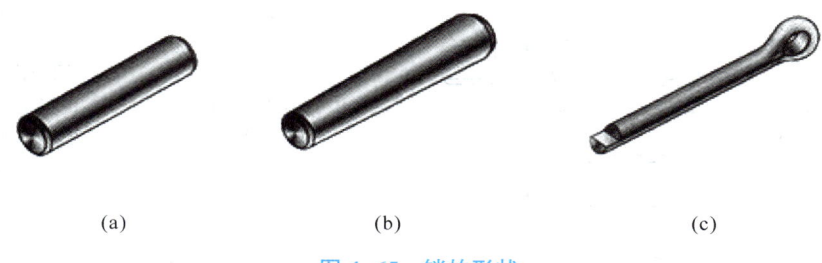

(a)   (b)   (c)

图 4-65　销的形状

（a）圆柱销；（b）圆锥销；（c）开口销

表 4-18　销的画法和标记示例

名称及标准编号	图例	标记示例	说明
圆柱销 GB/T 119.2—2000		销 GB/T 119.2 5×20	公称直径 $d = 5$ mm，长度 $l = 20$ mm 的圆柱销
圆锥销 GB/T 117—2000		销 GB/T 117 6×24	公称直径 $d = 6$ mm（圆锥销的公称尺寸指小端直径），长度 $l = 24$ mm 的圆锥销，$R_1 \approx d$，$R_2 \approx d+(l-2a)/50$
开口销 GB/T 91—2000		销 GB/T 91 5×30	公称直径 $d = 5$ mm（指销孔直径），长度 $l = 30$ mm 的开口销

用销连接或定位时，被连接件上的销孔通常须同时加工，并在图上注写"配作"，当剖切平面通过销的轴线时，销做不剖处理。如图 4-66 所示。

6. 滚动轴承的绘制

滚动轴承是用作支承旋转轴和承受轴上载荷的标准部件。它具有结构紧凑、摩擦阻力小、动能损耗少、旋转精度高等优点，工程中广泛应用。

1）滚动轴承的结构和分类

滚动轴承由内圈、外圈、滚动体和保持架等部分组成。外圈装在机座的轴孔上，一般固定不动，内圈则套在轴上，跟随轴一起旋转。常用的滚动轴承按承受载荷力方向可分为以下三种类型：

（1）向心轴承——主要承受径向载荷，如图 4-67（a）所示的深沟球轴承。

（2）向心推力轴承——同时承受径向和轴向载荷，如图 4-67（b）所示的圆锥滚子轴承。

（3）推力轴承——只承受轴向载荷，如图 4-67（c）所示的推力球轴承。

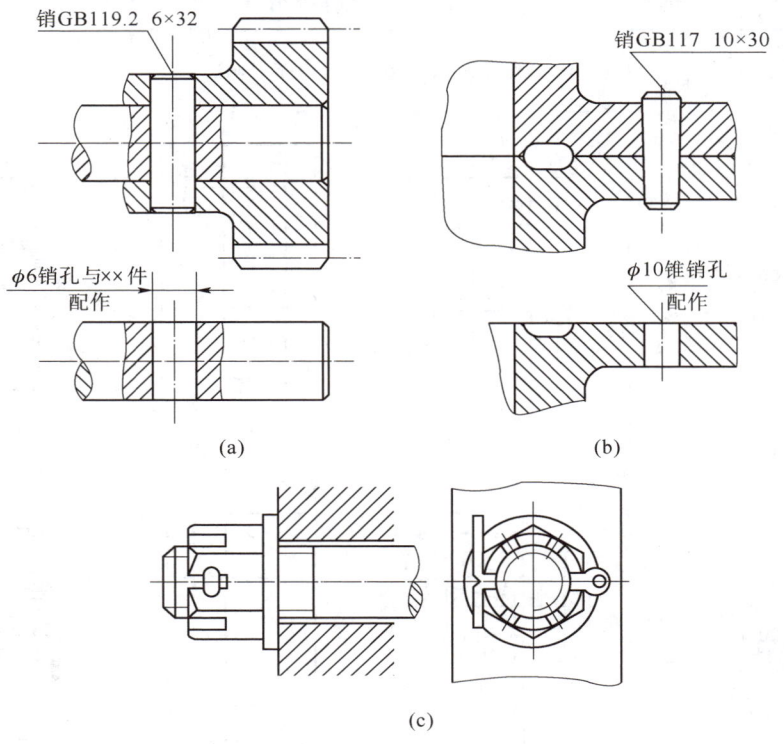

(a)   (b)

(c)

图 4-66　销连接的画法

（a）圆柱销；（b）圆锥销；（c）开口销

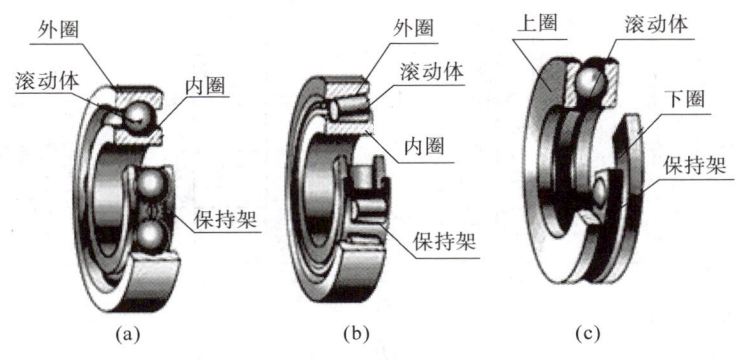

(a)   (b)   (c)

图 4-67　滚动轴承

（a）深沟球轴承；（b）圆锥滚子轴承；（c）推力球轴承

2）滚动轴承的画法

滚动轴承是标准组件，用户根据机器的具体情况确定型号选购，因此在工程设计中无须单独画出滚动轴承的图样，只在装配图上按照国标规定进行表达。

国标规定在装配图中采用简化画法和规定画法来表示，其中简化画法又分为通用画法和特征画法两种。表 4-19 列出了常用滚动轴承的规定画法和特征画法。

表 4-19　常用滚动轴承的画法（摘自 GB/T 4459.7—1998）

名称、标准和代号	主要尺寸	规定画法	特征画法	装配示意图
深沟球轴承 GB/T 276—2013 60000	D d B			
圆锥滚子轴承 GB/T 297—2011 30000	D d B T C			
推力球轴承 GB/T 301—1995 50000	D d T			

3）滚动轴承的代号

滚动轴承的代号包含了滚动轴承的结构、尺寸、类型、精度等信息，代号由国家标准 GB/T 272—1993 规定。其组成形式为

$$\boxed{前置代号}\quad\boxed{基本代号}\quad\boxed{后置代号}$$

前置代号——表示轴承的分部件；

基本代号——表示轴承的类型与尺寸等主要特征，是滚动轴承代号的基础，使用时必须标注；

后置代号——表示轴承的精度与材料的特征。

前置代号和后置代号是当轴承结构形式、尺寸、公差和技术要求等有改变时，在其基本代号前后添加的补充代号。

（1）类型代号。类型代号用数字或字母表示，见表4-20。

表4-20　轴承类型代号

代号	轴承类型	代号	轴承类型
0	双列角接触球轴承	6	深沟球轴承
1	调心球轴承	7	角接触球轴承
2	调心滚子轴承和推力调心滚子轴承	8	推力轴承
3	圆锥滚子轴承	N	圆柱滚子轴承
4	双列深沟球轴承	U	外球面球轴承
5	推力球轴承	QJ	四点接触球轴承

注：在代号后或前加字母或数字表示该轴承中的不同结构。

（2）尺寸系列代号由滚动轴承的宽（高）度系列代号组合而成。向心轴承、推力轴承尺寸系列代号有时可以省略，具体参数可查阅相关标准获取。

（3）内径代号表示轴承的公称内径，见表4-21。

表4-21　滚动轴承内径代号

轴承公称内径 d/mm		内径代号
0.6~10（非整数）		用公称内径毫米数直接表示，在其与尺寸系列代号之间用"/"分开
1~9（整数）		用公称内径毫米数直接表示，对深沟球轴承及角接触轴承7、8、9直径系列，内径与尺寸系列代号之间用"/"分开
10~17	10	00
	12	01
	15	02
	17	03
20~480（22、28、32除外）		公称内径除以5的商数，商数为个位数，需要在商数左边加"0"，如08
≥500以及22、28、32		用尺寸内径毫米数直接表示，但在与尺寸系列代号之间用"/"分开

（4）基本代号示例。

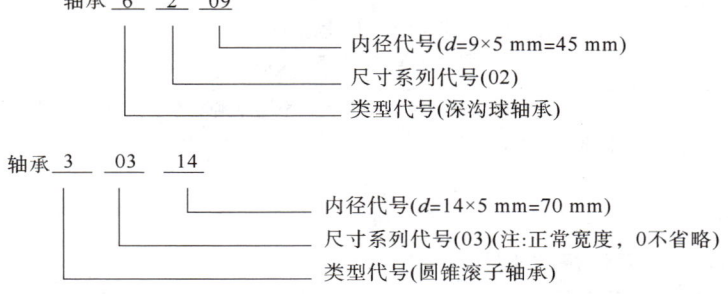

7. 弹簧的绘制

弹簧是一种常用的标准件，具有储能、减振、夹紧和测力的作用。常用的弹簧如图 4-68 所示。本部分主要介绍圆柱螺旋压缩弹簧各部分的名称、尺寸关系及其画法。其他种类的弹簧画法可查阅 GB/T 4459.4—2003。

图 4-68　弹簧

1）圆柱螺旋压缩弹簧的参数及尺寸关系

圆柱螺旋压缩弹簧的结构参数（参照 GB/T 4459.4—2003）见表 4-22。

表 4-22　圆柱螺旋压缩弹簧的结构参数

名称	符号	说明	示意图
线径	d	制造弹簧的簧丝材料直径	
弹簧外径	D_2	弹簧的最大直径	
弹簧内径	D_1	弹簧的最小直径： $D_1=D_2-2d$	
弹簧中径	D	弹簧外径和内径的平均值： $D=(D_2+D_1)/2=D_2-d=D_1+d$	
支承圈数	N_z	为使弹簧工作时受力均匀，弹簧两端并紧磨平而起支承作用的部分称为支承圈，两端支承部分加在一起的圈数称为支承圈数。支承圈数为 1.5～2.5 圈，2.5 圈的最多，即两端各并紧 1/2 圈，并且磨平 3/4 圈	
有效圈数	n	支承圈以外，保持等节距的圈数为有效圈数	
总圈数	n_1	支承圈数和有效圈数之和为总圈数： $n_1=n+N_z$	
节距	t	除支承圈外的相邻两圈对应点间的轴向距离	
自由高度	H_0	弹簧在未受负荷时的轴向尺寸： $H_0=nt+(N_z-0.5)d$	
展开长度	L	弹簧展开后的钢丝长度。有关标准中的弹簧展开长度 L 均指名义尺寸： $L=n_1\sqrt{(\pi D)^2+t^2}$	

2）圆柱螺旋压缩弹簧的规定画法

在绘制弹簧时可采用视图形式，也可以采用剖视图的形式进行表达。如图 4-69

所示，在非圆的视图上，各圈的外轮廓线画成直线，当弹簧的有效圈数大于 4 圈时，可只画两端的 1~2 圈，中间的可以省略不画。左旋弹簧可以画成右旋也可以画成左旋，但不论是画成左旋还是右旋，都须标注"左"字样。

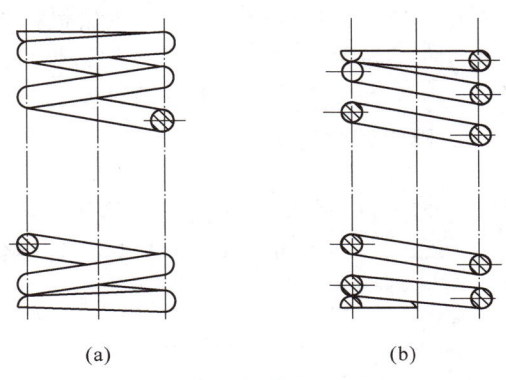

(a)　　　　　　　　　(b)

图 4-69　圆柱螺旋压缩弹簧的一般画法

（a）视图画法；（b）剖视图画法

在装配图中，弹簧中间各圈省略后，原被弹簧挡住的结构一般不画出，可见部分应从弹簧的外轮廓线或从弹簧钢丝剖面的中心线画起，如图 4-70（a）所示；当弹簧被剖切时，也可用涂黑表示，如图 4-70（b）所示；当型材尺寸较小（直径或厚度在图形上等于或小于 2 mm）时，螺旋弹簧允许用示意图表示，如图 4-70（c）所示。

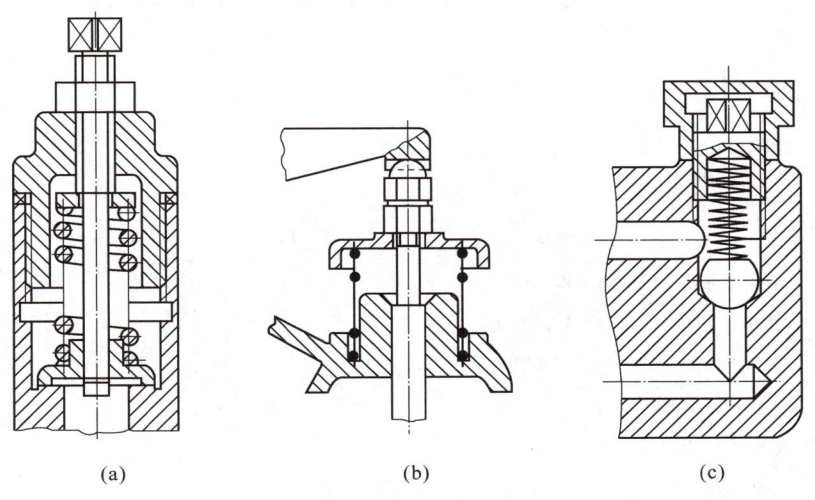

(a)　　　　　　　　(b)　　　　　　　　(c)

图 4-70　弹簧在装配图中的画法

拓展训练

（1）有效的螺纹终止界线（简称螺纹终止线）用＿＿＿＿＿＿＿线表示。不可见螺纹的所有图线均用＿＿＿＿＿＿＿线绘制，无论是外螺纹还是内螺纹，在剖视或断面图中的剖面线都应画到＿＿＿＿＿＿＿线。

（2）管螺纹，其标记一律注在指引线上，指引线应由_____处引出。

（3）绘制齿轮图样时，轮齿部分一般按下列规定绘制：齿顶圆和齿顶线用_____线绘制；分度圆和分度线用_____线绘制；齿根圆和齿根线用_____线绘制，可省略不画，在剖视图中，齿根线用_____线绘制。在剖视图中，当剖切平面通过齿轮的轴线时，轮齿一律按照_____处理。当需要表示齿线的形状时，可用三条与齿线方向一致的_____线表示，直齿则不需要表示。

（4）判断下列各图中，哪组螺纹连接画法是正确的。（　　　）

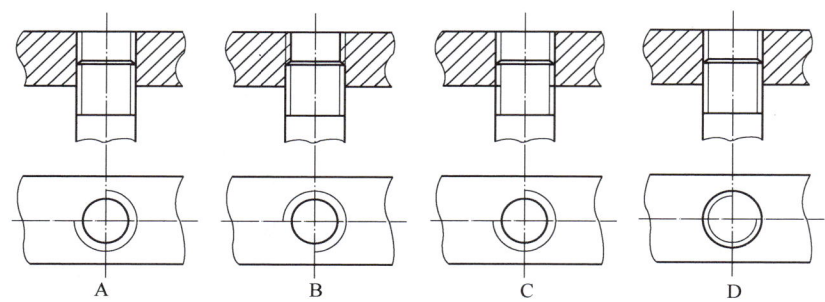

A   B   C   D

 项目实施

该机件的内部形状结构比较复杂，因此视图中虚线较多，虚线既影响图形清晰又不利于标注尺寸，为了清晰地表达该机件，需要综合应用各种表达方法。

 项目评价

项目评价表见表4-23。

表4-23　项目评价表

序号	检查项目	分值	自评	互评	教师评价
1	是否正确选择机件的结构表达	15			
2	机件的内部结构表达与外部表达的区别	15			
3	表达机件内部结构时，剖切平面位置如何确定	15			
4	常用标准零件有哪些	25			
5	如何正确绘制剖视图	10			
6	在绘图过程中遇到了什么困难，是否学会查询工具书，通过什么方式解决了困难	15			
7	参与思政课堂讨论	5			

项目五　绘制与识读零件图

项目描述

读如图 5-1 所示零件图，看懂其结构形状、尺寸和加工要求。

泵体零件

项目目标

（1）熟悉各类零件的作用、结构特点、常用的表达方法以及尺寸和技术要求的标注，掌握零件图的读图方法。

课程思政案例六

（2）能够应用机件表达方法正确地表达机械零件，能够正确地识读各类零件图。

（3）培养学生"干一行，爱一行，钻一行"的职业精神，勇于创新，敢于实践，主动追求技术的新突破。

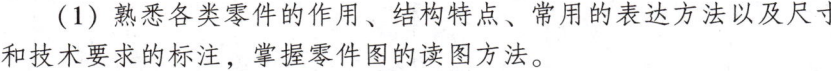

知识链接 1　绘制零件图

【想一想】通过学习资源库了解零件图的组成特点，回答下列问题：

（1）一张完整的零件图由几个部分组成？

（2）零件的种类繁多，一般可以把零件分成几类？

一张完整的零件图，应具有一组视图、尺寸标注、技术要求、标题栏等内容，完整、清晰地表达零件的结构形状、尺寸大小，说明零件在加工、检验过程中的要求，如尺寸公差、形状和位置公差、材料热处理、硬度及其他要求。本部分内容要求能够正确识读和绘制不同类型的零件图。

1. 零件的视图选择

零件图的视图选择原则是：正确、完整、清晰地表达零件的全部结构形状，在便

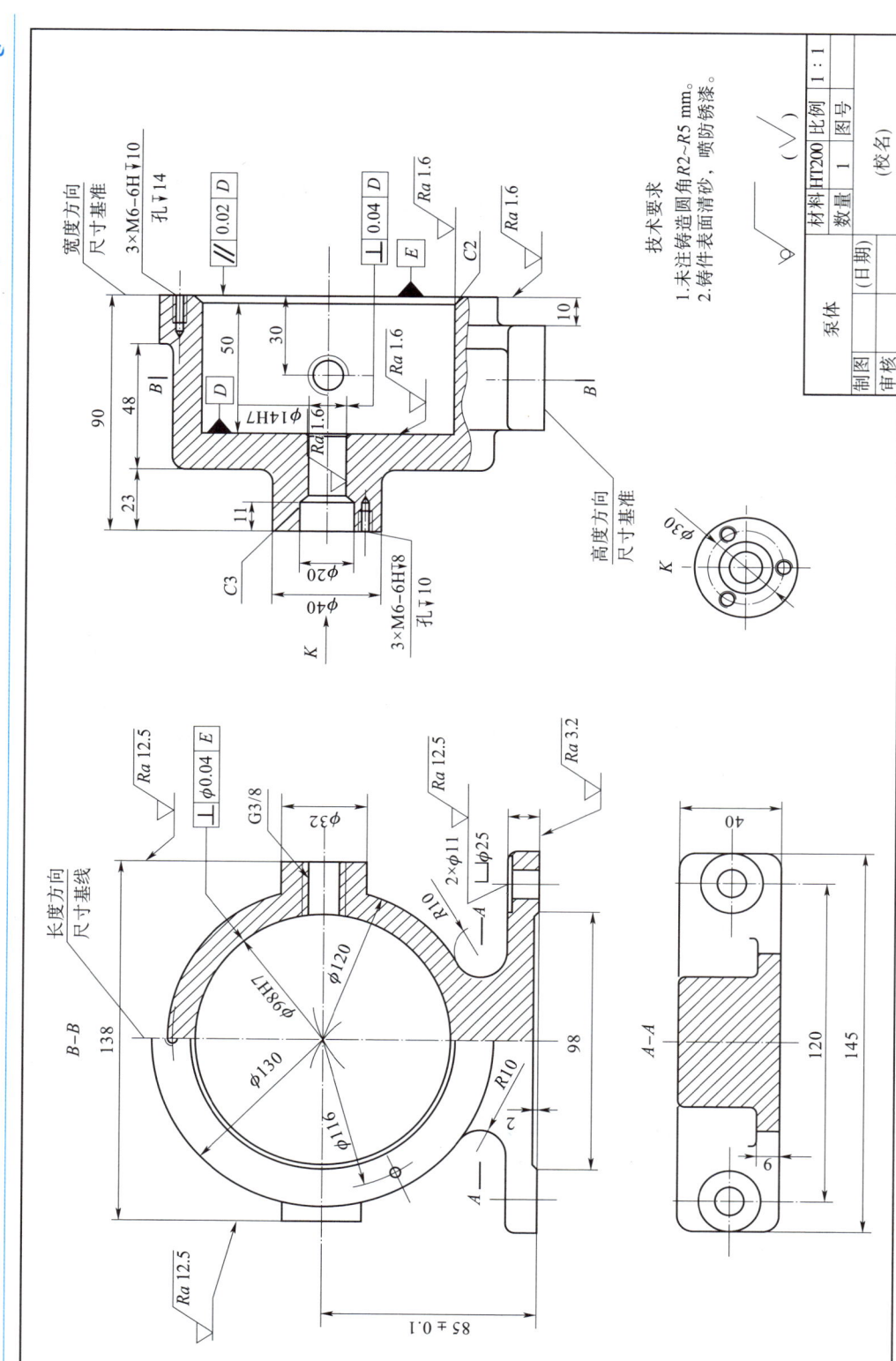

图 5-1 泵体零件图

于看图的基础上，力求作图简便。由于零件的结构形状具有多样性，要达到这些要求，关键在于综合运用制图的知识。在画图前对零件进行结构形状分析，结合零件的工作位置和加工位置，了解其用途及主要加工方法，选择最能表述零件形状特征的方向作为主视图方向，并选好其他视图，以确定最佳表达方案。

学习笔记

1）主视图的选择

主视图是表达零件形状最重要的视图，主视图在表达零件结构形状、画图和看图中起主导作用，其选择是否合理将直接影响其他视图的选择和看图方便性，因此应把选择主视图放在首位。一般来说，零件主视图的选择应满足"合理安放"和"形状特征"两个基本原则。

（1）零件安放位置的选择。零件安放位置有加工位置和工作位置两种。

加工位置是零件在加工时所处的位置。主视图应尽量表示零件在机床上加工时所处的位置，这样在加工时既便于图物对照和测量尺寸，又可减少差错。如轴套类、盘类等回转零件大部分工序是在车床或磨床上进行的，因此，通常要按加工位置（即轴线水平放置）画其主视图，如图5-2所示。

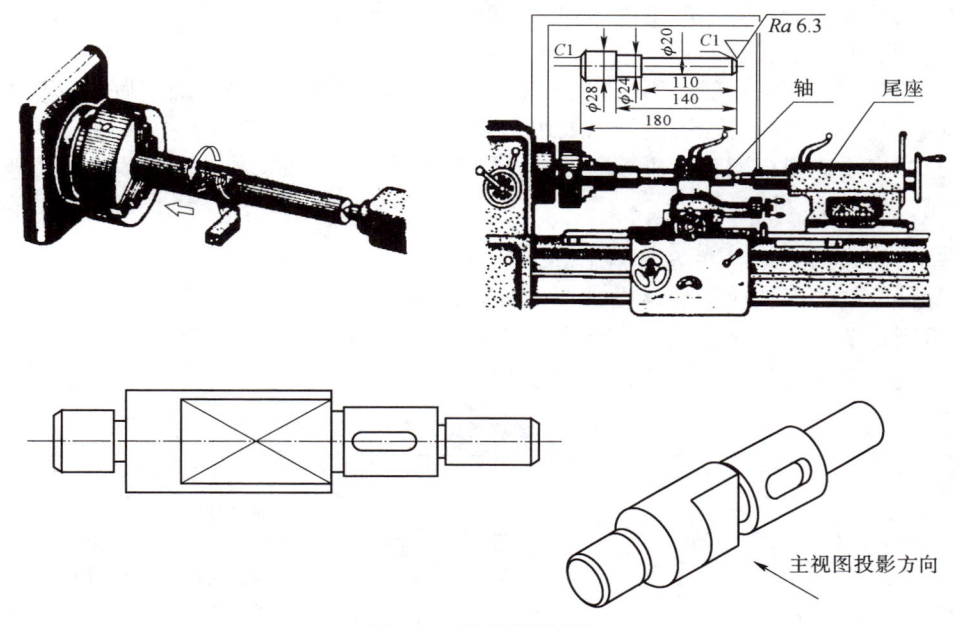

图5-2 轴的视图选择

工作位置是零件在装配体中所处的位置。例如，叉架、箱体类零件各工序的加工位置往往不同，无法同时满足所有工序加工位置的要求，其主视图的放置应尽量与零件在机器或部件中的工作位置一致。这样便于根据装配关系来考虑零件的形状及有关尺寸，便于校对、分析零件在部件中的位置和作用。图5-3所示为轴承座的视图选择。

如果零件的工作位置是斜的，则不便于按工作位置放置，而加工位置也较多，不便于按加工位置放置以及运动的零件，通常放正后再画图。

（2）主视图投影方向的选择。确定零件的安放位置后，还要确定主视图的投影

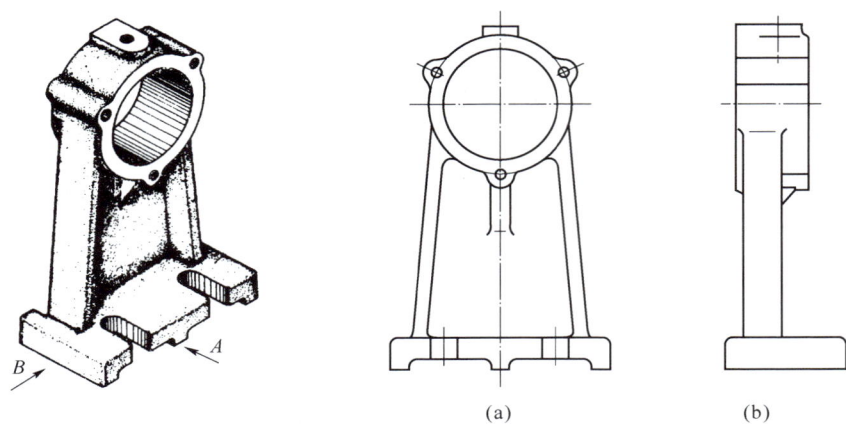

| | (a) | (b) |

图 5-3 轴承座的视图选择

方向。将最能反映零件形状特征的方向作为主视图的投影方向，即主视图要较多地反映零件各部分的形状及相对位置，以满足表达零件清晰的要求。如图 5-2 所示轴的主视图投影方向能反映轴的组成、轴上键槽的形状和位置。

2）其他视图的选择

仅用一个主视图一般还不能完全反映零件的结构形状，主视图确定后，对其表达未尽的部分，再选择其他视图予以表达完善。

总的来说选择视图表达机械零件时，要求做到：位置妥安放、主视表特征、视图少而精、表达活又清。

2. 零件的工艺结构及其表达方法

零件的结构形状除了满足设计要求外，还要考虑到加工制造方便，满足工艺要求，否则将造成工艺复杂化，甚至无法制造或造成废品。表 5-1、表 5-2 分别列出了零件铸造工艺结构和零件机械加工工艺结构。

表 5-1 零件铸造工艺结构

内容	图例	说明
拔模斜度	(a)　∠1:20　(b)	铸造毛坯时，为了便于将木模从砂型中取出，一般沿拔模方向做成约 1:20 的拔模斜度，因而铸件上也有相应的斜度，如图（a）所示。拔模斜度在图上可以不标注，也不必画出，如图（b）所示。必要时，可在技术要求中注明
铸造圆角与过渡线	铸造圆角　缩孔　裂缝　加工后成尖角	在铸件毛坯各表面的相交处都有铸造圆角，既便于起模，又能防止在浇铸时转角处落砂，还可避免铸件在冷却时产生裂纹或缩孔。铸造圆角半径一般取 3~5 mm，可在技术要求中注明

学习笔记

内容	图例	说明
铸造圆角与过渡线	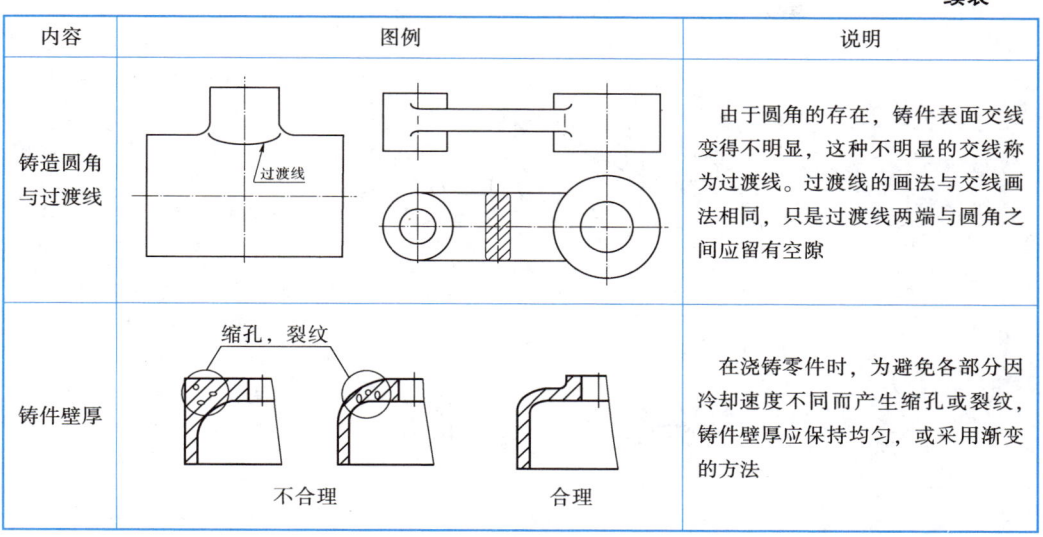	由于圆角的存在，铸件表面交线变得不明显，这种不明显的交线称为过渡线。过渡线的画法与交线画法相同，只是过渡线两端与圆角之间应留有空隙
铸件壁厚	缩孔，裂纹 不合理　　合理	在浇铸零件时，为避免各部分因冷却速度不同而产生缩孔或裂纹，铸件壁厚应保持均匀，或采用渐变的方法

表5-2　零件机械加工工艺结构

内容	图例	说明
退刀槽与越程槽	$b \times a$　　b　D	为了在切削零件时便于退出刀具、装配时保证与相邻零件靠紧，常在加工表面的终端预先加工出退刀槽或砂轮越程槽，一般按"槽宽×槽深"的形式标注
凸台与凹坑		为了保证零件间的接触良好，同时减少加工面积、降低加工费用，常在铸件中设计凸台或凹坑结构
倒角与倒圆	$C1$　$C1$　$30°$　2 $C1$　$30°$　C $C1$ R　D　d　R　D　d	为了避免应力集中，轴肩、孔肩转角处常加工成环面过渡，称为倒圆（圆角）。为防止零件的毛刺、锐边划伤人手和便于装配，常在轴和孔的端部加工出45°或30°、60°的锥台，即倒角。倒角为45°时，可注成"C×"形式，×为倒角的轴向尺寸；不是45°时，要分开标注

内容	图例	说明
钻孔结构	不合理　　　　　　合理	零件上的孔常用钻头加工而成，钻孔端面应与钻头垂直，以保证钻孔的位置准确和避免钻头折断。为此，对于斜孔、曲面上的孔应预先作出与钻孔方向垂直的平面
中心孔	B2.5/8 GB/T 4459.5　A1.6/3.35 GB/T 4459.5　A4/8.5 GB/T 4459.5	加工较长的轴类零件时，为便于定位和装夹，常在轴的一端或两端加工出中心孔。中心孔在图样中可不画出详细结构，只需用规定符号标注其代号。具体尺寸参照GB/T 145—2001

3. 零件图尺寸标注

零件图尺寸是加工和检验零件的重要依据，零件图尺寸除应满足正确、完整、清晰的要求外，还必须合理。所谓合理是指既符合设计、检验和装配的要求，又便于加工和测量。

1）尺寸基准的选择

要满足合理标注尺寸的要求，首先要正确选择基准即标注尺寸的起点。基准一般是零件上的一些面（主要加工面、两零件的接合面、对称面）和线（轴、孔的轴心线，对称中心线等）。根据基准作用的不同分为设计基准和工艺基准。

（1）设计基准。根据零件的结构和设计要求而选定的基准，用来确定零件在机器中的位置和标注尺寸等，如轴套类、盘盖类零件的轴线为设计基准。

（2）工艺基准。为便于加工和测量而选定的基准称为工艺基准。

零件有长、宽、高三个方向，每一方向都有一个主要基准，还可有辅助基准，主要基准和辅助基准之间必须有尺寸联系。基准选定后，主要尺寸应从主要基准出发进行标注，如图5-4所示。

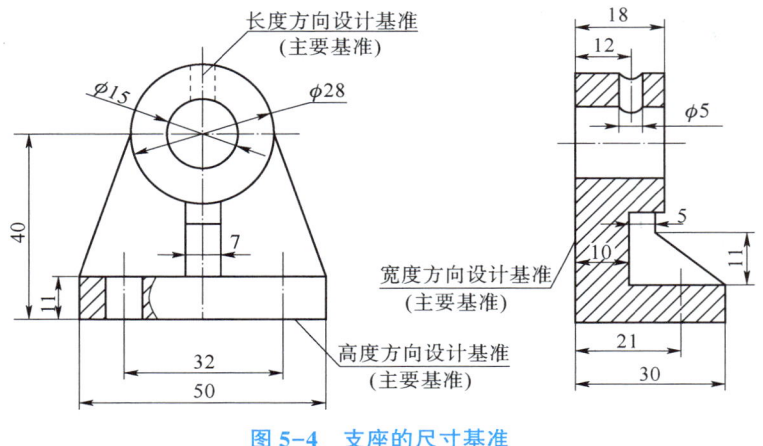

图5-4　支座的尺寸基准

标注尺寸时，最好能把设计基准与工艺基准统一起来，称为基准重合。设计基准与工艺基准重合既能满足设计要求也能满足工艺要求。当设计基准与工艺基准无法统一时，重要尺寸要按设计要求标注。

2）尺寸标注的形式

由于零件的设计要求、工艺要求不同，尺寸基准的选择也不相同，尺寸注法也各不相同，常见的尺寸标注形式有以下三种。

（1）链状式。如图 5-5（a）所示，零件同一个方向的尺寸首尾相接，每一尺寸相对独立，可保证各尺寸的精度要求，但由于随后的尺寸用前一个尺寸的终点为起点，使各段尺寸的误差积累而影响总长尺寸，即总长尺寸的误差是各段误差的总和。

（2）坐标式。如图 5-5（b）所示，零件同一方向的尺寸从同一基准出发，各尺寸的精度取决于本尺寸的加工误差，各尺寸的误差互不影响。但如果中段长度需要保证时就得不到解决，这时应该采用综合式。

（3）综合式。如图 5-5（c）所示，零件同一方向的尺寸既有链状式又有坐标式，综合了链状式和坐标式的优点，有效地减少零件在加工中出现的累积误差，是尺寸标注中最常用的方法。

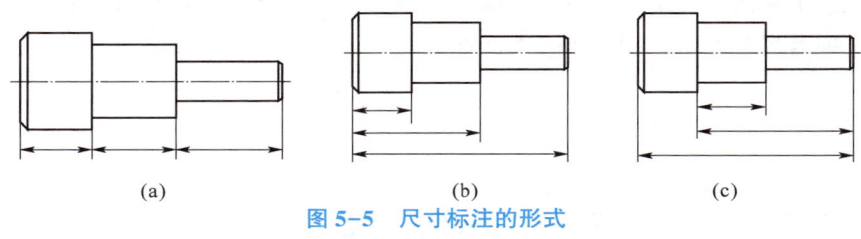

　　　　(a)　　　　　　　　　　(b)　　　　　　　　　　(c)

图 5-5　尺寸标注的形式

（a）链状式；（b）坐标式；（c）综合式

3）尺寸标注的基本原则

（1）零件的重要尺寸必须从基准直接注出。为使零件的重要尺寸不受其他尺寸的影响，应在零件图中把重要尺寸直接注出（如图 5-4 中轴承座孔的中心高）。

（2）避免注成封闭尺寸链。如图 5-6（a）所示，同一方向的尺寸串联，并头尾相接组成封闭的图形，称为封闭尺寸链。由于零件加工过程中加工误差无法避免，故实际无法同时保证 A、B、C 尺寸的要求，所以不能注成封闭尺寸链，应注成如图 5-6（b）所示的形式，即选择不重要的尺寸不标注，如图 5-6（a）中的 B 尺寸，称为开环。尺寸 A 不受尺寸 C 的影响，A、C 尺寸的误差都可累积到不标注的尺寸上，使 A、C 尺寸得到保证。若出于某种需要也要标注出开环尺寸，则必须加括号，称为参考尺寸，加工时不做测量和检验要求。

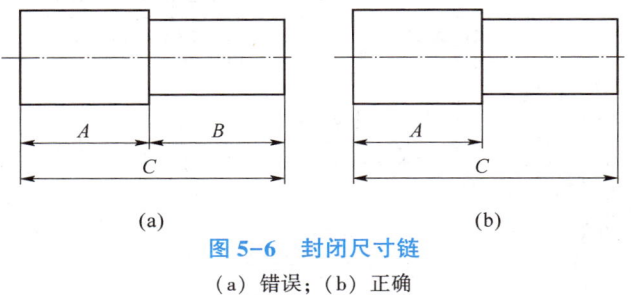

　　　　　(a)　　　　　　　　　　　　(b)

图 5-6　封闭尺寸链

（a）错误；（b）正确

（3）标注尺寸要便于加工和测量，并尽量使用通用量具。尺寸若标注不合理，则不便于加工和测量。如图5-7所示，图5-7（a）中尺寸15便于加工和测量，图5-7（b）中尺寸6则不便于加工和测量。

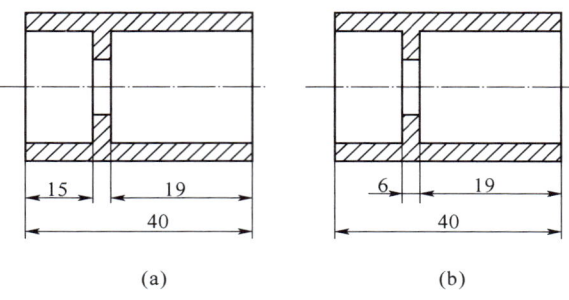

（a）　　　　　　　　　　（b）

图5-7　尺寸标注要便于测量

（a）合理；（b）不合理

（4）加工面和非加工面只能有一个尺寸联系。如图5-8所示，因为非加工面在铸造或锻造毛坯时已经形成，其尺寸精度由毛坯生产时保证，如果同一个加工面与多个非加工面有尺寸联系，则加工时无法保证。

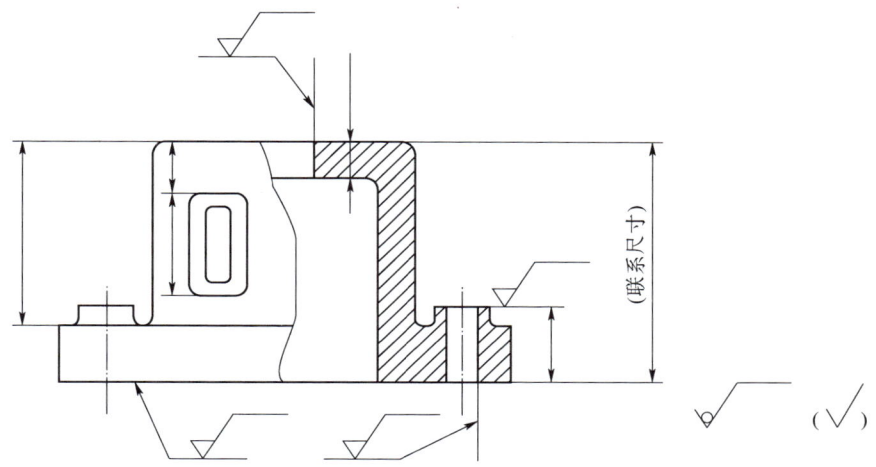

图5-8　加工面与非加工面间的尺寸标注

零件上各种常见孔的尺寸标注见表5-3。

表5-3　零件上各种孔的尺寸注法

结构类型		简化标注方法	简化前标注方法	说明
螺孔	通孔	4×M6－6H　　4×M6－6H	4×M6－6H	表示4个均匀分布的M6－6H的螺纹通孔

学习笔记

结构类型		简化标注方法	简化前标注方法	说明
螺孔	不通孔	4×M6-6H▽10 孔▽12　　4×M6-6H▽10 孔▽12	4×M6-6H	表示 4 个均匀分布的 M6-6H 的螺纹盲孔，螺纹孔深 10 mm，钻孔深 12 mm
光孔	一般孔	4×φ6▽10　　4×φ6▽10	4×φ6	表示 4 个 φ6 mm、深 10 mm 的盲孔
光孔	精加工孔	4×φ6H7▽10 孔▽12　　4×φ6H7▽10 孔▽12	4×φ6H7	表示 4 个 φ6 mm、钻孔深 12 mm、精加工孔深 10 mm 的盲孔
	锥销孔	锥销孔φ5 配作　　2×锥销孔φ5 配作		φ5 表示圆锥销的小端直径
沉孔	锥形沉孔	4×φ7 ▽φ13×90°　　4×φ7 ▽φ13×90°	90° φ13　4×φ7	表示 4 个 φ7 mm、带锥形的埋头孔，锥孔口直径为 φ13 mm，锥面顶角为 90°
沉孔	柱形沉孔	4×φ6 ⌴φ12▽3.5　　4×φ6 ⌴φ12▽3.5	φ12 3.5　4×φ6	表示 4 个 φ6 mm、带圆柱形沉头的孔，沉孔直径为 φ12 mm，深为 3.5 mm
沉孔	锪平面	4×φ7 ⌴φ16　　4×φ7 ⌴φ16	φ16　4×φ7	表示 4 个 φ7 mm、带锪平的孔，锪平孔直径为 φ16 mm。锪平孔无须标注深度，一般锪平到不见毛面为止

4. 零件图技术要求的标注

1) 尺寸公差与配合

（1）互换性。所谓零件的互换性，就是从一批相同的零件中任取一件，不经修配就能装配使用，并能保证使用性能要求的性质。零部件具有互换性，不但给装配、维修带来方便，还便于使用专用设备提高生产率和质量，同时降低产品的成本。公差配合制度是实现互换性的重要基础。

（2）公差。零件的尺寸是保证零件互换性的重要几何参数，但互换性并非要求零件加工绝对准确，由于设备、工夹具及测量误差等因素的影响，零件也不可能制造得绝对准确。为了保证零件的互换性，就必须对零件的尺寸规定一个允许的变动范围（最大极限尺寸和最小极限尺寸），这个变动范围就是尺寸公差。

（3）尺寸公差术语。公差基本术语见表5-4。

表5-4　公差基本术语

名称		解释	简图、计算示例及说明
公称尺寸		由图样规范确定的理想形状要素尺寸，如右图中孔径$\phi30$	
实际尺寸		实际测量所得的尺寸	
极限尺寸		尺寸要素允许尺寸变化的两个极端，有最大极限尺寸和最小极限尺寸。它以公称尺寸为基数来确定	
最大极限尺寸		尺寸要素允许的最大尺寸	最大极限尺寸 $=\phi30.016$
最小极限尺寸		尺寸要素允许的最小尺寸	最小极限尺寸 $=\phi29.984$
极限偏差		某一尺寸减其公称尺寸所得的代数差	
极限偏差	上极限偏差	最大极限尺寸减其公称尺寸所得的代数差，简称上偏差。孔的上极限偏差用ES表示，轴的上极限偏差用es表示	上偏差 ES $= 30.016-30=+0.016$
	下极限偏差	最小极限尺寸减其公称尺寸所得的代数差，简称下偏差。孔下极限偏差用EI表示，轴下极限偏差用ei表示	下偏差 EI $= 29.984-30=-0.016$
尺寸公差		允许尺寸的变动量，简称公差。公差$=$最大极限尺寸$-$最小极限尺寸 $=$上偏差$-$下偏差	公差 $= 30.016-29.984=0.016-(-0.016)=0.032$

名称	解释	简图、计算示例及说明
零线	在公差带图中表示公称尺寸的直线称为零线，以其为基准确定偏差和公差，正偏差位于其上，负偏差位于其下	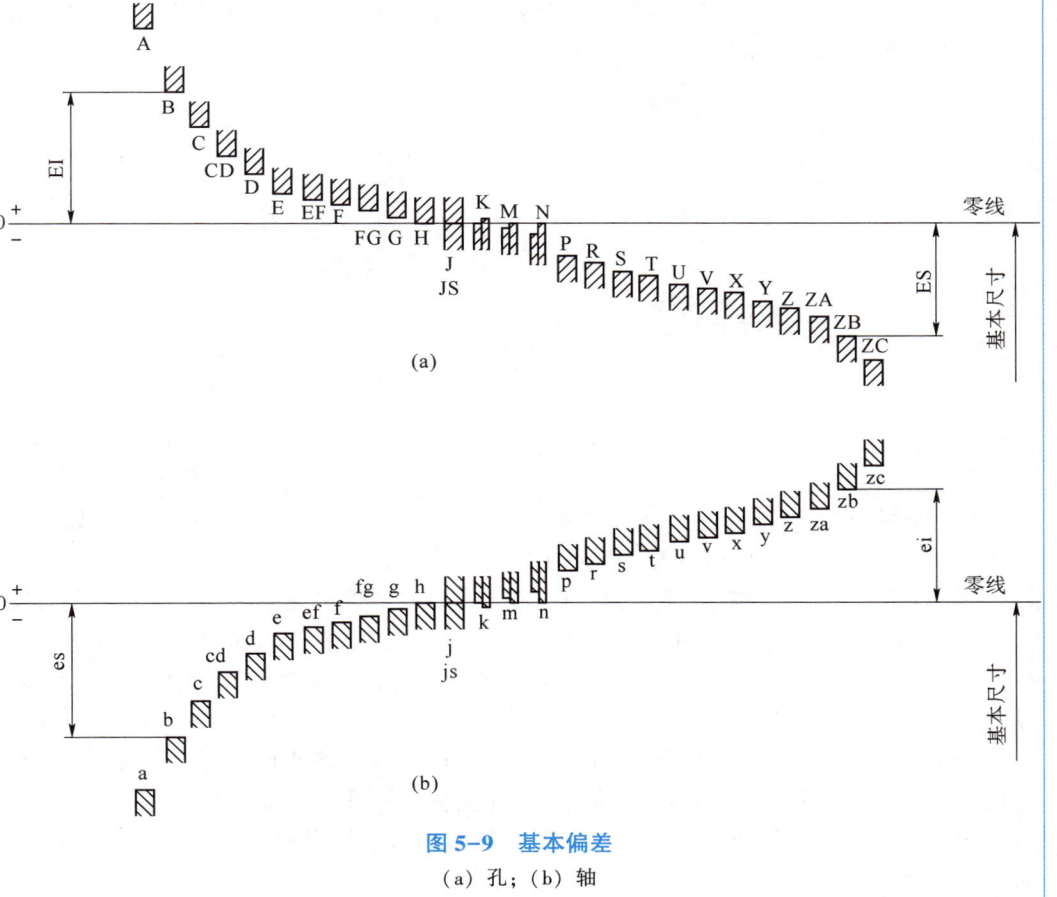
尺寸公差带	在公差带图中，由代表上、下极限偏差或上极限尺寸和下极限尺寸的两条直线所限定的一个区域，简称公差带，它是由公差大小与其相对于零线的位置来确定的	

（4）标准公差和基本偏差。公差带由标准公差和基本偏差组成，用以确定公差带大小的任一公差称为标准公差，标准公差分为 20 个等级：IT01、IT0、IT1～IT18，"IT"表示标准公差，阿拉伯数字表示公差等级，从 IT01 到 IT18，精度等级依次降低。基本偏差是用以确定公差带相对零线位置的极限偏差，孔和轴的基本偏差系列共有 28 种，用字母表示，大写字母为孔的基本偏差代号、小写字母为轴的基本偏差代号；基本偏差可以是上极限偏差或下极限偏差，一般为靠近零线的那个偏差，如图 5-9 所示。

图 5-9　基本偏差
（a）孔；（b）轴

公差代号由基本偏差与公差等级代号组成，例如 φ50H7、φ50f6，其含义如图 5-10 所示。

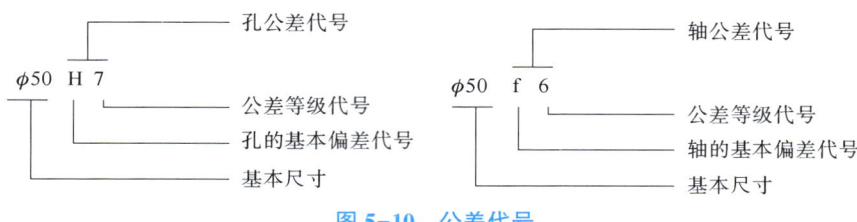

图 5-10　公差代号

（5）配合。基本尺寸相同时，相互结合的孔和轴公差带之间的关系称为配合。由于孔和轴的实际尺寸不同，故装配后可能出现不同的松紧程度。当孔的实际尺寸减去轴的实际尺寸所得的代数差为正值时是间隙，为负时是过盈。

根据使用要求不同，配合分三类，即间隙配合、过盈配合和过渡配合。

①间隙配合。孔的公差带完全在轴的公差带之上，任取其中一对轴和孔相配都成为具有间隙的配合（包括最小间隙为零），如图 5-11（a）所示。

②过盈配合。孔的公差带完全在轴的公差带之下，任取其中一对轴和孔相配都成为具有过盈的配合（包括最小过盈为零），如图 5-11（b）所示。

③过渡配合。孔和轴的公差带相互交叠，任取其中一对孔和轴相配合，可能具有间隙，也可能具有过盈的配合。

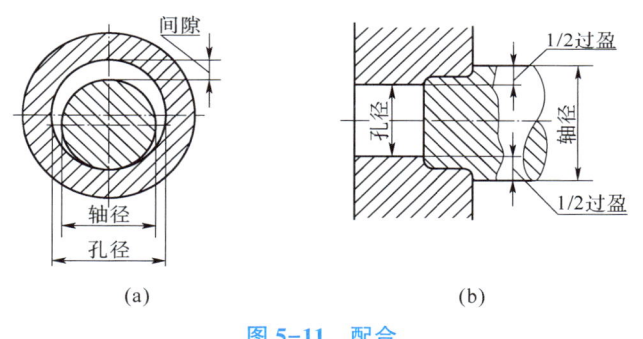

图 5-11　配合

（a）间隙配合；（b）过盈配合

（6）配合的基准制。当基本尺寸确定后，为了便于选择配合，减少零件加工的专用刀具和量具，国家标准对配合规定了两种基准制。

①基孔制。基本偏差一定的孔的公差带与不同基本偏差的轴的公差带构成各种配合的一种制度称为基孔制，即将孔的公差带位置固定，通过变动轴的公差带位置，得到各种不同的配合，如图 5-12（a）所示。基孔制的孔称为基准孔，其下偏差为零，基本偏差代号为 H。

②基轴制。基本偏差一定的轴的公差带与不同基本偏差的孔的公差带构成各种配合的一种制度称为基轴制，即将轴的公差带位置固定，通过变动孔的公差带位置，得到各种不同的配合，如图 5-12（b）所示。基轴制的轴称为基准轴，其下偏差为零，基本偏差代号为 h。

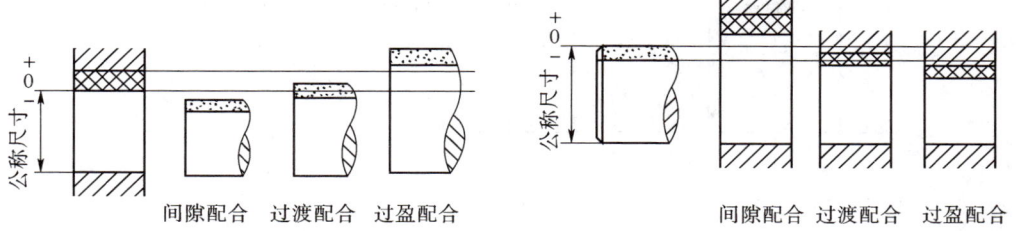

间隙配合　　过渡配合　　过盈配合

间隙配合　过渡配合　过盈配合

(a)　　　　　　　　　　　　　　　　　　　(b)

图 5-12　基孔制与基轴制

（a）基孔制；（b）基轴制

实际生产中选用基孔制还是基轴制，要从装配结构、工艺要求和经济性等因素考虑。由于孔难加工，故一般应优先采用基孔制配合。在非标准零件与标准件配合时，应按标准件所用的基准制来确定，如滚动轴承的内圈与轴的配合采用基孔制，外圈与机体孔的配合则采用基轴制。

（7）公差与配合的标注。在装配图中，配合的代号由两个相互结合的孔和轴的公差带代号组成，用分数形式表示，分子为孔的公差带代号，分母为轴的公差带代号，如图 5-13（a）所示。

零件图中标注公差带代号，如图 5-13（b）所示，这种注法便于采用专用量具检验零件，不需要标注偏差数值，适应大批量生产的要求。

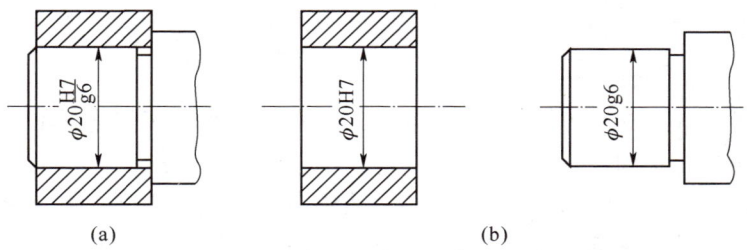

(a)　　　　　　　　　　(b)

图 5-13　公差带代号的标注

零件图中标注偏差数值，如图 5-14（a）所示。上下偏差注在基本尺寸的右侧，偏差数字比基本尺寸数字小 1 号。当上下偏差数值为零时，可简写为"0"，另一偏差仍标在原来的位置。如果上、下偏差的数值相同，则在基本尺寸数字后标注"±"符号，再写偏差数值，这时数值的字体与基本尺寸字体同高，同时标注公差带代号和极限偏差数值，如图 5-14（c）所示，偏差数值应该加括号，这种标注形式集中了前两种标注形式的优点，常用于产品转产较频繁的生产中。

2）表面结构及其标注

（1）表面结构的概念。加工零件时，由于刀具在零件表面上留下刀痕和切削时表面金属的塑性变形等影响，使零件表面存在着间距较小的轮廓峰谷，如图 5-15 所示。这种表面上具有较小间距的峰谷所组成的微观几何形状特性，称为表面结构。

表面结构是评定零件表面质量的一项重要指标，它对零件的配合性质、强度、耐

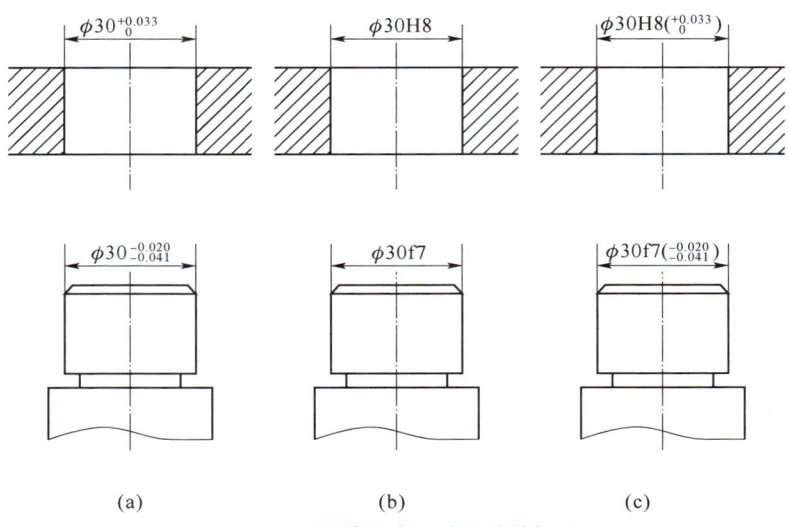

图 5-14　零件图中尺寸公差的标注

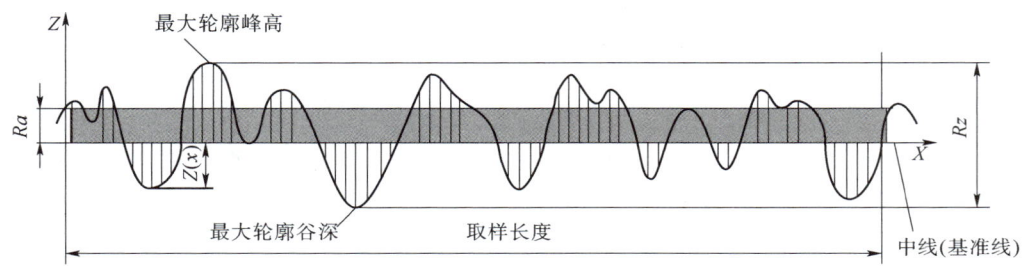

图 5-15　评定表面结构常用的轮廓参数

磨性、抗腐蚀性和密封性等影响很大。因此，根据零件表面工作情况不同，零件表面结构的要求也各有不同。

　　对于零件表面结构的状况，可由三大类参数加以评定：轮廓参数、图形参数、支承率曲线参数。其中轮廓参数是我国机械图样中目前最常用的评定参数。轮廓参数中，评定粗糙度轮廓（R 轮廓）有两个高度参数 Ra 和 Rz。轮廓算术平均偏差 Ra 是指在一个取样长度内纵坐标值 $Z(x)$ 绝对值的算术平均值；轮廓的最大高度 Rz 是指在同一取样长度内，最大轮廓峰高和最大轮廓谷深之和的高度，如图 5-15 所示。

　　表面粗糙度高度评定参数的数值越大，表面越粗糙，零件表面质量越低，加工成本越低；数值越小，表面越光滑，零件表面质量越高，加工成本越高。表面粗糙度参数值的选择，既要满足零件的使用要求，又要考虑经济合理性。一般零件上有配合要求或有相对运动的表面，零件表面质量的要求较高，具体选用时可用类比法选用。表 5-5 列出了 Ra 值的优先选用系列（补充系列可参照相关标准），表 5-6 列出了 Ra 值与其对应的主要加工方法和应用举例。

表 5-5　轮廓算术平均偏差 Ra 值　　　　　　　　　　　　　　　μm

0.012	0.025	0.05	0.10	0.20	0.40	0.80	1.6	3.2
6.3	12.5	25	50	100				

表 5-6　轮廓算术平均偏差 R_a 值的应用举例

$Ra/\mu m$	表面特征	主要加工方法	应用举例
100	明显可见刀痕	气割、锯、模锻、粗刨、粗铣、粗车、钻孔、粗砂轮等加工	在混凝土基础上的机座底面等
50	可见刀痕		非配合表面，如倒角、退刀槽、轴端面、齿轮及皮带轮侧面、螺钉通孔，支架、外壳、衬套、盖等端面，平键及键槽上、下面等
25	微见刀痕		
12.5	可见加工痕迹		
6.3	微见加工痕迹	半精车、半精铣、半精刨、精镗、精铰、刮研等	要求有定心及配合特性的固定支承面、轴肩、键和键槽工作面，燕尾槽表面，箱体结合面，低速转动的轴颈，三角皮带轮槽表面等
3.2	看不见加工痕迹		
1.6	可辨加工痕迹方向		
0.80	微辨加工痕迹方向	精车、精铣、精拉、精铰、半精磨等	中等转速轴颈，过盈配合的孔 H7，间隙配合的孔 H8、H7，滑动导轨面，滑动轴承轴瓦的工作面，分度盘表面，曲轴、凸轮的工作面等
0.40	不可辨加工痕迹方向		
0.20	暗光泽面		
0.10	亮光泽面	精磨、抛光、研磨、珩磨、金钢车、超精加工等	活塞和活塞销表面，要求气密的表面，齿轮泵轴颈，液压传动孔表面，阀的工作面，气缸内表面等
0.05	镜状光泽面		
0.025	雾状镜面		摩擦离合器的摩擦表面，量块工作面，高压油泵中柱塞和柱塞套配合表面，光学测量仪器中的金属镜面等
0.012	镜面		

（2）表面结构符号在图样中的标注（GB/T 131—2006）。

①表面结构符号，见表 5-7。

表 5-7　表面结构符号

符号	意义及说明	符号画法	完整图形符号	文字表达代号
（基本符号）	基本符号，表示表面可用任何方法获得。没有补充说明时，没有意义，不能单独使用，仅用于简化代号标注	$H=1.4h$　　$h=$字高	（图形符号）	APA
（去除材料符号）	表示表面是用去除材料的方法获得。如车、铣、刨、钻、磨、抛光、剪切、腐蚀、电火花加工、气割等	基本符号加一短划	（图形符号）	MRR
（不去除材料符号）	表示表面是用不去除材料的方法获得。如铸、锻、冲压、热轧、冷轧、粉末冶金等，或者是保持原供应状况的表面	基本符号加一小圆	（图形符号）	NMR

②表面结构代号。在表面结构符号上注写了具体的参数代号及数值等要求后即组成了表面结构代号。这些参数或数值要求在图形符号中的注写位置如图 5-16 所示，表面结构代号的示例及含义见表 5-8。

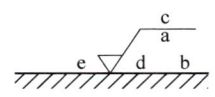

a：注写表面结构的单一要求；

a 和 b：a 位置注写第一表面结构要求，
　　　　b 位置注写第二表面结构要求；

c：注写加工方法，如"车""铣""磨""镀"等；

d：注写表面纹理方向，如"＝""×""M"等；

e：注写加工余量

图 5-16　表面结构代号

表 5-8　表面粗糙度代号及其含义

代号	意义	文本中的表示方法
$\sqrt{Ra0.8}$	用任何方法去除材料，粗糙度轮廓（R 轮廓）算术平均偏差 Ra 的单向上限值为 0.8 μm	APA $Ra0.8$
$\sqrt{Ra1.6}$	去除材料，粗糙度轮廓算术平均偏差 Ra 的上限值为 1.6 μm	MRR $Ra1.6$
$\sqrt{Rzmax0.8}$	去除材料，粗糙度轮廓最大高度 Rz 的最大值为 0.8 μm	MRR $Rzmax\ 0.8$
$\sqrt{Ra6.3}$	表示不允许去除材料，单向上限值，粗糙度轮廓算术平均偏差 Ra 的单向上限值为 6.3 μm	NMR $Ra6.3$
$\sqrt{\begin{array}{l}Ra0.8\\Rz3.2\end{array}}$	去除材料，粗糙度轮廓算术平均偏差 Ra 的单向上限值为 0.8 μm，粗糙度轮廓最大高度 Rz 的最大值为 3.2 μm	MRR $Ra0.8$；$Rz3.2$
$\sqrt{\begin{array}{l}URz0.8\\LRa0.2\end{array}}$	去除材料，粗糙度轮廓上极限值为粗糙度的最大高度 Rz 的最大值 0.8 μm；下极限值为算术平均偏差 Ra 的单向上限值为 0.2 μm	MRR U $Rz0.8$；L $Ra0.2$

注：（1）如果评定长度内取样长度个数不等于 5（默认值），则应在相应参数代号后标注其个数。

（2）表面结构要求中给定极限值的判断原则："16% 规则"为默认规则，不用标注；"最大规则"则在参数代号中加上"max"

③表面结构代号在图样上的注法，见表 5-9。

表 5-9　表面粗糙度代号在图样上的注法

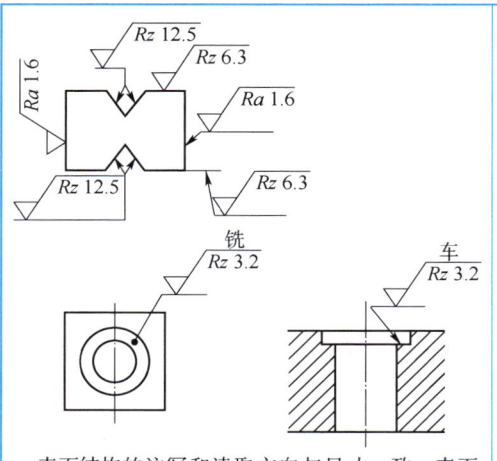

表面结构的注写和读取方向与尺寸一致；表面结构要求可标注在轮廓线或其延长线上，其符号应从材料外指向并接触材料表面，必要时，表面结构符号也可用箭头或黑点加指引线标注

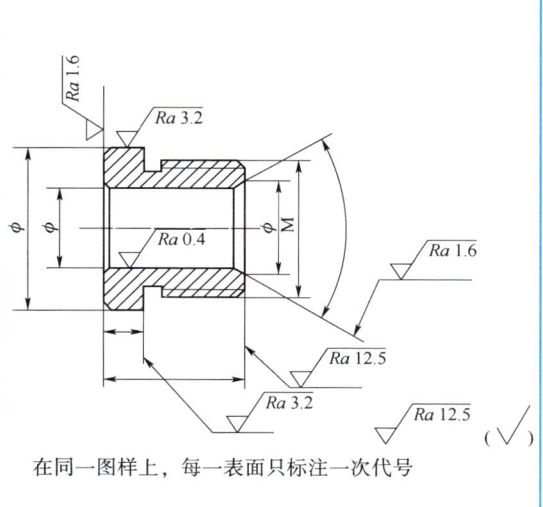

在同一图样上，每一表面只标注一次代号

学习笔记

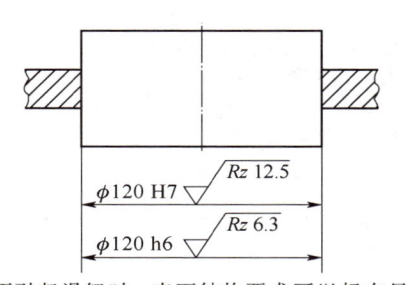

不引起误解时，表面结构要求可以标在尺寸线上

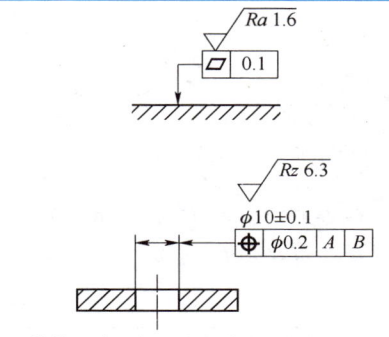

表面结构要求可标注在形位公差框格上方

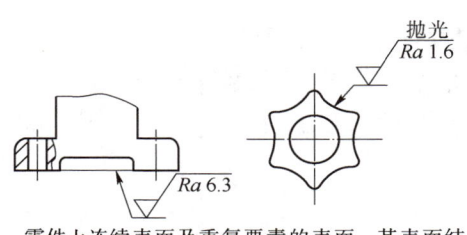

零件上连续表面及重复要素的表面，其表面结构只标注一次。不连续的同一表面，可用细实线连接，其表面结构代号只标注一次

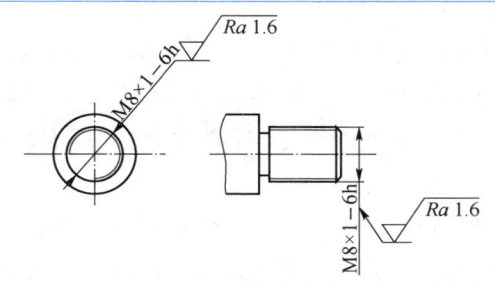

螺纹工作表面在未画出螺纹牙形时，其表面结构代号与螺纹代号一起标注

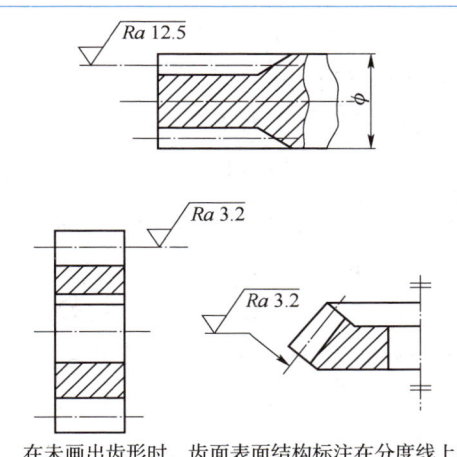

在未画出齿形时，齿面表面结构标注在分度线上

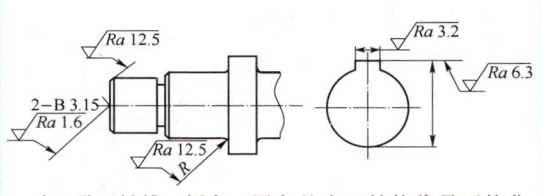

中心孔、键槽、倒角、圆角的表面结构代号可简化标注

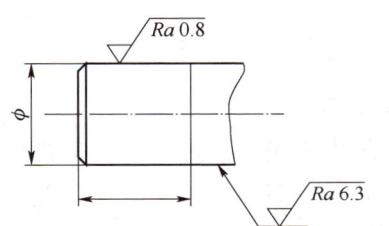

同一表面上有不同的表面结构要求时用细实线画出其分界线，并注出尺寸和相应的表面结构代号

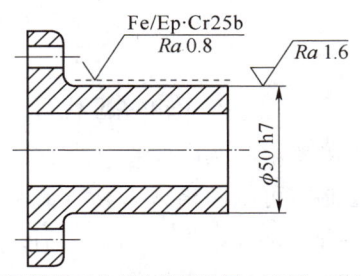

由几种不同的工艺方法获得的同一表面，当需要明确每种工艺方法的表面结构要求时，可同时在图上注出

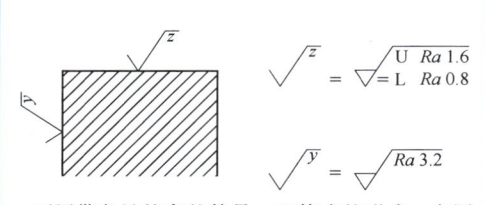

可用带字母的完整符号，以等式的形式，在图形或标题栏附近，对有相同表面结构要求的表面进行简化标注

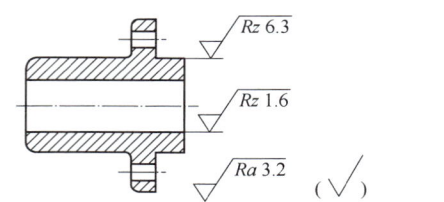

大部分表面结构要求相同时，图上标注少部分表面后，在标题栏上方括号内标注其余图上未注表面的表面结构要求

3）形状公差、位置公差及其标注

（1）形状和位置公差的概念。形状公差和位置公差简称形位公差，是指零件的实际形状与实际位置对理想形状和理想位置的允许变动量。合理确定形位公差，才能满足零件的使用性能与装配要求，它同尺寸公差、表面结构一样，是评定零件质量的一项重要指标。

形位公差的公差带是限制被测要素变动的区域，被测要素必须在此区域内，该区域的大小由公差值来决定。由此可见，公差是一个数量的概念，而公差带是一个区域的概念。

（2）形位公差的项目及符号见表 5-10。

表 5-10　形位公差的项目及符号

公差类型	几何特征	符号	公差类型	几何特征	符号
形状公差	直线度	—	方向公差	平行度	//
	平面度	▱		垂直度	⊥
	圆度	○		倾斜度	∠
	圆柱度	⌭	位置公差	同轴度	◎
	线轮廓度	⌒		对称度	⩵
	面轮廓度	⌓		位置度	⊕
			跳动公差	圆跳动	↗
				全跳动	⁄⁄

（3）形位公差代号和基准代号。形位公差在图样中采用代号标注，代号由公差框格、被测要素和基准要素（形状公差除外）三组内容组成。形位公差框格用细实线水平绘制，可画两格或多格（形状公差无基准代号，只有两格；其他公差视基准的多少，有三格或多格），框格高度是图样中尺寸数字高度的两倍，如图 5-17（a）所示；基准代号为小方格，用细实线与小三角形相连，基准要素用大写字母表示，如图 5-17（b）所示，基准三角形可涂黑或不涂黑。

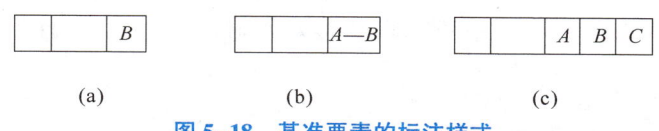

(a)

(b)

图5-17　形位公差代号与基准代号

（a）形位公差代号；（b）基准代号

　　基准要素为单个要素时，用一个大写字母表示，如图5-18（a）所示；以两个要素建立公共基准时，用中间加连线的两个大写字母表示，如图5-18（b）；以两个或三个基准建立基准体系（即采用多基准）时，表示基准的大写字母按基准的优先顺序自左至右填写在各框格内，如图5-18（c）所示。

(a)　　　　　　　(b)　　　　　　　(c)

图5-18　基准要素的标注样式

　　（4）形位公差的标注。

　　被测要素的标注：

　　①被测要素为表面或素线时，用带箭头的指引线将框格与被测要素相连，指引线的箭头要指在被测要素的轮廓线或其延长线上，并与该要素的尺寸线错开，如图5-19（a）所示。

　　②当被测要素是某段轴线、球心或对称平面时，指引线的箭头应与该要素的尺寸线对齐，如图5-19（b）所示。

　　③当被测要素是整段轴线或公共对称平面时，指引线的箭头应直接指在轴线或公共对称线上，如图5-19（c）所示。

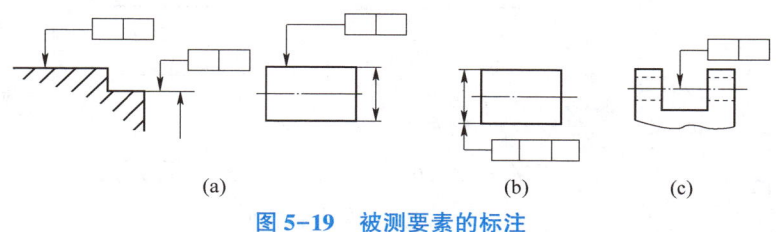

(a)　　　　　　　(b)　　　　　　(c)

图5-19　被测要素的标注

　　基准要素的标注：当基准要素为表面或素线时，基准三角应放置在其轮廓线或延长线上，并与该要素的尺寸线明显错开，如图5-20（a）所示，基准三角也可以放置在该轮廓面引出的水平线上；当基准要素是轴线、球心或对称平面时，基准符号应与该要素的尺寸线对齐，如图5-20（b）所示。

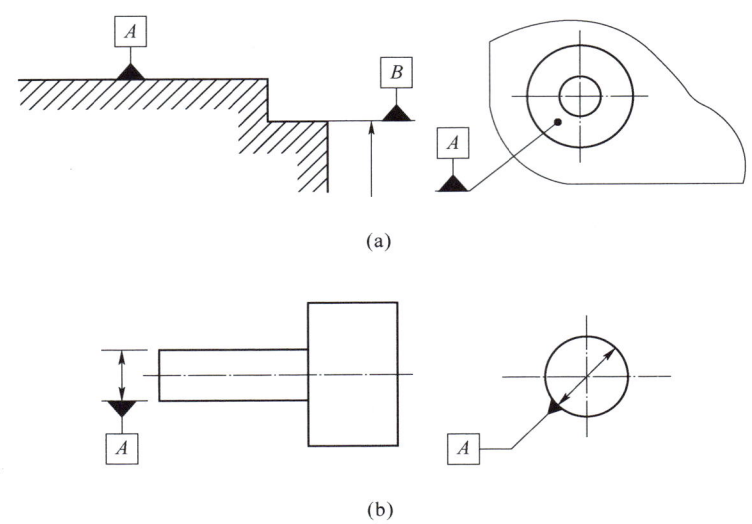

(a)

(b)

图 5-20　基准要素的标注

（5）零件图上形位公差标注实例。

图 5-21 中形位公差的表示：

$\boxed{\cancel{\diagup}\ 0.005}$ 表示 $\phi32$ mm 圆柱的圆柱度公差为 0.005 mm。

$\boxed{\odot\ \phi0.1\ |\ A}$ 表示 M12×1-6H 螺孔的轴线对 $\phi32$ mm 圆柱轴线的同轴度公差为 $\phi0.1$ mm。

$\boxed{\perp\ 0.025\ |\ A}$ 表示该轴右端面对 $\phi32$ mm 圆柱轴线的垂直度公差为 0.025 mm。

$\boxed{\nearrow\ 0.01\ |\ A}$ 表示 $\phi72$ mm 圆柱右端面对 $\phi32$ mm 圆柱轴线的圆跳动公差为 0.01 mm。

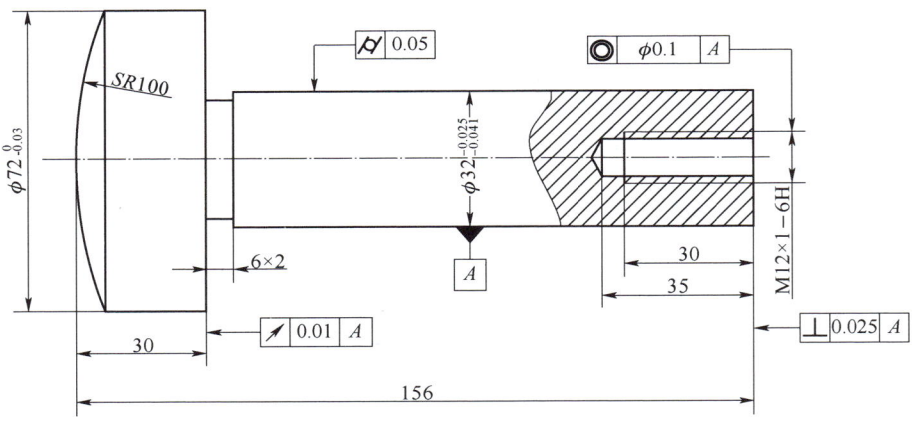

图 5-21　形位公差综合举例

5. 典型零件的表达

1）轴套类零件的结构特点与表达方案

（1）结构与用途。轴套类零件主要用于支承传动零件和传递动力，基本形状是回转体，沿轴线方向通常有轴肩、倒角、螺纹、退刀槽、键槽、销孔、螺纹孔等结构要素。如图 5-22 所示的输出轴。

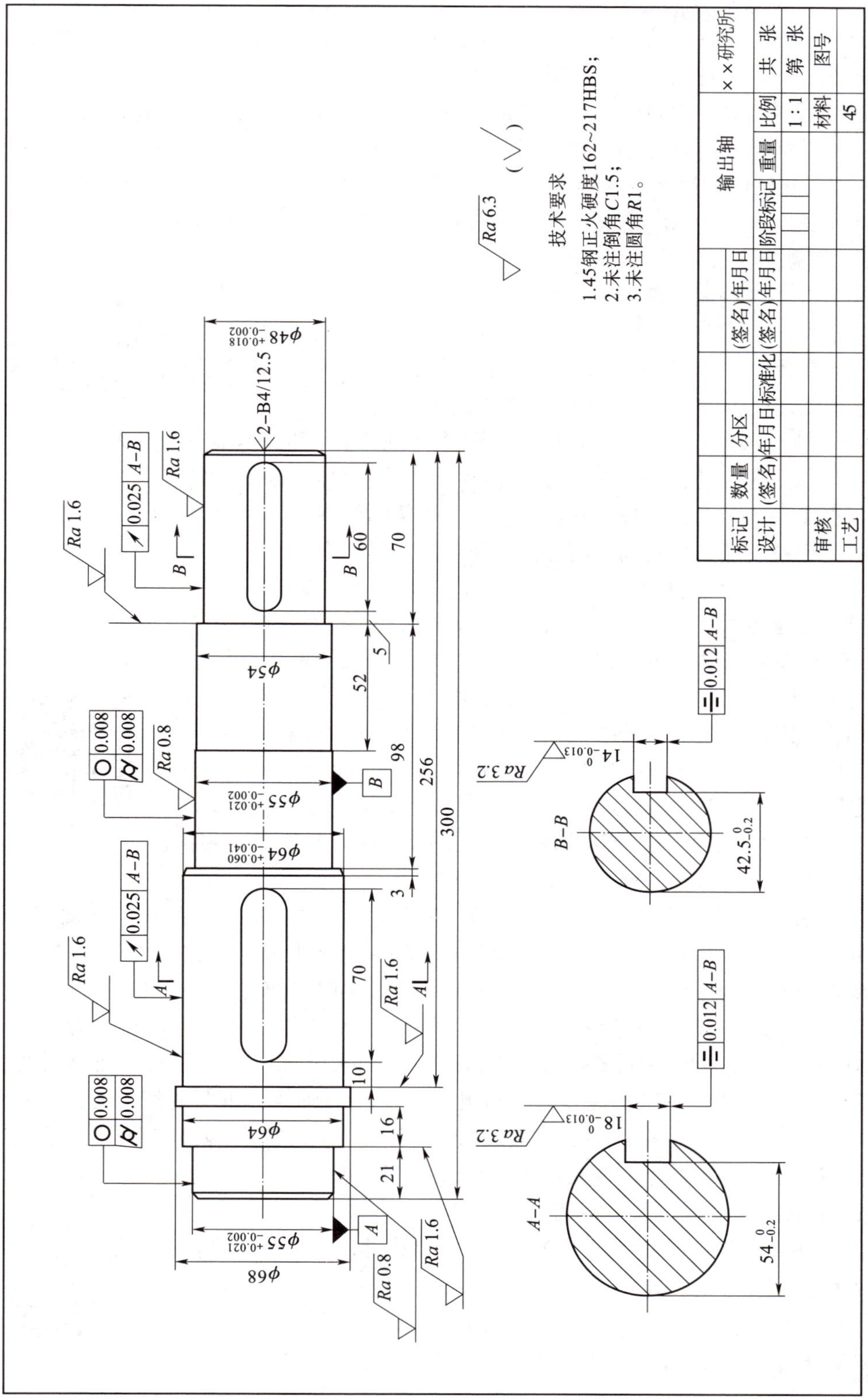

$Ra\,1.6$

$\boxed{○\ 0.008}$
$\boxed{⌀\ 0.008}$

$\boxed{○\ 0.008}$
$\boxed{⌀\ 0.008}$

$Ra\,1.6$

$\boxed{↗\ 0.025\ |\ A{-}B}$

$Ra\,0.8$

$\boxed{↗\ 0.025\ |\ A{-}B}$

$Ra\,1.6$

A

B

$\phi68$

$\phi55^{+0.021}_{-0.002}$

$\phi64$

$\phi64^{+0.060}_{-0.041}$

$\phi55^{+0.021}_{-0.002}$

$\phi54$

$2{-}B4/12.5$

$\phi48^{+0.018}_{-0.002}$

$Ra\,0.8$ $\boxed{A}$

$Ra\,1.6$

21 16 10 70

$Ra\,1.6$

A

3 $\boxed{B}$ 98

52 5

B 60

70

256

300

$A{-}A$ $Ra\,3.2$

$18^{\ 0}_{-0.013}$

$\boxed{= |\ 0.012\ |\ A{-}B}$

$54^{\ 0}_{-0.2}$

$B{-}B$ $Ra\,3.2$

$14^{\ 0}_{-0.013}$

$\boxed{= |\ 0.012\ |\ A{-}B}$

$42.5^{\ 0}_{-0.2}$

$Ra\,6.3$ $(\ \sqrt{}\ )$

技术要求

1.45钢正火硬度162~217HBS；
2.未注倒角C1.5；
3.未注圆角R1。

标记	数量	分区		(签名)	年月日	输出轴		××研究所
设计	(签名)	年月日	标准化	(签名)	年月日	阶段标记	重量	比例
								1:1
审核							材料	图号
工艺							45	

输出轴 共 张 第 张

图 5-22 零件图

（2）视图选择。轴套类零件一般是在车床或磨床上加工，结构比较简单，所以一般只有一个主视图，然后按加工位置和反映轴向特征的原则将其轴线水平放置，再根据各部分的结构特点选用断面图或局部放大图。

（3）尺寸标注。轴的径向尺寸基准是轴的轴线，并注出各段轴的直径尺寸。$\phi54$ 轴段的右端面是轴的长度方向尺寸基准，从基准出发向左注出 52、98，向右注出尺寸 70、5，从轴的右端面注出轴的总长尺寸 300。两个键槽长度的定位尺寸为 10、5，定形尺寸长度为 70、60，其键槽宽度和深度尺寸在两个移出断面中标注。

2）盘盖类零件的结构特点与表达方案

（1）结构与用途。盘盖类零件的结构形状特点是轴向尺寸小而径向尺寸较大，零件的主体多数是由同轴回转体构成，也有的主体形状是矩形，并在径向分布有螺孔或光孔、销孔、轮辐等结构，如各种端盖、齿轮、带轮、链轮、压盖等。如图 5-23 所示的阀盖。

阀盖类零件

（2）视图选择。盘盖类零件的主视图是以加工位置和表达轴向结构形状为原则选取的，轴线水平放置。该类零件一般需要两个视图，一个主视图和一个左视或右视图，主视图通常侧重反映内部形状，故多用各种剖视表达。如轮辐可用移出断面或重合断面表示。

（3）尺寸标注。盘盖类零件的宽度和高度方向的基准都是回转轴线，长度方向的主要基准是经过加工的重要端面或装配时的结合面。圆周上均匀分布的小孔的定位圆直径是这类零件典型的定位尺寸。零件上的直径尺寸多注在非圆视图上。

3）叉架类零件的结构特点与表达方案

（1）结构与用途。叉架类零件包括各种用途的叉杆和支架零件。叉杆零件主要用在机床、内燃机等各种机器的操纵机构上，操纵机器、调节速度。支架主要起支承和连接作用。其特点是用一些实心杆件、肋板将圆筒和底板连接而成，局部结构常有油槽、螺孔、沉孔等，外形复杂，形状不规则。如图 5-24 所示的支架零件。

叉架类零件

（2）视图选择。因叉架类零件一般是锻件或铸件，往往要在多种机床上加工，各工序的加工位置不相同。所以在选择主视图时，主要按形状特征和工作位置确定，常采用剖视图表达外形和局部内形。当工作位置是倾斜的或不固定时，可将其放正画主视图。

这类零件的结构形状较为复杂且不太规则，一般都需要两个以上视图，不平行于投影面的结构形状常采用斜视图和局部视图表达，也可采用局部放大图表达其较小结构。

（3）尺寸标注。叉架类零件一般以孔的中心线或轴线、重要的安装面、对称平面或端面为长、宽、高三个方向的主要基准。定位尺寸较多，常见的有孔的中心线或轴线之间的距离、孔的中心线或轴线到平面间的距离。

4）箱体类零件的结构特点与表达方案

（1）结构与用途。箱体类零件一般是机器或部件的主体，起着支承、容纳、定位、密封和保护其他零件的作用，多为中空的壳体，并有轴承孔、凸台、肋板、底板以及连接螺孔等，其结构形状复杂，尤其是内腔，毛坯多为铸件，表面过渡线多，如图 5-25 所示泵体。

箱体类零件

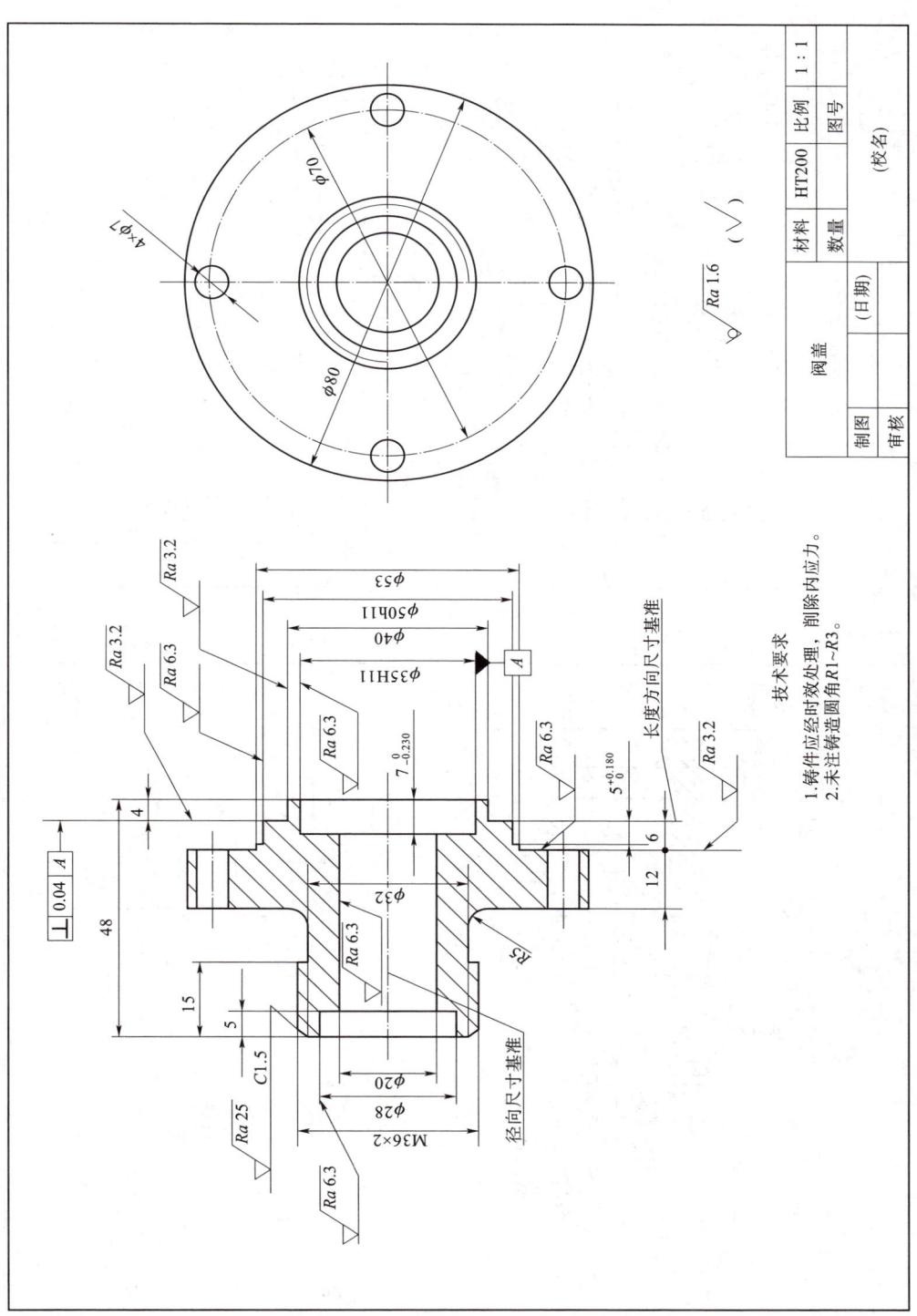

图 5-23 轮盘类零件

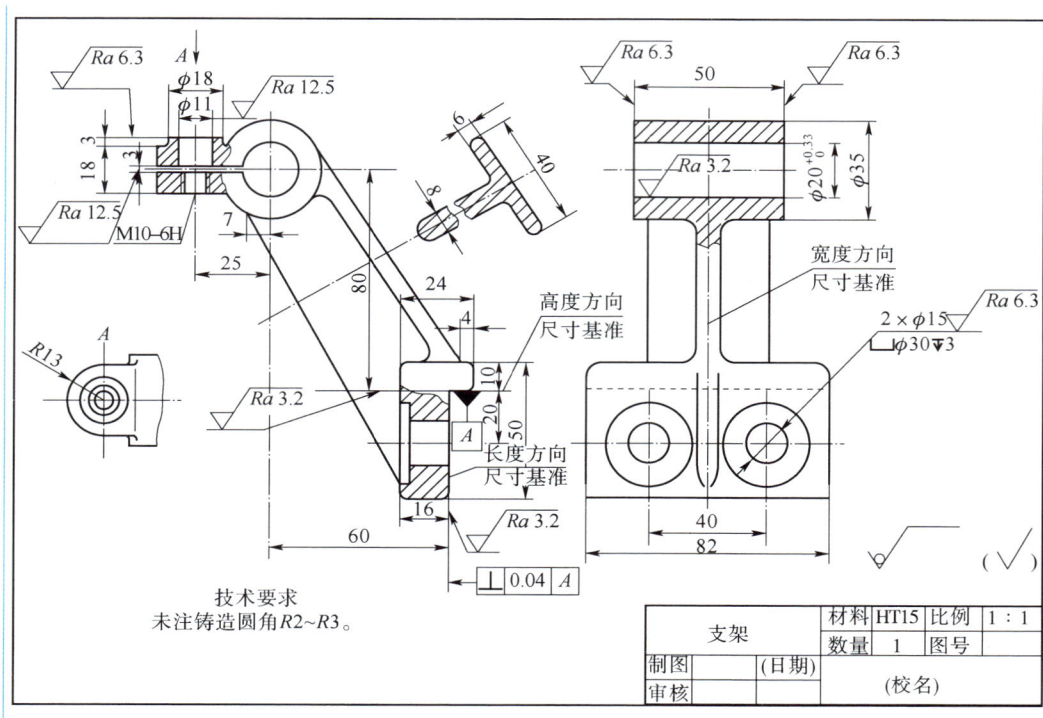

图 5-24　叉架类零件

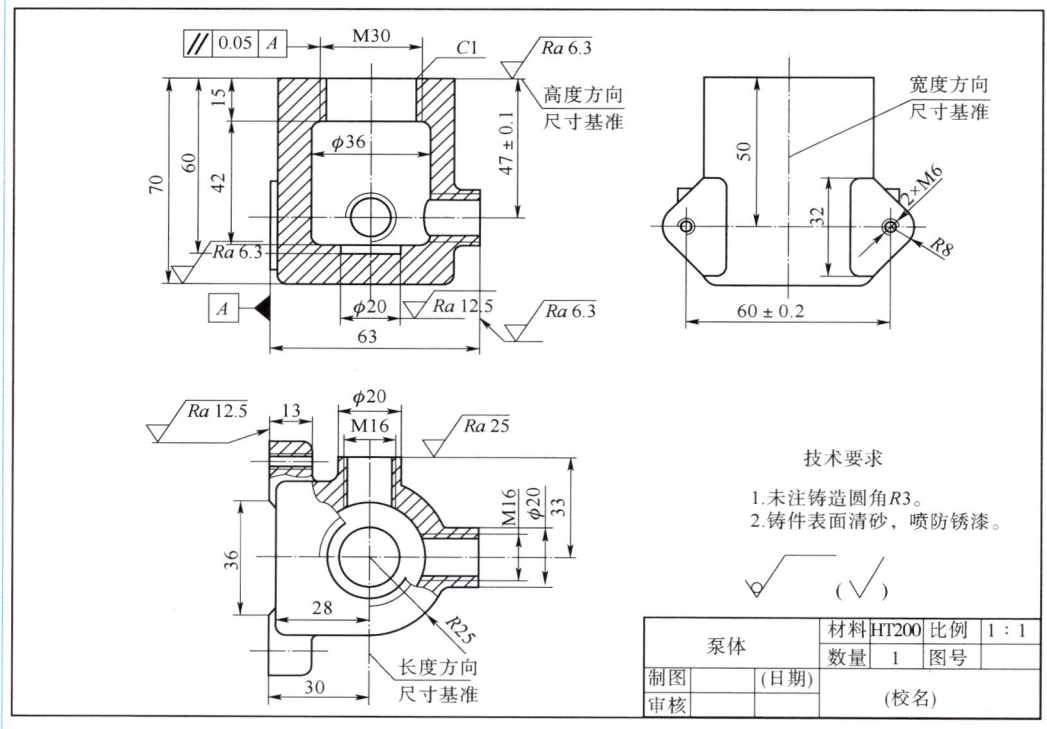

图 5-25　箱体类零件

（2）视图选择。箱体类零件的加工部位多，加工工序也较多，各工序装夹位置又不固定，一般按工作位置和形状特征选择主视图，常需要多个视图，并以适当的剖视表达内部结构。对局部内、外形状可采用局部视图、局部剖视和断面来表达。箱体零件上常常会出现一些截交线、相贯线和过渡线。

（3）尺寸标注。箱体类零件主要采用中心线、轴线、对称平面和较大的加工平面等作为长、宽、高三个方向的主要基准。因结构形状复杂，故尺寸很多，定位尺寸也多，如各孔中心线或轴线间的距离等。

拓展训练

（1）某图样上的退刀槽标注为"1.5×0.5"，其中 1.5 是指_____，0.5 是指_____。

（2）配合是指相互结合的孔和轴公差带之间的关系，两者的_____必须相同。

（3）当零件的多数表面有相同的表面结构要求时，则可在图样的_____附近统一标注。此时应在统一标注的表面结构代号后的圆括号内标出_____符号，也可在圆括号中标出图形中已注出的不同的表面结构要求。

（4）下列线性尺寸公差注法错误的是（　　）。

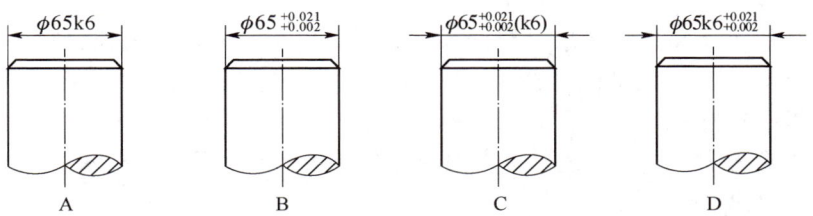

（5）图 5-26 中被测孔的实际中心线对两槽公共基准中心平面的对称度公差为 0.08 mm，欲满足这一要求，下面哪一个框格是正确的（　　）。

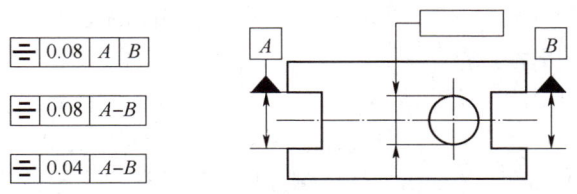

图 5-26　被测孔

知识链接 2　识读零件图

【想一想】通过学习资源库了解零件图的识读方法，回答下列问题：

（1）轴套类、盘盖类零件的主视图选择原则是什么？

（2）零件图中的技术要求标不标注都无关紧要吗？

（3）网上查找一张典型的零件图，并说明零件图中的技术要求主要有哪些内容。

看零件图是设计、制造机器实际工作中一项非常重要的工作。设计零件结构、研究改进设计、校对和审核零件图、生产制造零件时制定适当的加工方法和检测手段、进行技术改造，都离不开看图。

1. 零件图识读的方法

1）看零件图的基本要求

看零件图的目的是根据零件图了解零件的名称、用途、材料和数量，分析组成零件各部分的结构形状、特点、功用，以及它们之间的相对位置，了解零件尺寸标注、制造方法和技术要求。

2）看零件图的方法与步骤

（1）看标题栏。首先看标题栏，了解零件的名称、材料和比例等，并浏览全图，对零件概括了解，如零件属于什么类型、大致轮廓和结构等。

（2）表达方案分析。根据视图布局，首先确定主视图，围绕主视图分析其他视图的配置。对于剖视图、断面图要找到剖切位置及方向，对于局部视图和局部放大图要找到投影方向和部位，弄清楚各个图形彼此间的投影关系。

（3）形体分析。首先利用形体分析法，将零件按功能分解为主体、安装、连接等几个部分，然后明确每一部分在各个视图中的投影范围与各部分之间的相对位置，最后仔细分析每一部分的形状和作用。

（4）分析尺寸和技术要求。根据零件的形体结构，分析确定长、宽、高各方向的主要基准。分析尺寸标注和技术要求，找出各部分的定形和定位尺寸，明确哪些是主要尺寸和主要加工面，进而分析制造方法。

（5）综合考虑。综上所述，将零件的结构形状、尺寸标注及技术要求综合起来，就能比较全面地了解零件。

在实际读图过程中，上述步骤通常是穿插进行的。

2. 零件图识读案例

现以如图 5-1 所示泵体零件图为例，说明看零件图的方法和步骤。

1）看标题栏，粗略了解零件

如图 5-1 所示的泵体属于箱体类零件，是齿轮油泵的主体零件，经分析可知，其结构应满足支承和包容齿轮等传动零件要求；材料为 HT150（灰口铸铁），说明毛坯是铸件，可以想象出应具备的工艺结构；从比例和尺寸可估计出该零件的真实大小。

2）分析研究视图，明确表达目的

该箱体零件共采用了三个基本视图（主视图"B-B"、俯视图"A-A"、左视图）和一个局部视图。主视图选择符合"形状特征"和"工作位置"原则，视图数量和表达方法都比较恰当。具体分析如下：

（1）看基本视图。

①看主视图，联系俯、左视图可知，主视图是通过该零件进出油孔的中线剖切所得到的半剖视图。主视图反映了泵体的形状，以及进出油孔、底板螺栓孔的形状和深度等。

②看俯视图，联系主、左视图，从主视图上找到 A-A 剖切位置，可知俯视图是通过 T 形肋板作水平剖切所得到的 A-A 全剖视图，由于上下不对称，故作了标注。

俯视图的被剖部分进一步反映了肋板断面形状，其未剖部分反映了泵体底板外部结构形状及其安装孔的分布情况。

③看左视图，联系主、俯视图可知，左视图是通过泵体中心孔的轴线剖切所得到的局部剖视图。它进一步反映了中心孔的前后贯通情况以及进出油孔的相对位置关系。

（2）看其他视图。局部视图 K 反映了圆筒后端面凸缘的形状和其上的螺孔分布情况，补充了基本视图表达的不足。

（3）深入分析视图，想象结构形状。用形体分析法看图，此泵体大致可分为底板、T 形肋板、圆筒、左右凸台等五部分，每部分的结构形状、相对位置及其作用分析如下：

①底板。底板是箱体的承托和安装部分，将主、俯视图这两个基本视图联系起来看，可知底板的基本形状是长方体，其上钻有两个 $\phi11$ 的光孔，供安装螺栓用。底板下表面中部为凹槽毛坯面，下部边缘为连续的统一加工面，作用是减少加工面并保证与相邻件机架的良好接触。

②T 形肋板。结合主、俯视图可看出 T 形肋板所处的位置、形状和作用。在主视图所作的全剖视中，T 形肋板不是纵向剖切，按规定画剖面线；由于 T 形肋板在俯视图上被遮盖，其他视图也未反映，故俯视图上沿 T 形肋板作剖切，以反映其断面形状和宽度。

③圆筒。将主、左视图联系起来看可知，圆筒的空腔为阶梯孔，大直径空腔用于容纳齿轮，其上有 3 个 M6 螺孔供安装泵盖之用。

④左、右凸台。看主、左视图可知，左、右凸台为两个形状相同、内外都为圆形的结构，开有 G3/8 管螺纹。

⑤后凸台。联系主视图和 K 向局部视图可知，圆筒的后端为圆形凸台结构，其上有 3 个 M6 的螺孔，供安装端盖用。

通过上述分析，综合起来就可以完整地想象出该泵体零件的各部分结构形状及其相对位置，并对零件的表达方案进行分析评价。如图 5-27 所示。

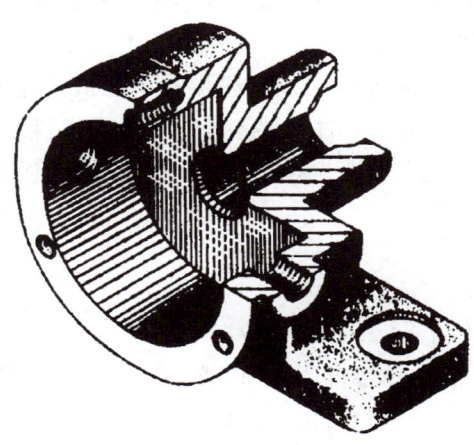

图 5-27　泵体轴测图

3）分析所有尺寸，弄清尺寸要素

零件图上的尺寸是制造、检验零件的重要依据。分析尺寸的主要目的如下：

（1）根据零件的结构特点及设计和制造工艺要求，找出尺寸基准，分清设计基准和工艺基准，明确尺寸种类和标注形式。

（2）分析影响性能的功能尺寸标注是否合理，标准结构要素的尺寸标注是否符合要求，以及其余尺寸是否满足要求。

（3）校核尺寸标注是否齐全等。先找出该泵体零件各方向的尺寸基准。看图分析可知，长度方向的主要基准（设计基准）为圆筒孔的中心线，长度方向的定位尺寸主要有 120、ϕ116、138 等。宽度方向的主要基准为圆筒前端面，宽度方向的定位尺寸主要有 10、30、90 等。高度方向的主要基准为底板的下底面（加工面），高度方向的定位尺寸主要有 85 等。此外有后端面螺孔的定位尺寸 ϕ30 等。

4）分析技术要求，综合看懂全图

零件图的技术要求是制造零件的质量指标，看图时应根据零件在机器中的作用分析零件的技术要求是否能在低成本的前提下保证产品质量。主要分析零件的表面结构、尺寸公差和形位公差，先弄清配合面或主要加工面的加工精度要求；再分析其余加工面和非加工面的相应要求，了解加工特点和功能要求；然后了解、分析零件的材料热处理、表面处理或修饰、检验等其他要求，以便根据现有加工条件确定合理的加工方法，保证技术要求。

此箱体零件图注有公差要求的尺寸有 ϕ98H7 、ϕ14H7、85±0.1。有配合要求的加工面，其表面结构参数 Ra 值较小，均为 1.6 μm，其他加工面的 Ra 值较大，其余为非加工面。图 5−1 中有三处形位公差，即：圆筒端面对孔底的平行度公差为 0.02 mm；ϕ14H7 孔中心线对圆筒孔底的垂直度公差为 0.04 mm；ϕ98H7 孔中心线对圆筒端面的垂直度公差为 ϕ0.04mm。

通过上述看图，对零件已有了较全面了解，但还应综合分析零件的结构图和工艺是否合理、表达方案是否恰当，以及检查有无看错或漏看等，以便对所看的零件图加深印象，彻底弄懂、弄通。

必须指出，在看零件图的过程中，上述步骤不能机械地分开，往往是穿插进行的。另外，对于较复杂的零件图，往往要参考有关技术资料，如装配图、相关零件的零件图及说明书等，才能完全看懂。对于有些表达不够理想的零件图，需要反复仔细地分析才能看懂。

拓展训练

如图 5−28 所示，识读缸体零件图，回答问题：

（1）该零件属于_____类零件，材料为_____，绘图比例为_____。

（2）该零件图采用_____个基本视图表达零件的结构和形状；主视图采用_____剖视，表达缸体的内部结构。

（3）用指引线和文字在图中注明长度、高度和宽度方向的主要尺寸基准。左视图中的定位尺寸是_____，主视图中的定位尺寸是_____。

（4）缸体零件图中有_____处尺寸注有极限偏差数值，说明该处与其他零件有_____关系。

（5）$\phi15^{+0.027}_{0}$ mm 的上极限尺寸是_____ mm，下极限尺寸是_____ mm，公差为_____ mm，查教材附录，其公差带代号为_____。

（6）该缸体的表面粗糙度要求最高的 Ra 值为_____ μm，缸体左端面的表面粗糙度 Ra 值为_____ μm。

（7）说明以下几何公差代号的含义： ⊥ 0.02 A ； ◎ $\phi0.02$ A ； ⌀ 0.02 。

图 5-28　缸体零件

项目实施

零件图是加工零件的依据，通过图形、尺寸、技术要求综合反映零件的结构形状、大小和加工信息。要看懂零件图首先要了解该零件在机器中的作用，其次要熟悉零件图的表达方法、尺寸和技术要求的标注等。看图方法和步骤见案例。

项目评价

项目评价表见表5-11。

表 5-11　项目评价表

序号	检查项目	分值	自评	互评	教师评价
1	能否正确区分不同类型的零件	10			
2	应如何选择不同类型的零件视图表达	10			
3	零件视图的表达应包含几个内容	10			
4	绘制零件图应遵循哪些国家标准	10			
5	如何正确绘制和识读零件图	45			
6	在绘图过程中遇到了哪些困难，是否学会查询工具书，通过什么方式解决了困难	10			
7	参与思政课堂讨论	5			

项目六　绘制与识读装配图

项目描述

识读如图 6-1 所示的球阀装配图，看懂其工作原理、主要零件的结构形状、零件间的装配关系及拆装顺序。

球阀爆炸

项目目标

（1）了解装配图的内容、规定画法、特殊表达方法和装配图的尺寸标注，掌握装配图的画图步骤和读图方法。

课程思政案例七

（2）能够对零部件进行测绘并画出零件图，能够绘制装配图以及从装配图中拆画零件图。

（3）引导学生学习大国工匠精益求精的创新精神，树立正确的世界观和人生观，坚守岗位，努力探索，勇于创新，在平凡岗位上实现人生价值。

知识链接 1　绘制装配图

【想一想】通过学习资源库了解装配图的组成特点视频，回答下列问题：

（1）一张完整的装配图由哪几个部分组成？

（2）在装配图中一般标注哪几类尺寸？

（3）在装配图中编排（零）部件的序号时应遵守哪些规定？

在产品设计中，一般先画装配图，然后根据装配图画出零件图。在产品制造中，根据装配图表达的装配要求将各零部件按一定的顺序进行装配。在设备管理和维修中，通过装配图来了解机器的结构、性能和工作原理。因此，装配图是设计和绘制零件图的主要依据，是装配生产过程、调试、安装、维修的主要技术文件。

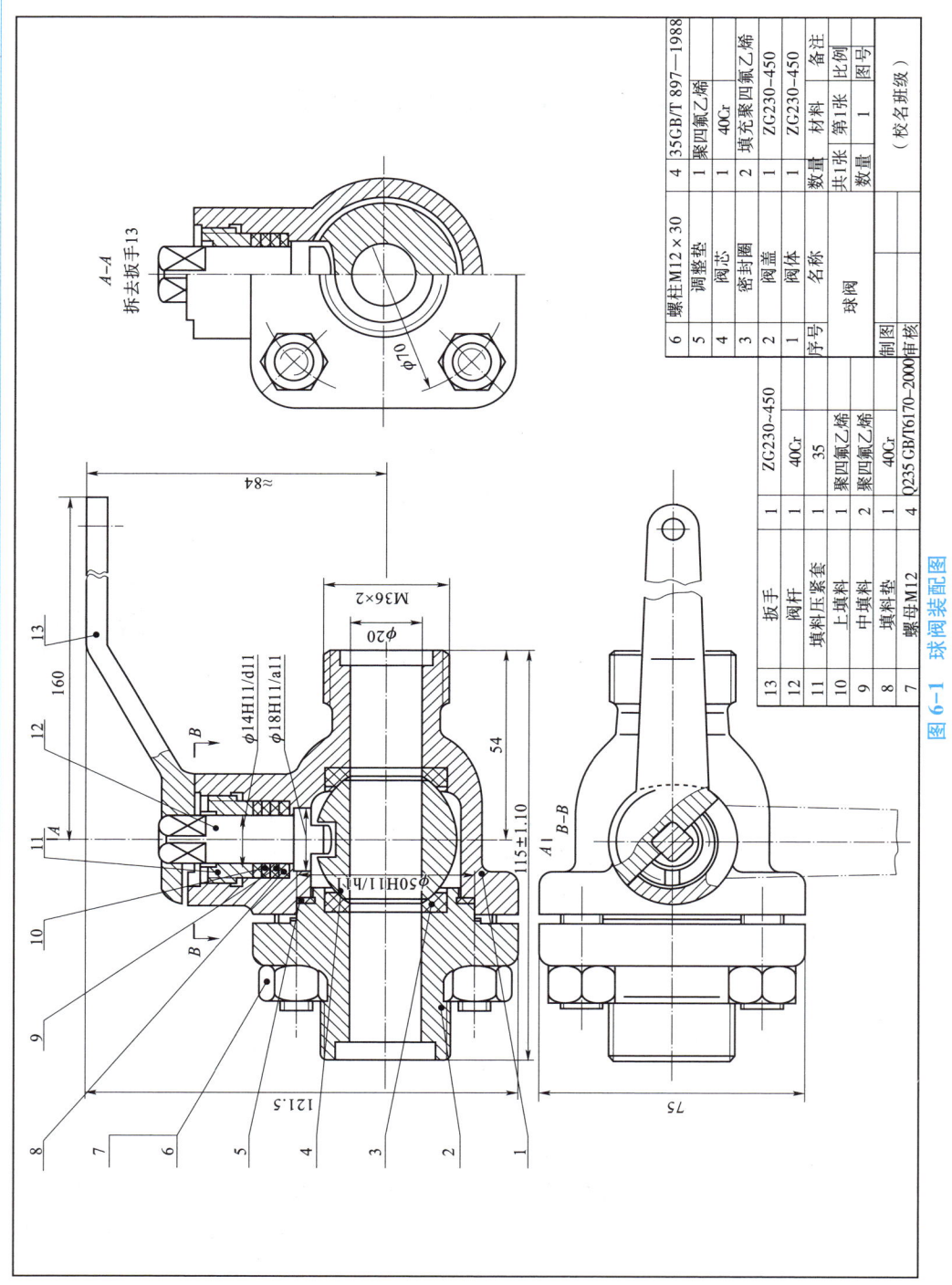

图 6-1 球阀装配图

1. 装配图的作用和内容

1）装配图的作用

装配图主要用于表达机器或部件的工作原理、零件之间的装配关系、主要零件的结构形状及装配、检验、安装时所需的尺寸和技术要求。

2）装配图的内容

图 6-2 所示为齿轮油泵装配图，主要包括以下四方面的内容。

油泵爆炸图

（1）一组视图。用一组视图来表达机器或部件的工作原理、装配关系、零件连接及安装方式和主要零件的结构形状。应注意的是，装配图只是装配机器和部件的依据，不是加工零件的依据，所以装配图不需要将所有零件的形状都表达清楚，以免视图数量过多。

（2）必要的尺寸。只标注表示部件或机器的规格、性能以及装配、安装、检验、运输等方面所需要的尺寸。它与零件图标注尺寸的要求不同。

（3）技术要求。用文字或符号说明装配、检验、调试及使用等方面的要求。装配图上的技术要求一般包括：对机器或部件在装配和检验时的具体要求；关于机器性能指标方面的要求；安装、运输以及使用方面的要求；有关试验项目的规定。

（4）零件的序号、明细栏和标题栏。为便于看图和生产管理，装配图中对每种零件都要编号，并编制明细栏，注写出零件的序号、名称、规格、数量、材料等内容。标题栏用来注明机器或部件的名称、规格、比例、图号及设计者、设计单位等。

2. 装配图的规定画法和特殊表达方法

装配图的基本表达方法与零件图一样。但是，零件图所表达的是单个零件，而装配图表达的是多个零件所组成的机器或部件，所以根据装配图的特点设计了一系列规定画法和特殊表达方法。

1）装配图的规定画法

（1）关于接触面（或配合面）和非接触面的画法。两个相邻零件的接触面或基本尺寸相同的轴孔配合面，规定只画一条线，但当相邻两零件不接触或孔和轴基本尺寸不同时，即使间隙很小，也必须画两条线，如图 6-3 所示。

（2）关于剖面线的画法。在装配图中，相邻零件剖面线的方向应相反或方向一致而间距不相等，如图 6-4 所示。

$A—A$

$\phi 16\dfrac{H7}{f6}$

$\phi 16\dfrac{H7}{f6}$

$\phi 14\dfrac{H7}{h6}$

27.2 ± 0.016

$\phi 16\dfrac{H7}{f6}$

$\phi 16\dfrac{H7}{f6}$

118

A

$\phi 34.5\dfrac{H8}{f7}$

Rp3/8

95

$\phi 34.5\dfrac{H8}{f7}$

50

$2 \times \phi 7$

70

85

A

技术要求

1.装配后传动齿轮轴转动灵活。
2.两齿轮轮齿的啮合线应占全长的3/4以上。
3.试验压力3 MPa，工作压力2 MPa。

15	螺钉M6×16	12	35	QB/T 70.1—2008	5	垫片	5	软钢板纸	QB365—81
14	键5×10	1	45	GB/T 1096—2003	4	销	2	45	GB/T 1191—2000
13	螺母M12	1	35	GB/T 6170—2000	3	传动齿轮	1	45	$m=3$，$z=9$
12	垫圈12	1	65Mn	GB/T 93—1987	2	齿轮轴	1	45	$m=3$，$z=9$
11	传动齿轮	1	45	$m=2.5$，$z=20$	1	左泵盖	1	HT200	
10	压紧螺母	1	35		序号	名称	数量	材料	备注
9	压紧套	1	35		齿轮油泵		共 张	第 张	比例
8	填料YS450	1	油浸石棉盘根				数量		图号
7	右泵盖	1	HT200		制图				
6	泵体	1	HT200		审核			(校名班级)	

图 6-2 齿轮油泵装配图

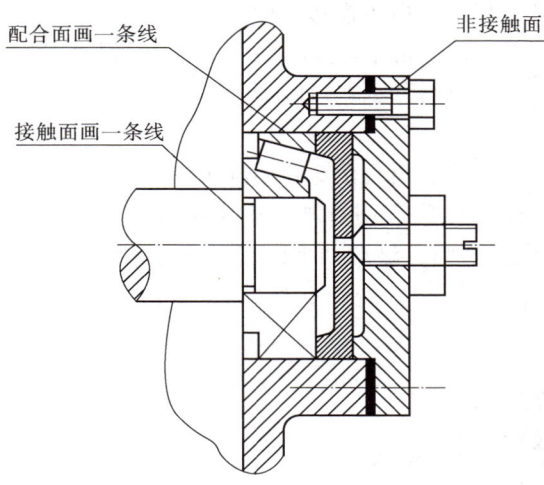

配合面画一条线　　　　　　　非接触面画两条线

接触面画一条线

图 6-3　接触面或配合面的规定画法

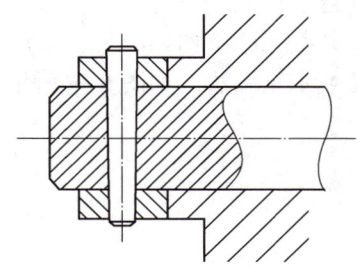

图 6-4　剖面线的规定画法

　　当零件的厚度在 2 mm 以下时，允许用涂黑代替剖面符号（如图 6-3 中所示垫圈）。

　　（3）关于标准件和实心件纵向剖切时的画法。在装配图中，对于一些标准件（如螺栓、螺母、垫圈、键、销、油杯等）及实心的轴、手柄、连杆等零件，当剖切平面通过其基本轴线或轴线纵剖时，这些零件均按不剖绘制，如图 6-2 中的螺钉、螺母、销。如需要特别表明零件的构造，如凹槽、键槽、销孔等，则可采用局部剖表示，如图 6-4 所示的轴采用局部剖表达销连接。

　　2）装配体的特殊表达方法

　　（1）拆卸画法。在装配图中，当某些零件遮住了需要表达的其他结构和装配关系时，可假想把这些零件拆卸后再画，需说明时应在该视图上方加注"拆去××"，这种画法称为拆卸画法。但应注意，拆卸画法是一种假想，不等于机器中就没有这些零件了，所以在其他视图上仍应画出它们的投影。

　　（2）沿接合面剖切画法。在装配图中，为清晰表达某些内部结构，可沿两零件间的接合面剖切后进行投影，该接合面不画剖面线，只画被切断零件的剖面线，这种画法称为沿接合面剖切画法。它与拆卸画法的区别在于它是剖切而不是拆卸。

　　（3）假想画法。在装配图中，当需要表示某些零件的运动范围或极限位置时，可将运动件画在一个极限位置上，另一极限位置用双点画线画出其外形轮廓，如图 6-5 中手柄的画法。当需要表达不属于本部件但与本部件相邻的零件或部件的装配情况时，可用双点画线画出相邻零件或部件的外形轮廓。

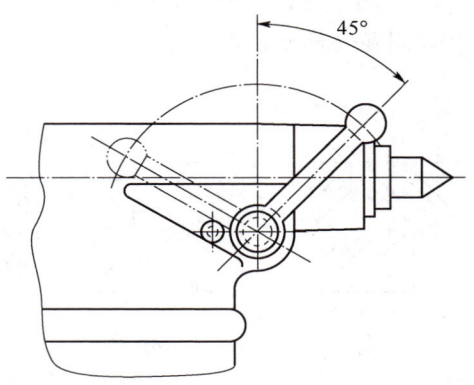

45°

图 6-5　运动零件的极限位置

　　（4）单独画出某零件向视图的画法。在装配图中，为表示某一零件的形状，可单独画出该零件的视图，在该视图上方应

注写"××零件×向"，并在相应视图上用箭头和字母指明投影方向。

（5）夸大画法。在装配图中，直径或厚度≤2 mm的孔或薄片、较小的斜度与锥度以及较小的间隙等，允许将该部分不按原绘图比例绘制，而适当夸大画出，以使图形清晰。如图6-6中所示垫圈。

（6）简化画法。在装配图中，同一视图中重复出现的某些相同的零件组（如螺栓连接等），允许只在一处详细地画出，其余各处只需用点画线表示装配位置；零件的某些工艺结构如圆角、倒角、退刀槽等允许不画；滚动轴承，按需要可采用简化画法或示意画法。如图6-6所示。

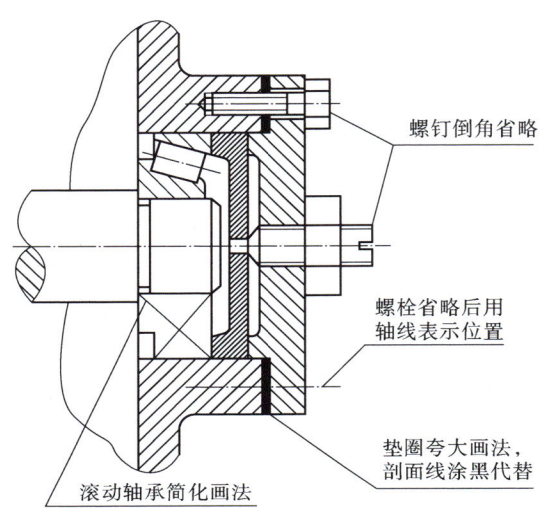

图6-6　特殊表达方法

3. 常见装配结构

在设计和绘制装配图的过程中，应考虑到装配结构的合理性，以保证机器和部件的性能，并使零件加工和装拆方便。下面对常见的装配结构和装置作简要的介绍，以供设计时参考。

1）接触面的合理结构

（1）两个零件在同一方向上只应有一对接触面，以保证接触良好并降低加工要求。如图6-7所示。

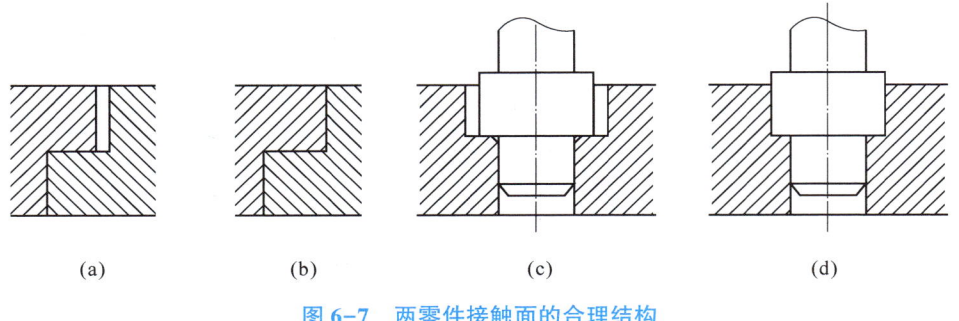

| (a) | (b) | (c) | (d) |

图6-7　两零件接触面的合理结构
（a），（c）合理；（b），（d）不合理

（2）轴与孔配合且轴肩与端面相互接触时，孔应倒角或轴上带有退刀槽，以保证装配时有良好的接触。如图 6-8 所示。

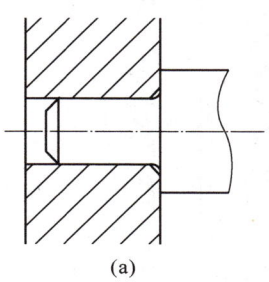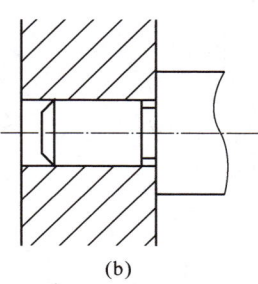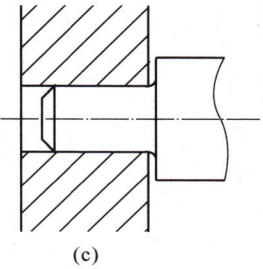

（a）　　　　　　　　（b）　　　　　　　　（c）

图 6-8　两零件接触面的合理结构

（a），（b）合理；（c）不合理

2）常见装置的表达方法

（1）螺纹防松装置。为了防止机器和部件在工作中由于振动而使螺纹连接件松动甚至被震脱，常用双螺母防松、弹簧垫圈防松、止退垫圈防松、开口销防松等防松装置。如图 6-9 所示。

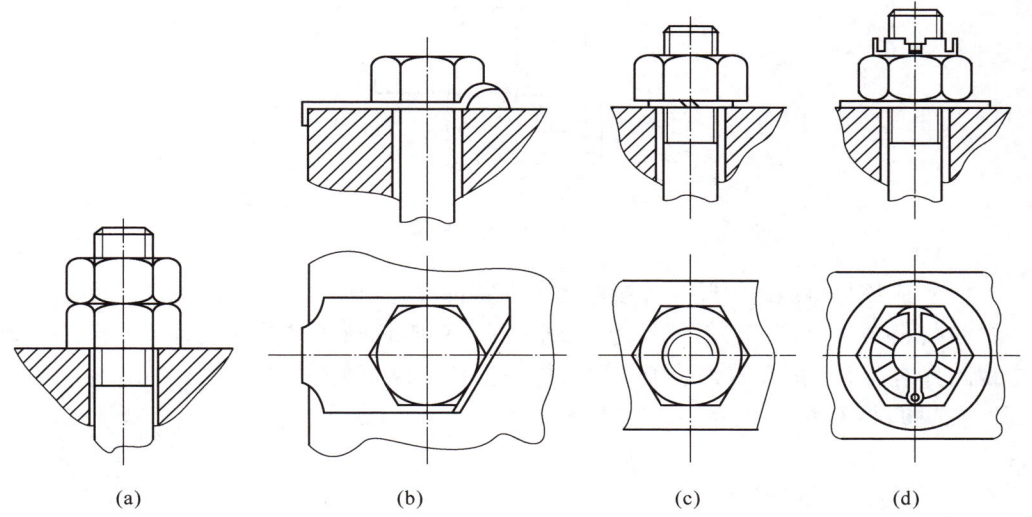

（a）　　　　　　（b）　　　　　　（c）　　　　　　（d）

图 6-9　常用螺纹防松装置

（a）双螺母；（b）止动垫圈；（c）弹簧垫圈；（d）开口销

（2）密封装置。为了防止部件内的气体或液体向外渗漏和防止外界的灰尘进入其内部，常采用毡圈密封、垫片密封、填料密封等密封装置。如图 6-10 所示。

4. 装配图的画图方法

1）主视图的选择原则

（1）视图的选择应该符合装配图的工作位置或习惯放置位置，并尽可能地反映该装配体的结构特征。

（2）视图方向应该尽可能地反映装配图的主装配干线和工作原理。

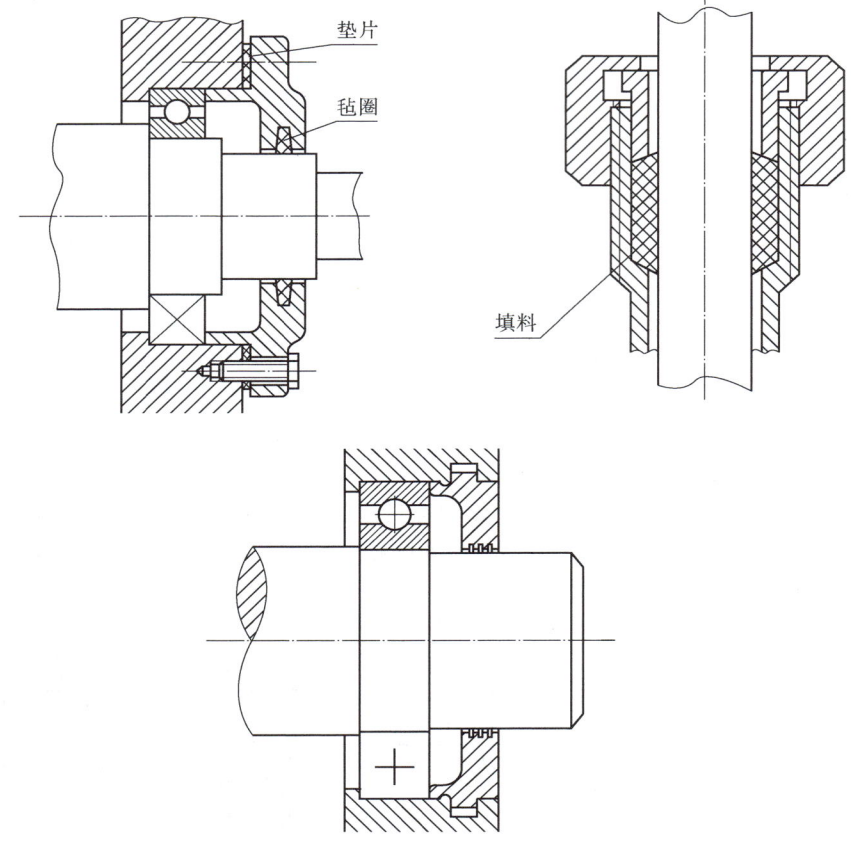

垫片

毡圈

填料

图 6-10 常用的密封装置

（3）应该尽可能地反映构成装配体的各零部件之间的连接和相对位置关系。

如图 6-11 所示虎钳，根据以上原则选择虎钳螺杆轴线水平放置时的工作位置为主视图方向，由于要反映该装配体的结构特征和组成装配体各零部件之间的相对位置关系，故主视图采用沿螺杆轴线的全剖视图。

2）其他视图的选择

（1）在清晰、准确地表达装配体的前提下，其他视图越简单越好。

虎钳爆炸图

（2）补充主视图尚未表达或表达不够充分的部分。一般情况下，装配图中的每一个零件应该至少在装配图中出现一次。

（3）不可遗漏任何一个有装配关系的细小部位。

虎钳装配图采用主视图表达虎钳的工作位置、工作原理和装配关系，俯视图表达虎钳的宽度尺寸和固定钳身、活动钳身的结构形状，局部剖视图说明护口板和钳身的装配关系；左视图采用半剖视图，一半用来进一步说明螺母与固定钳身和活动钳身的装配关系，同时描述固定钳身安装沉孔的结构，另一半保留虎钳的外部结构；钳口板是虎钳保证精度的重要零件，安装精度要求高且有可能在使用过程中更换，故必须表

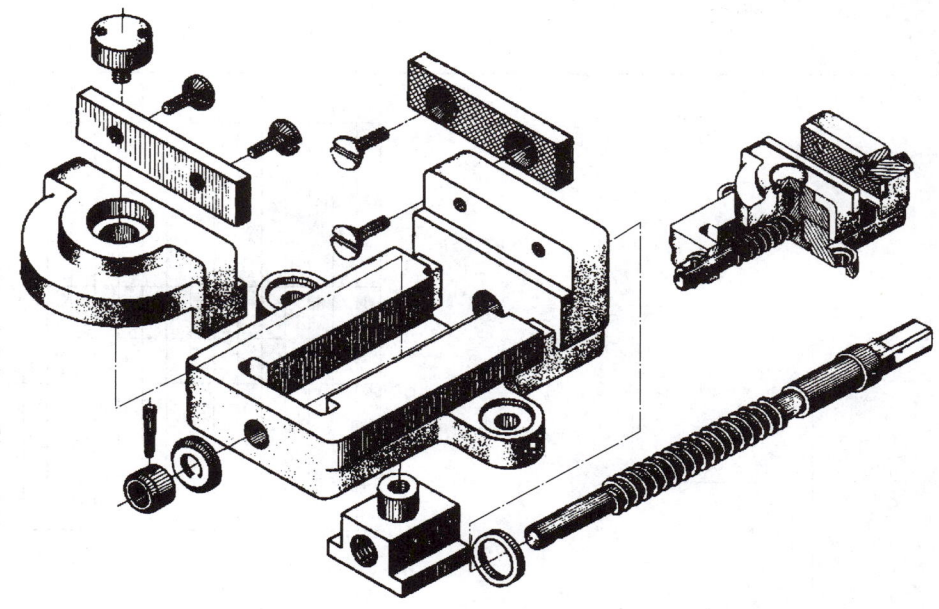

图6-11 虎钳轴测零件图及部件图

达它的平面尺寸和安装尺寸，通常选择局部视图来表达；螺杆的牙型和轴的断面形状用以说明工作过程和原理，分别用断面图和局部放大图说明，加上明细栏和标题栏就可以完整地描述虎钳的工作原理及装配关系。

3）画装配图的方法与步骤

（1）分析了解装配体。通过实体或轴测图、装配简图了解装配体名称、结构、工作原理，以便正确选择表达方案。

（2）选择表达方案，定图幅、比例。按照装配图视图选择原则，以最少的视图，完整、清晰地表达出机器或部件的零件装配关系和工作原理。在表达方案确定以后，根据部件的总体尺寸、复杂程度和视图数量确定绘图比例及标准图纸幅面。布图时，应同时考虑标题栏、明细栏、零件编号、标注尺寸和技术要求等所需的位置。

（3）画图步骤。以虎钳装配图绘制步骤为例。

①绘制各视图的主要基准线。通常是主要轴线、对称中心线、主要零件的基面或端面，同时画上标题栏、明细栏。如图6-12所示。

②绘制主体零件和与它直接相关的重要零件。如图6-13所示。

③绘制其他次要零件和细部结构。如图6-14所示绘制各零件及视图细节。

④检查核对底稿，加深图线，画剖面线。标注尺寸，编写序号，填写标题栏、明细栏，注写技术要求，完成全图。如图6-15所示。

5. 装配图的尺寸标注

1）装配图的尺寸标注

在装配图上标注尺寸与零件图标注尺寸的目的不同，因为装配图不是制造零件的直接依据，所以在装配图中无须标注零件的全部尺寸，只需注出下列几种必要的尺寸。

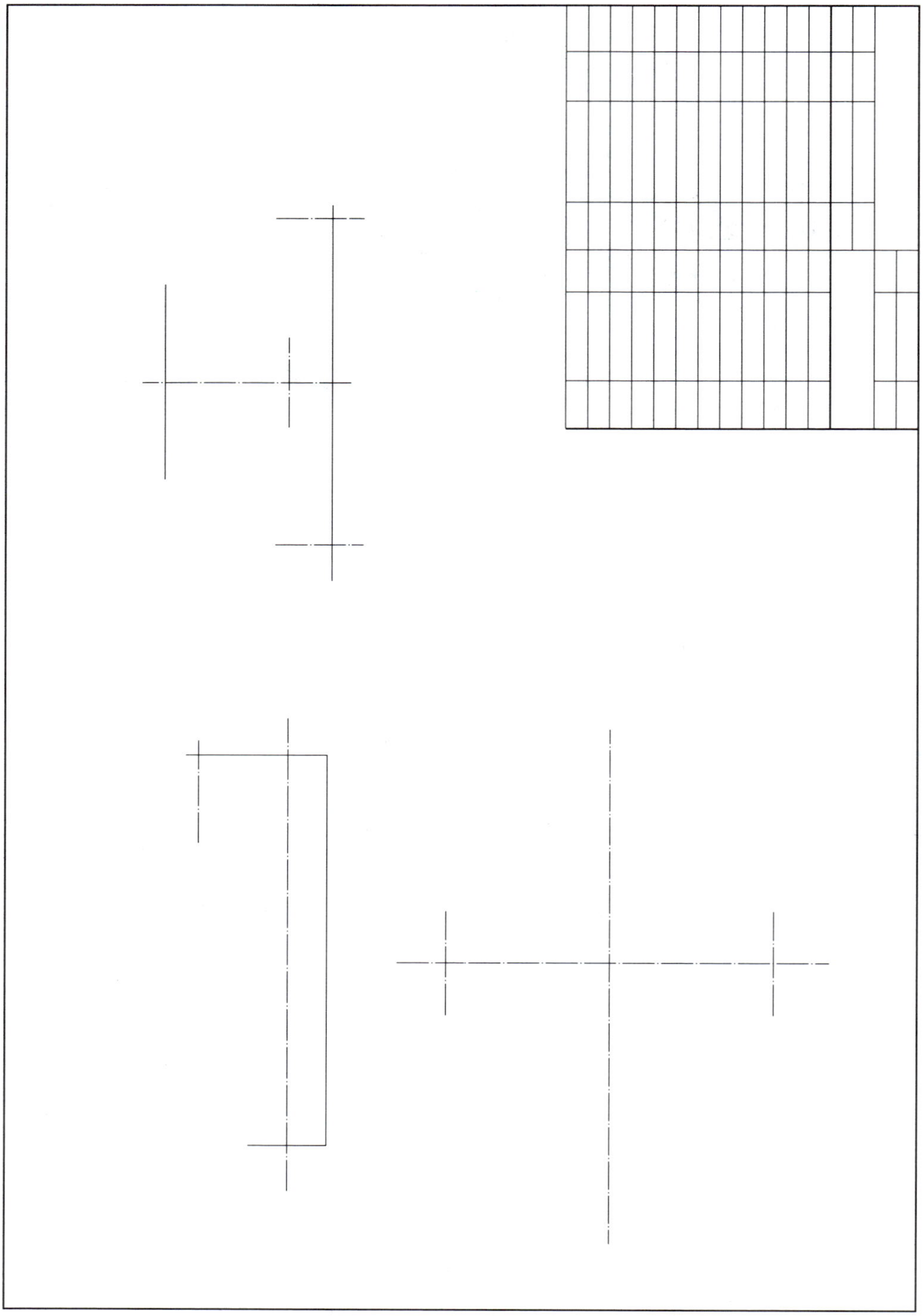

图 6-12 虎钳装配图绘图步骤（一）——绘制基准及装配线

学习笔记

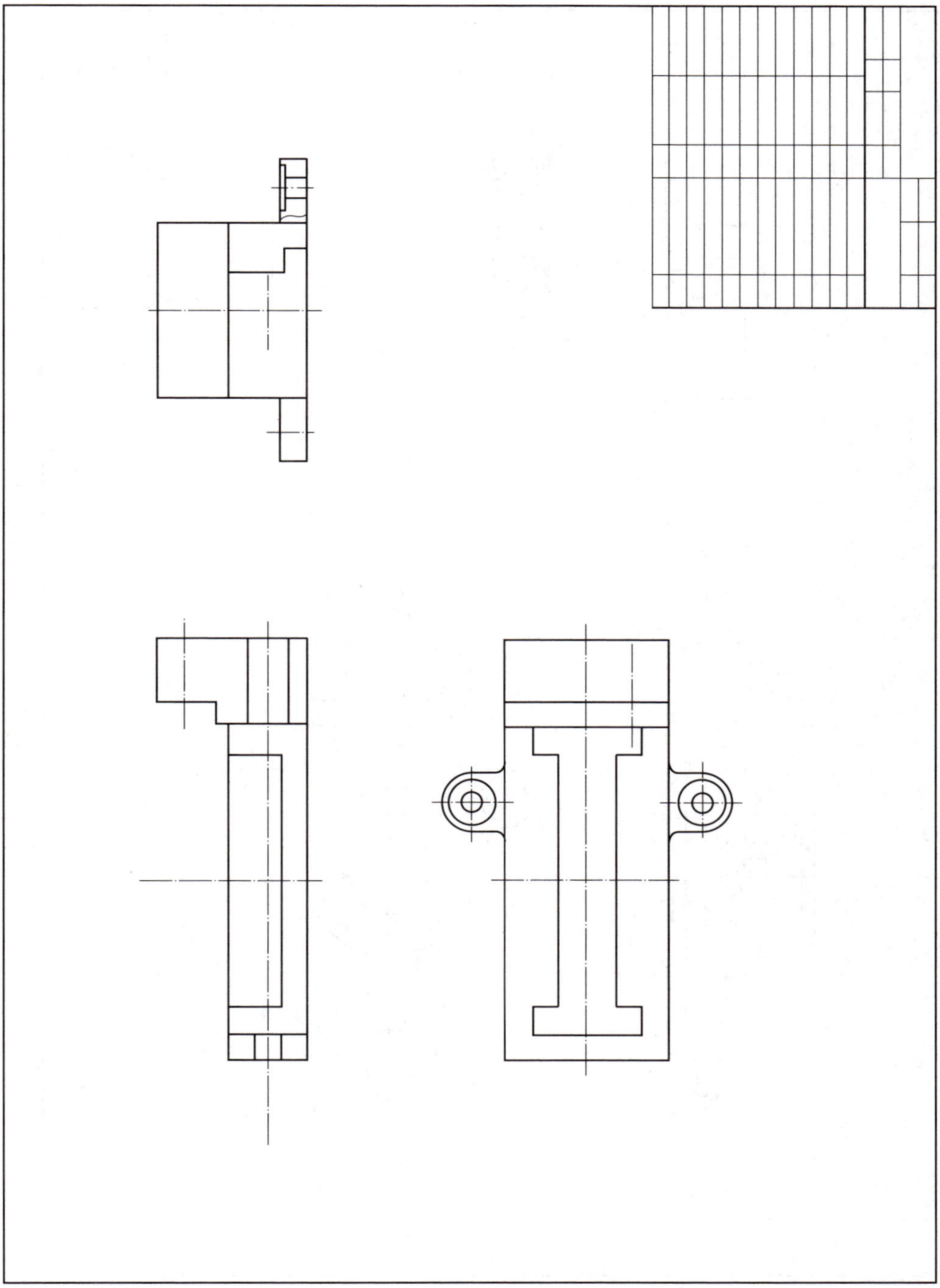

图 6-13　虎钳装配图绘图步骤（二）——绘制主体结构

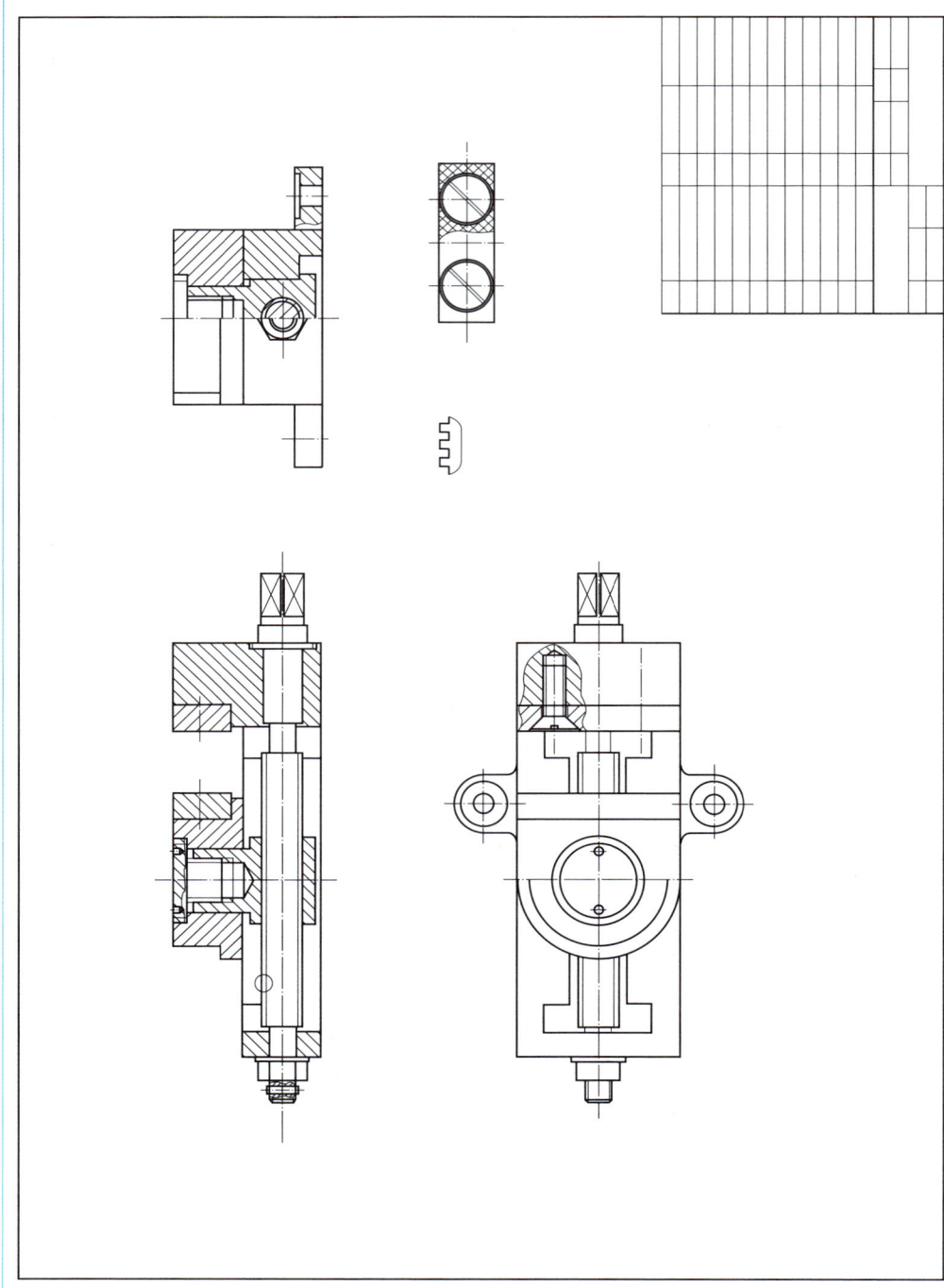

图 6-14　虎钳装配图绘图步骤（三）——绘制各零件及视图图细节

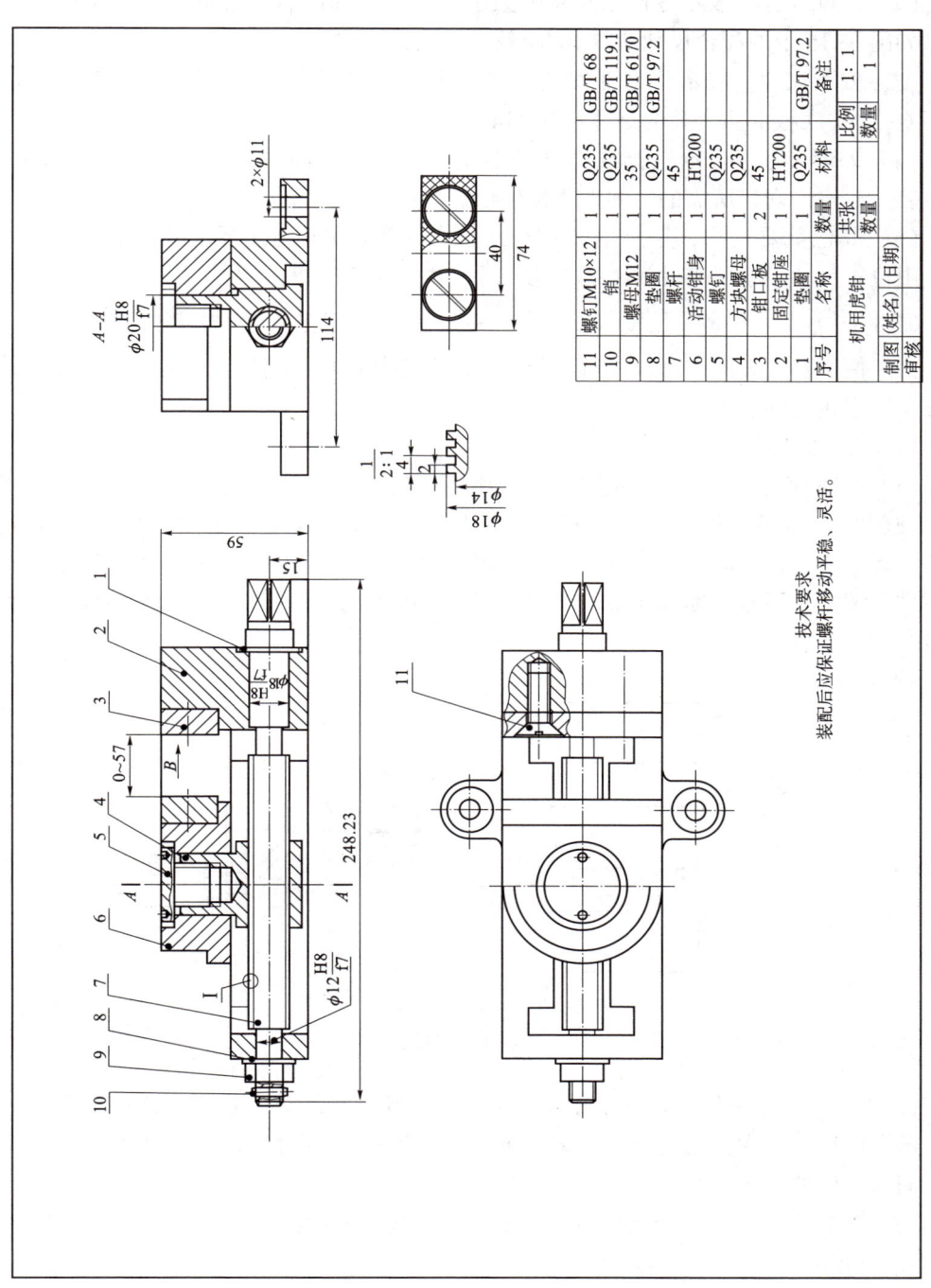

技术要求

装配后应保证螺杆移动平稳、灵活。

11	螺钉M10×12	1	Q235	GB/T 68
10	销	1	Q235	GB/T 119.1
9	螺母M12	1	35	GB/T 6170
8	垫圈	1	Q235	GB/T 97.2
7	螺杆	1	45	
6	活动钳身	1	HT200	
5	螺钉	1	Q235	
4	方块螺母	1	Q235	
3	钳口板	2	45	
2	固定钳座	1	HT200	
1	垫圈	1	Q235	GB/T 97.2
序号	名称	数量	材料	备注

机用虎钳		比例	1:1
		数量	1
制图	(姓名) (日期)	共张	第张
审核			

图6-15 虎钳装配图绘图步骤（四）——完成装配图

（1）规格（性能）尺寸。规格尺寸表示机器、部件规格或性能，是设计和选用部件的主要依据。如图 6-15 中虎钳口尺寸 0~70。

（2）装配尺寸。表示零件之间装配关系的尺寸，如配合尺寸和重要相对位置尺寸。如图 6-15 中的配合尺寸 $\phi18H8/f7$ 等。

（3）安装尺寸。表示将部件安装到机器上或将整机安装到基座上所需的尺寸。如图 6-15 中底板上两个孔的定位尺寸 114 和安装孔直径 $2×\phi11$。

（4）外形尺寸。表示机器或部件外形轮廓的大小，即总长、总宽和总高尺寸。为包装、运输、安装所需的空间大小提供依据。

（5）其他重要尺寸。除上述尺寸外，有时还要标注其他重要尺寸，如运动零件的极限位置尺寸、主要零件的重要结构尺寸、齿轮中心距等。

6. 零件序号、明细栏和技术要求

为了便于看图和图样管理，对装配图中所有零部件均需编号。同时，在标题栏的上方应列出相应的明细栏。

1）零、部件序号

（1）零件序号。装配图中的序号一般由指引线（细实线）、圆点（或箭头）、横线（或圆圈）和序号数字组成，序号数字比装配图中的尺寸数字大一号或大两号，按顺时针或逆时针方向整齐排列，尽量使序号间隔相等，如图 6-16 所示。规格相同的零件只编一个序号，标准化组件如滚动轴承、电动机等，可看作一个整体编注一个序号。

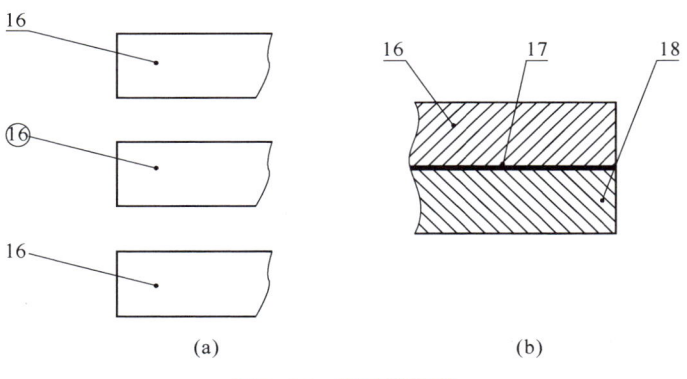

图 6-16　序号的组成

（2）指引线。指引线不要与轮廓线或剖面线等图线平行；指引线之间不允许相交，但允许弯折一次；当指引线末端不便画出圆点时，可在指引线末端画出箭头，箭头指向该零件的轮廓线。

（3）零件组序号。对紧固件组或装配关系清楚的零件组，允许采用公共指引线。如图 6-17 所示。

2）明细栏

零、部件的序号要和明细栏中的相一致，不能产生差错。推荐的装配图标题栏和明细栏格式如图 6-18 所示。绘制和填写标题栏、明细栏时应注意以下问题：

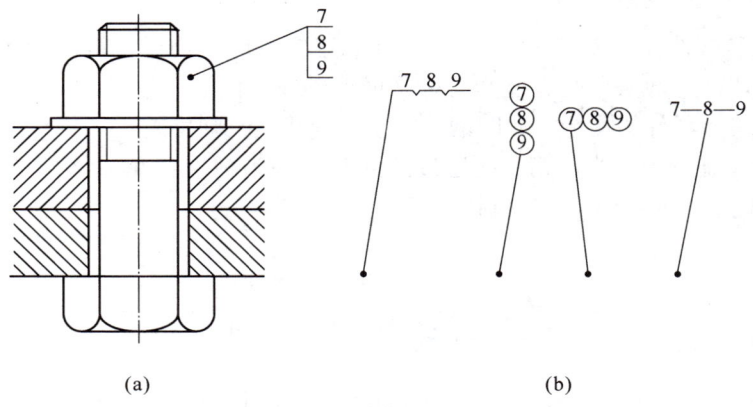

(a)　　　　　　　　　　　　(b)

图 6-17　零件组序号

①明细栏和标题栏的分界线是粗实线，明细栏的外框竖线是粗实线，明细栏的横线和内部竖线均为细实线（包括最上一条横线）。

②序号应自下而上按顺序填写，如向上延伸位置不够，则可以在标题栏紧靠左边自下而上延续。

③标准件的国标代号、齿轮模数和齿数可写入备注栏。

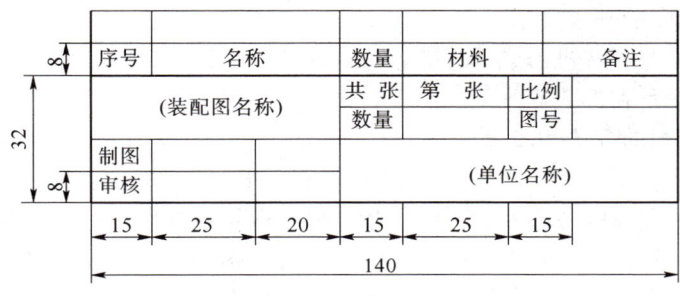

图 6-18　明细栏

3）装配图的技术要求

由于机器或部件的性能、要求各不相同，因此其技术要求也不同。拟定技术要求时，一般可从以下几个方面来考虑：

（1）装配时机器或部件在装配过程中需注意的事项及装配后应达到的要求，如准确度、装配间隙、润滑要求等。

（2）检验时对机器或部件基本性能的检验、试验及操作的要求。

（3）使用时机器或部件的规格、参数及维护、保养时的注意事项和要求。

装配图中的技术要求，通常用文字注写在明细栏的上方或图纸下方的空白处。

拓展训练

（1）在装配图中，相互邻接的金属零件的剖面线，其倾斜方向应_____，或方向一致而间隔_____；同一装配图中同一零件的剖面线应方向_____、间

隔_____。

（2）在装配图中，对于紧固件以及轴、连杆、球、钩子、键、销等实心零件，若按纵向剖切，且剖切平面通过其对称平面或轴线，则这些零件均按_____绘制；如需要特别表明零件的构造，如凹槽、键槽、销孔等，则可用_____绘制。

（3）在装配图中，当剖切平面通过的某些部件为标准产品或该部件已由其他图形表示清楚时，可按_____绘制。

知识链接2　识读装配图

【想一想】通过学习资源库了解装配图的识读方法视频，回答下列问题：

（1）装配图的识读要点和顺序主要有哪些？

（2）为什么要进行零部件的测绘？

（3）由装配图拆画零件图，标注方法一样吗？

装配图是设计和绘制零件图的主要依据，是零部件装配生产过程、调试、安装、维修的主要技术文件，因此正确识读装配图是保证稳定生产的依据。

1. 装配图识读的方法

1）读装配图的基本要求

通过看装配图了解机器或部件的名称、性能、工作原理，各零件的主要结构、相对位置、装配关系和拆装顺序等。

2）读装配图的方法和步骤

（1）概括了解。看装配图时，先从标题栏了解装配体的名称、用途；再从明细栏了解组成该装配体的各零件名称、数量、材料以及标准件的规格，并在视图中找出相应的零件及位置；通过对视图的浏览，了解装配图的表达情况、装配体的复杂程度及大小；从技术要求了解该装配体在装配、使用中有哪些具体要求，从而对装配图的大体情况和内容有一个概括的了解。

从图6-1所示标题栏中了解该装配体的名称是球阀，主要由阀盖、阀体和阀芯组成，阀芯是球形的，是用来启闭和调节流量的部件。在图6-1所示的位置，阀门全部开启，当将扳手按顺时针方向旋转90°时，阀门全部关闭。其共由13种零件组成，其中有2种标准件。

（2）分析视图。了解装配图的表达方案，视图、剖视图等图形各自所侧重表达的意图和它们相互之间的关系、投影方向、剖切方法，为下一步深入看图做准备。

该装配体由三个基本视图表达：主视图采用全剖，表达各零件之间的装配关系；左视图采用半剖，表达球阀的内部结构和阀杆凸缘的外形（其中已将扳手拆去）；俯视图采用局部剖，着重表达球阀的外形。

（3）了解工作原理。装配体的工作原理可从图上直接分析，当装配体比较复杂时，需结合说明书进行。球阀装配体的关键零件是4号阀芯，分析时应从其运动、密封和包容等关系逐一分析。

①运动关系：扳手→阀杆→阀芯；

②密封关系：因为泵、阀类部件都要考虑防漏问题，所以球阀用两个密封圈（3号零件）作为第一道防线；用调整垫（5号零件）为阀体阀盖之间密封，用填料垫、中填料、上填料、填料压紧套（8、9、10、11号零件）作为第二道防线，防止从转动的阀杆（12号零件）处漏油；

③包容关系：阀体和阀盖是球阀的主体零件，它们之间以四组双头螺柱连接，阀芯通过两个密封圈（3号零件）定位于阀中，通过填料压紧套与阀体的螺纹旋合将填料垫、中填料和上填料固定于阀体中。

（4）了解装配关系。分析零件之间的相对位置、配合关系和连接方式，了解装配体的功能所采取的相应措施，从而更深一步了解部件，并能分析出装配体的装拆顺序。

①相对位置：球阀中，阀体在外，阀盖在阀体的左边，阀芯在阀体腔中，扳手在阀体之上。

②连接方式：阀盖和阀体通过四组双头螺柱连接；阀芯上的凹槽与阀杆下部的凸榫配合；阀杆上部的四棱柱与扳手的方孔连接。

③配合关系：阀杆与阀体、阀盖与阀体、阀杆与填料压紧套等均采用基孔制的过盈配合（H11/d11），以保证它们之间的连接可靠。

④球阀的安装顺序：首先将密封圈→阀芯→密封圈安装到阀体内腔，再将双头螺柱旋入阀体，把调整垫、阀盖装上并拧紧螺母，然后从阀体的上方装入阀杆、填料垫、中填料、上填料，安装并拧紧填料压紧套，最后将扳手的方孔套在阀杆的四棱柱上完成安装。

（5）分析零件。分析零件时，一般可按零、部件序号的顺序进行或者先分析主要零件。在分析某一零件形状时，应从装配图各视图中划定该零件的投影范围，这主要是根据视图之间的投影关系、剖面线进行判别的。另外可通过零部件序号和明细栏了解零件的名称、数量和材料等。

如球阀中的零件4，从主、左视图中，根据剖面线的方向和间隔，将其投影轮廓从装配图中分离出来，再根据投影关系找出左视图中的对应投影，就可以完整地想象出其形状，如图6-19所示，由明细栏可知其名称为阀芯，材料为40Cr。

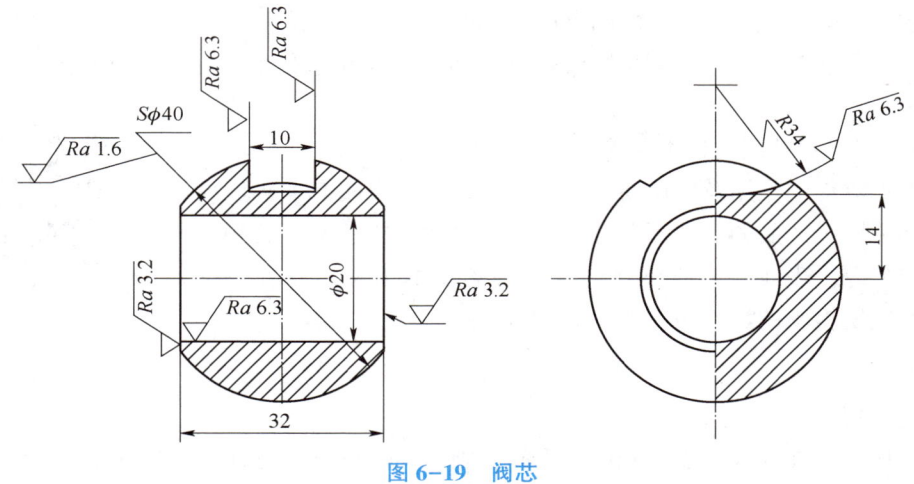

图6-19　阀芯

（6）归纳总结。通过以上分析，再加上对技术要求和全部尺寸的分析，最后综合起来，对装配体的工作原理、装配关系、拆装顺序、使用和维护等有一个全面、清晰地认识，同时想象出整个装配体的形状和结构。

2. 由装配图拆画零件图

一台机器在设计或测绘过程中一般是根据工作原理、使用等要求先画出装配图，再从中拆画零件图，这个过程简称"拆图"，也是设计零件的过程。拆图是在看懂装配图、了解零件结构形状的基础上，按照零件图的内容和要求画出零件图，也是检查是否真正读懂装配图的手段。

下面以拆画图 6-1 所示球阀的阀盖为例介绍拆图的方法、步骤和应注意的问题。

1）零件结构形状的确定

装配图主要用表达机器的装配关系、工作原理等，因此就会有一些零件的结构形状、工艺结构（如倒角、退刀槽等）表达不完善，这样就需要在拆图时根据零件的具体要求加以设计、补充和完整。

阀盖零件属盘盖类零件，其上应有穿过螺柱的四个通孔，阀盖左侧有一外螺纹，阀盖右侧有几个台阶，阀盖中间有通孔。

2）表达方案的选择

装配图的表达方案是根据装配图的内容和要求来考虑的，不可能符合每个零件的要求，所以零件图的表达方案不要简单照抄，而应根据零件自身的形状、加工和工作位置等特征选择视图及表达方法。

根据前面分析，阀盖一般用两个基本视图即可将其结构形状表达清楚，不必照抄装配图中阀盖的三个视图。

阀盖的主视图仍然可采用装配图中主视图的表达方案，符合其工作位置要求，选用全剖或半剖表达阀盖的内外结构形状。左视图主要表达阀盖的外形和螺柱孔的位置。

3）完整尺寸标注

在装配图上对零件的尺寸标注不完整，故拆画零件图时必须按照零件图的尺寸标注要求，补全所缺尺寸。装配图上已标注的尺寸，可直接标注在零件图上，没有标注的尺寸，可从装配图按比例量取或查表（标准结构或标准件）、计算（齿轮等）及自行确定。

4）确定零件图的技术要求

根据零件的作用及使用要求，结合设计要求查阅有关机械设计手册或参阅同类产品的零件图合理地确定各表面结构、配合类型、尺寸和形位公差、表面处理或热处理等必要的技术条件。最后填写标题栏，完成所拆画的零件图。如图 6-20 所示。

阀盖零件

3. 零部件测绘

1）部件测绘方法及步骤

根据现有部件或机器，先进行拆卸，画出零件草图，通过尺寸测量和技术资料整理、绘制出完整的零件工作图和部件装配图的工作过程称为部件测绘，又称装配体测

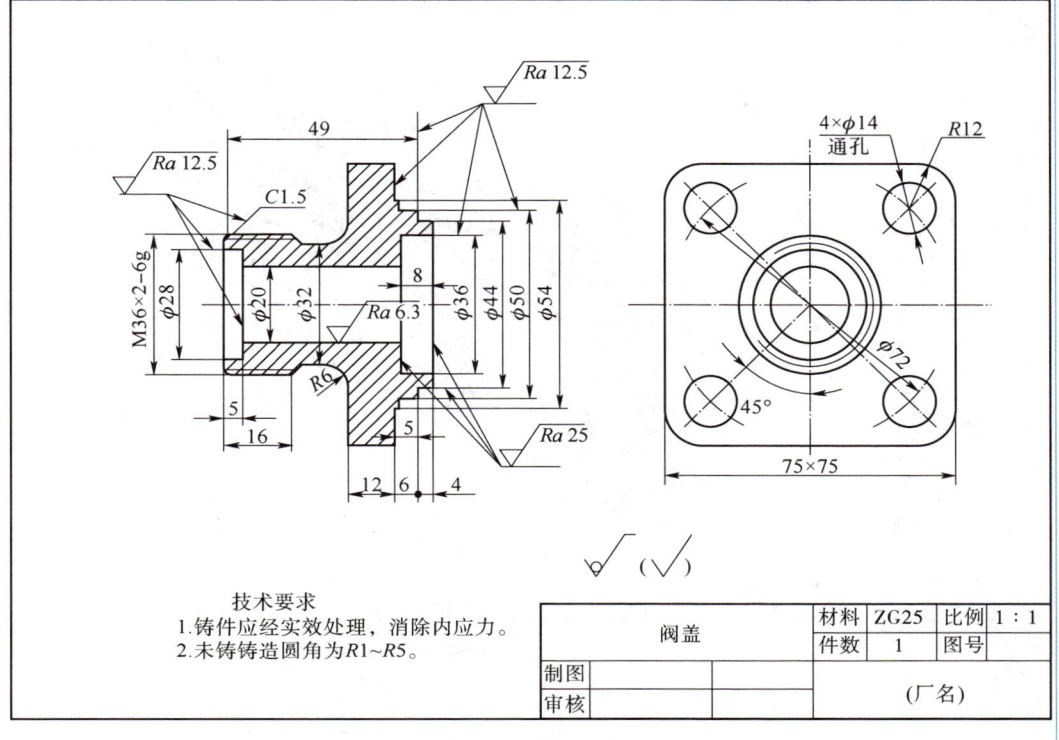

技术要求
1.铸件应经实效处理，消除内应力。
2.未铸铸造圆角为$R1\sim R5$。

阀盖	材料	ZG25	比例	1：1
	件数	1	图号	
制图				
审核			(厂名)	

图 6-20　阀盖零件图

绘，主要应用在新产品设计、引进先进设备以及对原有设备进行技术改造或维修工作中。以下以齿轮油泵为例说明测绘的方法和步骤。

（1）了解分析测绘对象。了解部件测绘的目的和任务，决定测绘工作的任务和要求。通过观察实物和查阅有关技术资料，了解机器或部件的性能、用途、工作原理、结构特点及零件间的装配关系、连接关系和相对位置等情况。

油泵爆炸图

图 6-21 所示为齿轮油泵的分解立体图。齿轮油泵是机床设备润滑系统的供油泵，主要由泵体、传动齿轮轴、齿轮轴、左泵盖、右泵盖、密封部分、齿轮和一些标准件组成。在看懂零件结构形状的同时，还应了解零件的相互位置及连接关系。

齿轮油泵的工作原理如图 6-22 所示，当主动齿轮逆时针旋转时，则从动齿轮被带着顺时针旋转，这时右边啮合的轮齿逐渐分开，空腔体积逐渐扩大，压力降低，因而油被吸入，齿隙中的油随着齿轮的旋转被带到左边；而左边的轮齿又重新啮合，空腔体积减小，使齿隙中不断挤出的油成为高压油，并由出油口压出，经管道送到需要润滑的各零件处。

（2）拆卸装配体。拆卸时注意以下几点：

①拆卸前要研究拆卸方法和步骤，按一定的顺序拆卸，严禁破坏性拆卸。不可拆的部分（精度较高的配合和过盈配合）应尽量少拆或不拆。

②拆卸前要测量一些重要尺寸，如某些零件间的相对位置尺寸、运动部件间的极

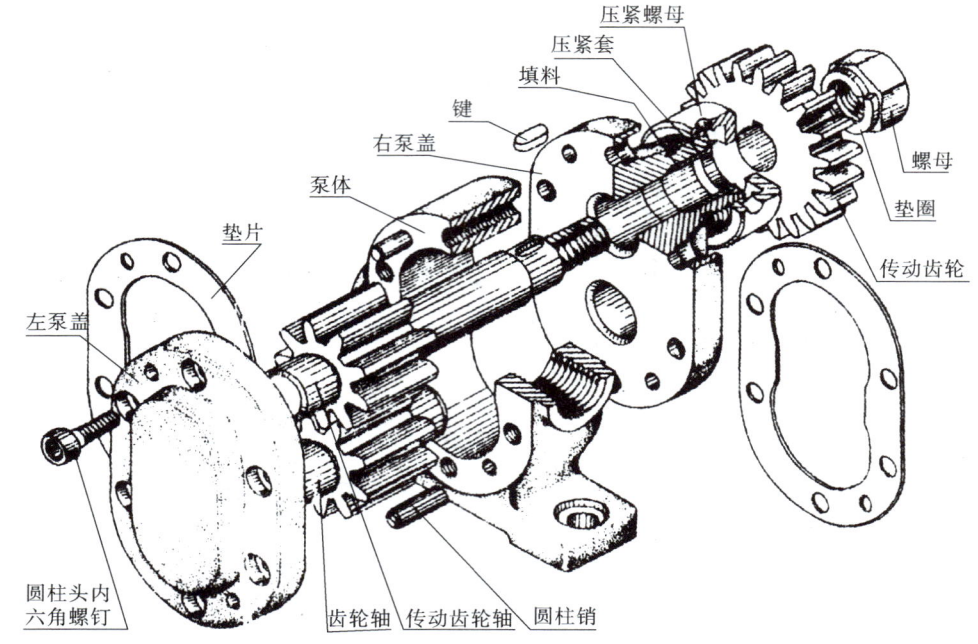

图 6-21　齿轮油泵的分解立体图

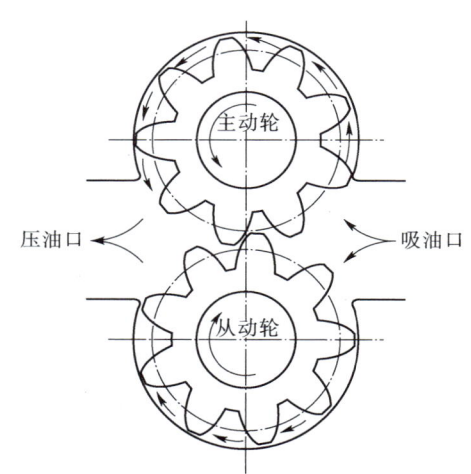

图 6-22　齿轮油泵工作原理

限位置和装配间隙等。

　　③拆卸后要对零件进行分类和编号登记，最好能把每个零件贴上标签，防止损坏和丢失。

　　④拆卸时要认真研究每个零件的作用、结构特点及零件间的装配关系，正确判断配合性质和加工要求。

　　（3）画装配示意图。装配示意图用来表示部件中各零件间的相互位置和装配关系，因为零件间的装配关系只有在拆卸后才能显现出来，因此装配示意图是部件拆卸过程中记录各零件间装配关系的图样。它的主要作用是避免零件拆卸后可能产生的错乱，是部件拆卸后重新装配和画装配图的依据。

画装配示意图时应注意：一般用简单的图形和符号表达各零件的大致轮廓，常用的标准件可用国标规定的示意符号表示；所有零件都应用引线引出并在引线上写出其名称或序号。

图 6-23 所示为齿轮油泵的装配示意图。

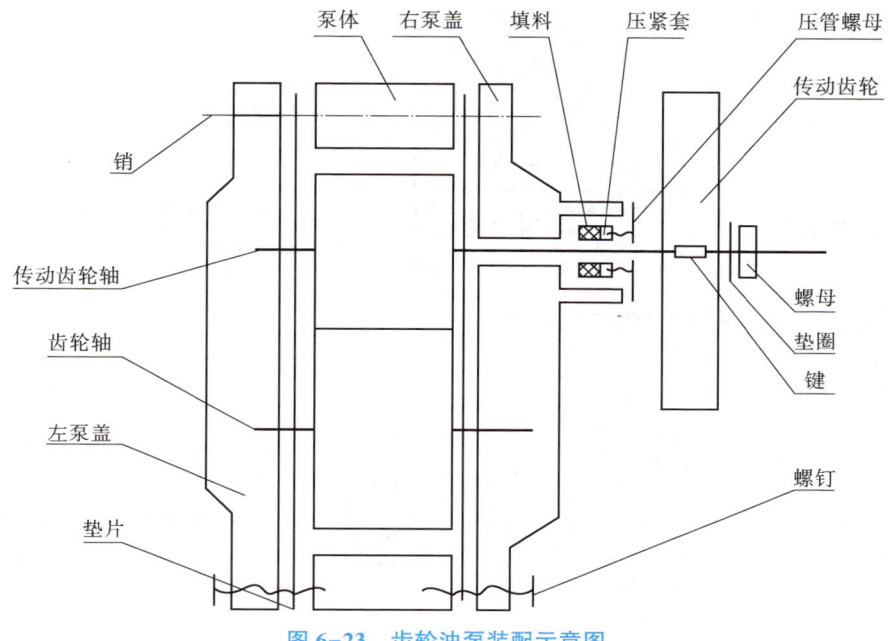

图 6-23　齿轮油泵装配示意图

（4）绘制零件草图。零件测绘是徒手绘图，然后进行尺寸测量并标注尺寸及技术要求，最后经整理画出零件工作图的过程。

零件草图是绘制零件图的重要依据，它应具备零件图的全部内容和要求，即视图完整、正确，尺寸完整，线型分明，字体工整，包含全部技术要求。

（5）绘制装配图。根据装配示意图和零件草图绘制装配图。装配图要表达出装配体的工作原理、装配关系和主要零件的结构形状，一般按以下步骤作图。

①确定图幅。根据部件大小和视图数量，确定画图的比例和图幅大小，画出图框，并留出标题栏和明细栏的位置。

②布置视图位置。画出各视图的主要基准线，并在各视图之间留出适当的间隔，以便标注尺寸和零件编号。

③绘制视图。先画主要的装配线，绘制主要零件，再画其他装配线和细部结构。在绘制装配图的过程中，要检查零件草图上的尺寸是否合理，若发现零件草图上的形状和尺寸有错，则应及时更正后才可继续画图。

④完成装配图。检查无误后加深图线，画剖面线，标尺寸、零件编号，填写明细栏、标题栏和技术要求，完成装配图。

（6）绘制零件图。根据零件草图和装配图，整理、绘制出部件的全套零件工作

图，并应完整、正确、清晰、合理地标注尺寸，注写技术要求，按规定填写标题栏。

（6）装订图纸。完成以上测绘任务后，对图样进行全面检查、整理，装订成册。

2）零件尺寸的测量方法

测量尺寸是零件测绘中的重要步骤，集中进行测绘有助于避免错误和遗漏。测量工具主要有钢直尺、游标卡尺、螺旋千分尺、内外卡钳、螺纹规等。常用测量工具和测量方法见表6-1。

表6-1　常用测量工具和测量方法

尺寸类型	图例	说明
测量线性尺寸		测量尺寸可用钢直尺和直角尺测量
测量直径和深度		直径和深度可用游标卡尺测量
测量壁厚		当无法直接测量壁厚时，可用钢直尺和外卡钳间接测量，再经过简单的计算即可得到所需尺寸，即 $x=A-B,\ y=C-D$
测量孔的中心距		用外卡钳间接测量后经简单计算即得到所需尺寸： $L=A+d_1$

尺寸类型	图例	说明
测量中心高	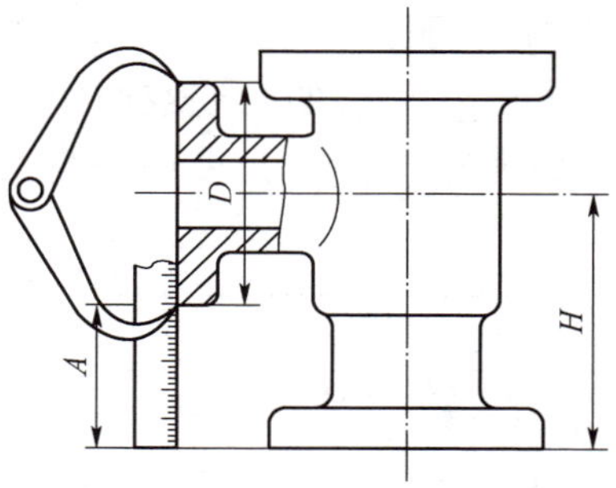	可用钢直尺结合外卡钳测量：$H=A+D/2$
测量曲面轮廓	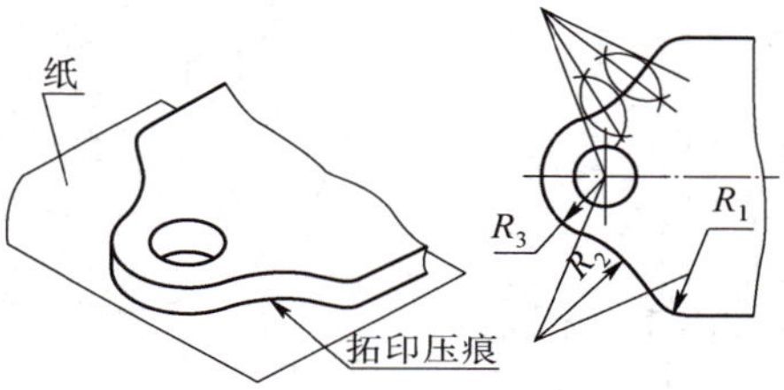	测量曲面轮廓常用拓印法。用纸印下曲面的轮廓形状，然后用三点定圆法定出圆弧的圆心，再量出半径
测量螺纹的螺距	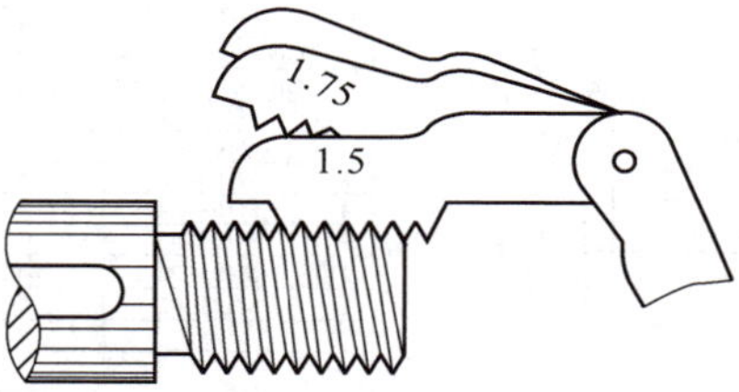	用螺纹规测量螺纹螺距，用游标卡尺测量大径，再查表核对螺纹标准

拓展训练

如图 6-24 所示读安全活门装配图，回答问题：

（1）本装配图用 _____ 个图形表达，其中主视图采用 _____ 剖得的 _____ 视图。

（2）安全活门共有 _____ 种零件，其中标准件有 _____ 种，分别是序号 _____、_____。除标准件外，其他零件均应称为 _____ 件。

（3）主视图中序号 8、9、10、4 剖切后按不剖绘制是因为：序号 8、9 是 _____，序号 10、4 是 _____，且它们均是通过轴线纵向剖切的。

（4）图中标注的尺寸 648 属于 _____ 尺寸，$\phi260$ 和 $4\times\phi15$ 属于 _____ 尺寸，$\phi50$ 属于 _____ 尺寸。

（5）代号 $\phi65H7/n6$ 表示序号 _____ 和序号 _____ 之间的配合要求为

_____制配合；当拆画零件图时，这对相配孔轴基准孔的公称尺寸及其公差带代号应注写成_____。

（6）此安全活门一般装在管道或设备上，当管道或设备中气体压力超过规定的最高压力时，气体即克服件_____压力，推动件_____上移，于是气体就从件_____的孔或空隙中排出，此时气体压力就恢复正常。转动件_____，可调整弹簧压力。

安全活门

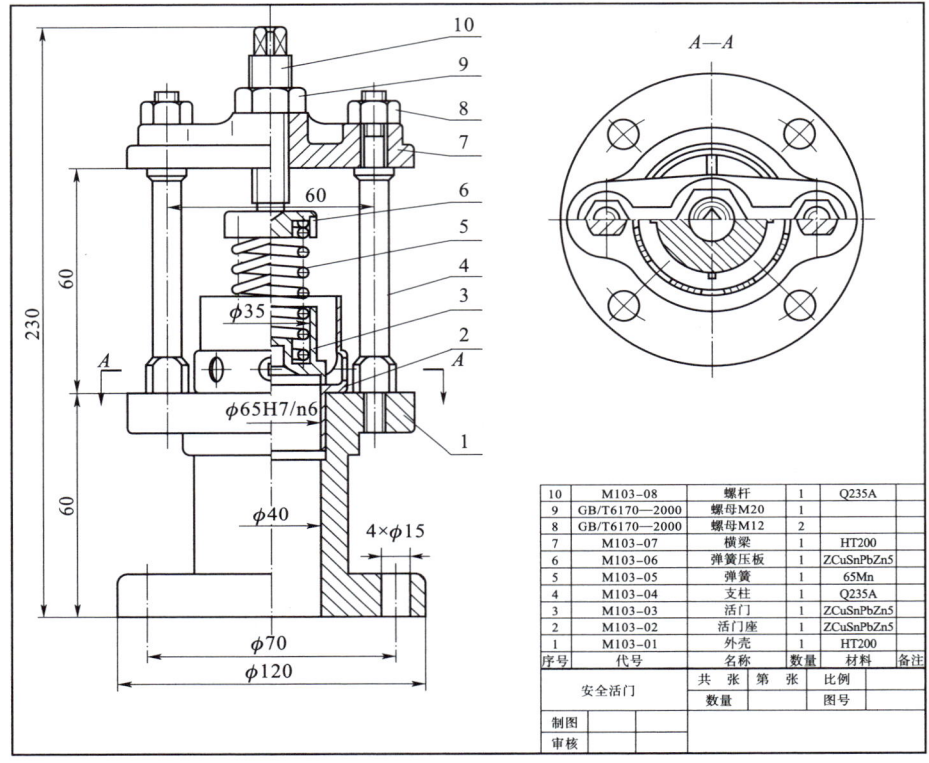

10	M103—08	螺杆	1	Q235A	
9	GB/T6170—2000	螺母M20	1		
8	GB/T6170—2000	螺母M12	2		
7	M103—07	横梁	1	HT200	
6	M103—06	弹簧压板	1	ZCuSnPbZn5	
5	M103—05	弹簧	1	65Mn	
4	M103—04	支柱	1	Q235A	
3	M103—03	活门	1	ZCuSnPbZn5	
2	M103—02	活门座	1	ZCuSnPbZn5	
1	M103—01	外壳	1	HT200	
序号	代号	名称	数量	材料	备注

安全活门	共 张 第 张	比例	
	数量	图号	
制图			
审核			

图 6-24　安全活门装配图

项目实施

要完成本项目，必须熟悉装配图的内容和表达方法，掌握装配图的读图方法和步骤，弄清楚每个图的表达重点，分析零件间的装配关系及各零件的作用和结构，了解产品在装配、调试、使用等过程中所需的尺寸精度和技术要求。

项目评价

项目评价表见表 6-2。

表 6-2　项目评价表

学习笔记

序号	检查项目	分值	自评	互评	教师评价
1	装配图的内容由哪几部分组成	10			
2	绘制装配图时各零件的位置如何区分	10			
3	如何识读装配图	10			
4	组成装配图的各零件如何标识	10			
5	如何正确绘制和识读零件图	45			
6	在绘图过程中遇到了哪些困难，是否学会查询工具书，通过什么方式解决了困难	10			
7	参与思政课堂讨论	5			

附　表

附表1　普通螺纹的直径与螺距系列（GB/T 193—2003、GB/T 196—2003）摘编　mm

公称直径 D, d		螺距 P		粗牙中径 D_2, d_2	粗牙小径 D_1, d_1
第一系列	第二系列	粗牙	细牙		
3		0.5	0.35	2.675	2.459
	3.5	0.6		3.110	2.850
4		0.7		3.545	3.242
	4.5	0.75	0.5	4.013	3.688
5		0.8		4.480	4.134
6		1	0.75	5.350	4.917
	7	1		6.350	5.917
8		1.25	1, 0.75	7.188	6.647
10		1.5	1.25, 1, 0.75	9.026	8.376
12		1.75	1.25, 1	10.863	10.106
	14	2	1.5, 1.25^a, 1	12.701	11.835
16		2	1.5, 1	14.701	13.835
	18	2.5		16.376	15.294
20		2.5		18.376	17.294
	22	2.5	2, 1.5, 1	20.376	19.294
24		3		22.051	20.752
	27	3		25.051	23.752
30		3.5	（3）, 2, 1.5, 1	27.727	26.211
	33	3.5	（3）, 2, 1.5	30.727	29.211
36		4	3, 2, 1.5	33.402	31.670
	39	4	3, 2, 1.5	36.402	34.670
42		4.5		39.077	37.129
	45	4.5		42.077	40.129
48		5		44.752	42.587
	52	5	4, 3, 2, 1.5	48.752	46.587
56		5.5		52.428	50.046
	60	5.5		56.428	54.046
64		6		60.103	57.505
	68	6		64.103	61.505

注：1. 优先选用第一系列直径，尽量避免选用括号内的螺距，第三系列未列入。

2. 表内带注 a 的螺纹仅用于发动机的火花塞。

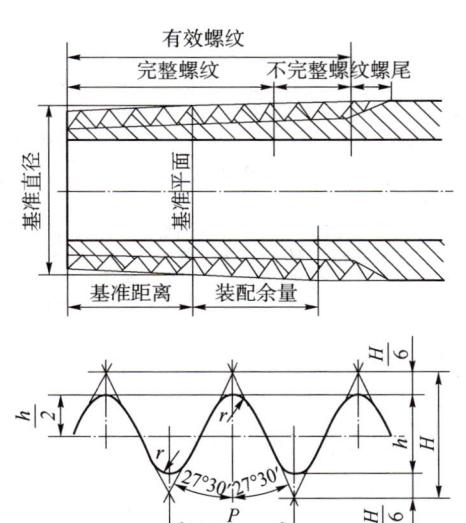

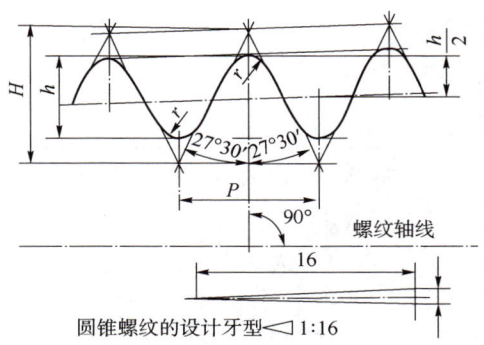

圆锥螺纹的设计牙型 ◁ 1:16

圆柱内螺纹的设计牙型

标记示例

尺寸代号3/4，右旋，圆柱内螺纹：R_p 3/4
尺寸代号3，右旋，圆锥外螺纹：R_1 3
尺寸代号3/4，左旋，圆柱内螺纹：R_p 3/4 LH
右旋圆锥外螺纹、圆柱内螺纹螺纹副：R_p/R_1 3
尺寸代号3/4，右旋，圆锥内螺纹：R_c 3/4
尺寸代号3，右旋，圆锥外螺纹：R_2 3
尺寸代号3/4，左旋，圆锥内螺纹：R_c 3/4 LH
右旋圆锥内螺纹、圆锥外螺纹螺纹副：R_c/R_2 3

尺寸代号	每25.4 mm 内所含的牙数 n	螺距 P /mm	牙高 h/mm	基准平面内的基本直径			基准距离（基本）/mm	外螺纹的有效螺纹不小于 /mm
				大径（基准直径）$d=D$/mm	中径 $d_2=D_2$ /mm	小径 $d_1=D_1$ /mm		
1/16	28	0.907	0.581	7.723	7.142	6.561	4	6.5
1/8	28	0.907	0.581	9.728	9.147	8.566	4	6.5
1/4	19	1.337	0.856	13.157	12.301	11.445	6	9.7
3/8	19	1.337	0.856	16.662	15.806	14.950	6.4	10.1
1/2	14	1.814	1.162	20.955	19.793	18.631	8.2	13.2
3/4	14	1.814	1.162	26.441	25.279	24.117	9.5	14.5
1	11	2.309	1.479	33.249	31.770	30.291	10.4	16.8
1 1/4	11	2.309	1.479	41.910	40.431	38.952	12.7	19.1
1 1/2	11	2.309	1.479	47.803	46.324	44.845	12.7	19.1
2	11	2.309	1.479	59.614	58.135	56.656	15.9	23.4
2 1/2	11	2.309	1.479	75.184	73.705	72.226	17.5	26.7
3	11	2.309	1.479	87.884	86.405	84.926	20.6	29.8
4	11	2.309	1.479	113.030	111.551	110.072	25.4	35.8
5	11	2.309	1.479	138.430	136.951	135.472	28.6	40.1
6	11	2.309	1.479	163.830	162.351	160.872	28.6	40.1

附表3　55°非密封管螺纹（GB/T 7307—2001）

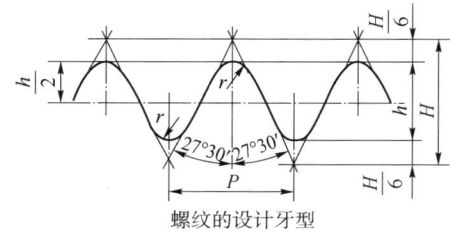

螺纹的设计牙型

标记示例

尺寸代号2，右旋，圆柱内螺纹：G2
尺寸代号2，左旋，圆柱外螺纹：G2 LH
尺寸代号3，右旋，A级圆柱外螺纹：G3A
尺寸代号4，左旋，B级圆柱外螺纹：G4B LH

尺寸代号	每25.4 mm 内所含的牙数 n	螺距 P/mm	牙高 h/mm	基本直径		
				大径 $d=D$ /mm	中径 $d_2=D_2$ /mm	小径 $d_1=D_1$ /mm
1/16	28	0.907	0.581	7.723	7.142	6.561
1/8	28	0.907	0.581	9.728	9.147	8.566
1/4	19	1.337	0.856	13.157	12.301	11.445
3/8	19	1.337	0.856	16.662	15.806	14.950
1/2	14	1.814	1.162	20.955	19.793	18.631
3/4	14	1.814	1.162	26.441	25.279	24.171
1	11	2.309	1.479	33.249	31.770	30.291
1 1/4	11	2.309	1.479	41.910	40.431	38.952
1 1/2	11	2.309	1.479	47.803	46.324	44.845
2	11	2.309	1.479	59.614	58.135	56.656
2 1/2	11	2.309	1.479	75.184	73.705	72.226
3	11	2.309	1.479	87.884	86.405	84.926
4	11	2.309	1.479	113.030	111.551	110.072
5	11	2.309	1.479	138.430	136.951	135.472
6	11	2.309	1.479	163.830	162.351	160.872

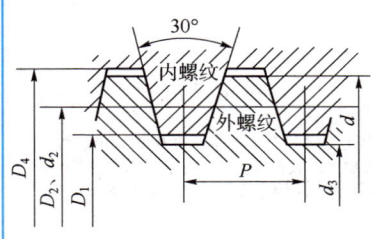

标 记 示 例

梯形内螺纹，公称直径d=40 mm、螺距P=7 mm、精度等级7H：Tr40×7–7H
双线左旋梯形外螺纹，公称直径d=40 mm、导程=14 mm、螺距P=7 mm、精度等级7e：Tr40×14（P7）LH–7e
梯形螺旋副，公称直径d=40 mm、螺距P=7 mm、内螺纹精度等级7H、外螺纹精度等级7e：Tr40×7–7H/7e

公称直径 d		螺距 P	中径 $d_2=D_2$	大径 D_4	小径		公称直径 d		螺距 P	中径 $d_2=D_2$	大径 D_4	小径	
第一系列	第二系列				d_3	D_1	第一系列	第二系列				d_3	D_1
8		1.5	7.25	8.30	6.20	6.50		26	3	24.50	26.50	22.50	23.00
	9	1.5	8.25	9.30	7.20	7.50			5	23.50	26.50	20.50	21.00
		2	8.00	9.50	6.50	7.00			8	22.00	27.00	17.00	18.00
10		1.5	9.25	10.30	8.20	8.50	28		3	26.50	28.50	24.50	25.00
		2	9.00	10.50	7.50	8.00			5	25.50	28.50	22.50	23.00
	11	2	10.00	11.50	8.50	9.00			8	24.00	29.00	19.00	20.00
		3	9.50	11.50	7.50	8.00		30	3	28.50	30.50	26.50	27.00
12		2	11.00	12.50	9.50	10.00			6	27.00	31.00	23.00	24.00
		3	10.50	12.50	8.50	9.00			10	25.00	31.00	19.00	20.00
	14	2	13.00	14.50	11.50	12.00	32		3	30.50	32.50	28.50	29.00
		3	12.50	14.50	10.50	11.00			6	29.00	33.00	25.00	26.00
16		2	15.00	16.50	13.50	14.00			10	27.00	33.00	21.00	22.00
		4	14.00	16.50	11.50	12.00		34	3	32.50	34.50	30.50	31.00
	18	2	17.00	18.50	15.50	16.00			6	31.00	35.00	27.00	28.00
		4	16.00	18.50	13.50	14.00			10	29.00	35.00	23.00	24.00
20		2	19.00	20.50	17.50	18.00	36		3	34.50	36.50	32.50	33.00
		4	18.00	20.50	15.50	16.00			6	33.00	37.00	29.00	30.00
	22	3	20.50	22.50	18.50	19.00			10	31.00	37.00	25.00	26.00
		5	19.50	22.50	16.50	17.00		38	3	36.50	38.50	34.50	35.00
		8	18.00	23.00	13.00	14.00			7	34.50	39.00	30,00	31.00
24		3	22.50	24.50	20.50	21.00			10	33.00	39.00	27.00	28.00
		5	21.50	24.50	18.50	19.00	40		3	38.50	40.50	36.50	37.00
		8	20.00	25.00	15.00	16.00			7	36.50	41.00	32.00	33.00
									10	35.00	41.00	29.00	30.00

附表5　六角头螺栓（GB/T 5782—2016）　　　　　　　　　　　　mm

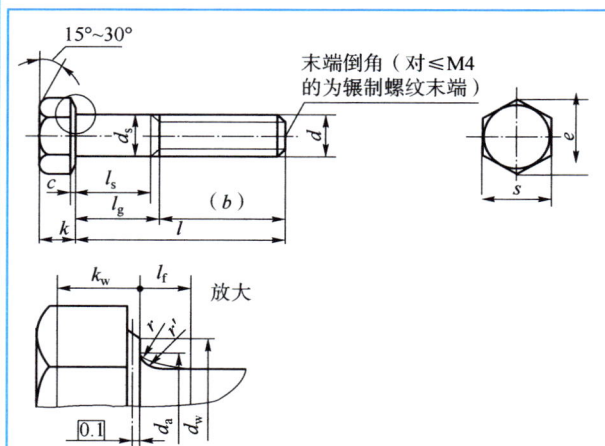

末端倒角（对≤M4 的为辗制螺纹末端）

标 记 示 例

螺纹规格 d=M12、公称长度 l=80 mm、性能等级为8.8级、表面氧化、产品等级为A级的六角头螺栓：螺栓 GB/T 5782 M12×80

螺纹规格 d				M3	M4	M5	M6	M8	M10	M12	M16	M20	M24	M30	M36	M42	M48
螺距 P				0.5	0.7	0.8	1	1.25	1.5	1.75	2	2.5	3	3.5	4	4.5	5
b 参考	$l_{公称}$≤125			12	14	16	18	22	26	30	38	46	54	66	—	—	—
	125<$l_{公称}$≤200			18	20	22	24	28	32	36	44	52	60	72	84	96	108
	$l_{公称}$>200			31	33	35	37	41	45	49	57	65	73	85	97	109	121
c	max			0.4	0.4	0.5	0.5	0.6	0.6	0.60	0.8	0.8	0.8	0.8	0.8	1.0	1.0
	min			0.15	0.15	0.15	0.15	0.15	0.15	0.15	0.2	0.2	0.2	0.2	0.2	0.3	0.3
d_a	max			3.6	4.7	5.7	6.8	9.2	11.2	13.7	17.7	22.4	26.4	33.4	39.4	45.6	52.6
d_s	公称（max）			3.00	4.00	5.00	6.00	8.00	10.00	12.00	16.00	20.00	24.00	30.00	36.00	42.00	48.00
	min	产品等级	A	2.86	3.82	4.82	5.82	7.78	9.78	11.73	15.73	19.67	23.67	—	—	—	—
			B	2.75	3.70	4.70	5.70	7.64	9.64	11.57	15.57	19.48	23.48	29.48	35.38	41.38	47.38
d_w	min	产品等级	A	4.57	5.88	6.88	8.88	11.63	14.63	16.63	22.49	28.19	33.61	—	—	—	—
			B	4.45	5.74	6.74	8.74	11.47	14.47	16.47	22	27.7	33.25	42.72	51.11	59.95	69.45
e	min	产品等级	A	6.01	7.66	8.79	11.05	14.38	17.77	20.03	26.75	33.53	39.98	—	—	—	—
			B	5.88	7.50	8.63	10.89	14.20	17.59	19.85	26.17	32.95	39.55	50.85	60.79	71.3	82.6
l_f	max			1	1.2	1.2	1.4	2	2	3	3	4	4	6	6	8	10
k	公称			2	2.8	3.5	4	5.3	6.4	7.5	10	12.5	15	18.7	22.5	26	30
	产品等级	A	max	2.125	2.925	3.65	4.15	5.45	6.58	7.68	10.18	12.715	15.215	—	—	—	—
			min	1.875	2.675	3.35	3.85	5.15	6.22	7.32	9.82	12.285	14.785	—	—	—	—
		B	max	2.2	3.0	3.74	4.24	5.54	6.69	7.79	10.29	12.85	15.35	19.12	22.92	26.42	30.42
			min	1.8	2.6	3.26	3.76	5.06	6.11	7.21	9.71	12.15	14.65	18.28	22.08	25.58	29.58
k_w	min	产品等级	A	1.31	1.87	2.3	2.70	3.61	4.35	5.12	6.87	8.6	10.35	—	—	—	—
			B	1.26	1.82	2.28	2.63	3.54	4.28	5.05	6.8	8.51	10.26	12.8	15.46	17.91	20.71
r	min			0.1	0.2	0.2	0.25	0.4	0.4	0.6	0.6	0.8	0.8	1	1	1.2	1.6
s	公称＝max			5.50	7.00	8.00	10.00	13.00	16.00	18.00	24.00	30.00	36.00	46	55.0	65.0	75.0
	min	产品等级	A	5.32	6.78	7.78	9.78	12.73	15.73	17.73	23.67	29.67	35.38	—	—	—	—
			B	5.20	6.64	7.64	9.64	12.57	15.57	17.57	23.16	29.16	35.00	45	53.8	63.1	73.1
l（商品规格范围）				20~30	25~40	25~50	30~60	40~80	45~100	50~120	65~160	80~200	90~240	110~300	140~360	160~440	180~480
l（系列）				20, 25, 30, 35, 40, 45, 50, 55, 60, 65, 70, 80, 90, 100, 110, 120, 130, 140, 150, 160, 180, 200, 220, 240, 260, 280, 300, 320, 340, 360, 380, 400, 420, 440, 460, 480													

$b_m=1d$（GB/T 897—1988）　　$b_m=1.25d$（GB/T 898—1988）
$b_m=1.5d$（GB/T 899—1988）　$b_m=2d$（GB/T 900—1988）摘编

A型　　　　　　　　　　　　　　　　B型

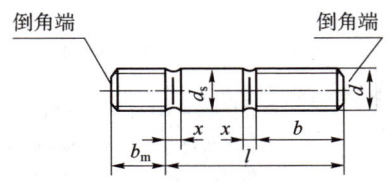

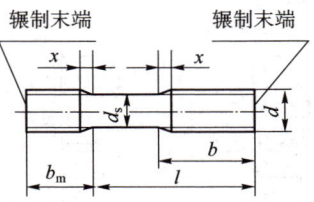

末端按GB/T 2—1985 的规定；$d_s \approx$ 螺纹中径（仅适用于B型）

标 记 示 例

两端均为粗牙普通螺纹，$d=10$ mm、$l=50$ mm、性能等级为4.8级、不经表面处理、B型、$b_m=1d$的双头螺柱：

螺柱 GB/T 897 M10×50

旋入机件一端为粗牙普通螺纹，旋入螺母一端为螺距$P=1$ mm的细牙普通螺纹，$d=10$ mm、$l=50$ mm、性能等级为4.8级、不经表面处理、A型、$b_m=1d$的双头螺柱：

螺柱 GB/T 897 AM10–M10×1×50

螺纹规格 d	b_m（公称）				l/b
	GB/T 897—1988	GB/T 898—1988	GB/T 899—1988	GB/T 900—1988	
M2			3	4	12~16/6、20~25/10
M2.5			3.5	5	16/8、20~30/11
M3			4.5	6	16~20/6、25~40/12
M4			6	8	16~20/8、25~40/14
M5	5	6	8	10	16~20/10、25~50/16
M6	6	8	10	12	20/10、25~30/14、35~70/18
M8	8	10	12	16	20/12、25~30/16、35~90/22
M10	10	12	15	20	25/14、30~35/16、40~120/26、130/32
M12	12	15	18	24	25~30/16、35~40/20、45~120/30、130~180/36
M16	16	20	24	32	30~35/20、40~50/30、60~120/38、130~200/44
M20	20	25	30	40	35~40/25、45~60/35、70~120/46、130~200/52
M24	24	30	36	48	45~50/30、60~70/45、80~120/54、130~200/60
M30	30	38	45	60	60/40，70~90/50、100~120/6、130~200/72、210~250/85
M36	36	45	54	72	70/45、80~110/60、120/78、130~200/84、210~300/97
M42	42	52	63	84	70~80/50、90~110/70、120/90、130~200/96、210~300/109
M48	48	60	72	96	80~90/60、100~110/80、120/102、130~200/108、210~300/121
l（系列）	12、16、20、25、30、35、40、45、50、60、70、80、90、100、110、120、130、140、150、160、170、180、190、200、210、220、230、240、250、260、280、300				

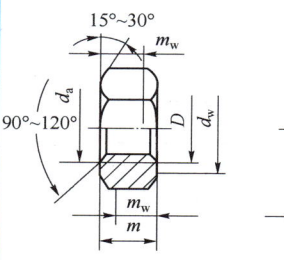 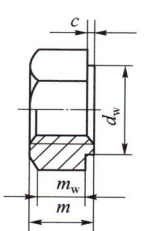 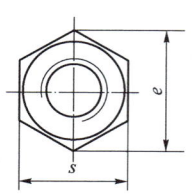

附表7　Ⅰ型六角螺栓（GB/T 6170—2015）　　　mm

标 记 示 例

螺纹规格D=M12、性能等级为8级、不经表面处理、产品等级为A级的Ⅰ型六角螺母：螺母 GB/T 6170 M12

螺纹规格 D			M1.6	M2	M2.5	M3	M4	M5	M6	M8	M10	M12
螺距 P			0.35	0.4	0.45	0.5	0.7	0.8	1	1.25	1.5	1.75
c		min	0.2	0.2	0.3	0.4	0.4	0.5	0.5	0.6	0.6	0.6
d_a		max	1.84	2.3	2.9	3.45	4.6	5.75	6.75	8.75	10.8	13
		min	1.60	2.0	2.5	3.00	4.0	5.00	6.00	8.00	10.0	12
d_w		min	2.4	3.1	4.1	4.6	5.9	6.9	8.9	11.6	14.6	16.6
e		min	3.41	4.32	5.45	6.01	7.66	8.79	11.05	14.38	17.77	20.03
m		max	1.30	1.60	2.00	2.40	3.2	4.7	5.2	6.80	8.40	10.80
		min	1.05	1.35	1.75	2.15	2.9	4.4	4.9	6.44	8.04	10.37
m_w		min	0.8	1.1	1.4	1.7	2.3	3.5	3.9	5.2	6.4	8.3
s		公称（max）	3.20	4.00	5.00	5.50	7.00	8.00	10.00	13.00	16.00	18.00
		min	3.02	3.82	4.82	5.32	6.78	7.78	9.78	12.73	15.73	17.73
螺纹规格 D			M16	M20	M24	M30	M36	M42	M48	M56	M64	
螺距 P			2	2.5	3	3.5	4	4.5	5	5.5	6	
c		max	0.8	0.8	0.8	0.8	0.8	1.0	1.0	1.0	1.0	
d_a		max	17.3	21.6	25.9	32.4	38.9	45.4	51.8	60.5	69.1	
		min	16.0	20.0	24.0	30.0	36.0	42.0	48.0	56.0	64.0	
d_w		min	22.5	27.7	33.3	42.8	51.1	60	69.5	78.7	88.2	
e		min	26.75	32.95	39.55	50.85	60.79	72.02	82.6	93.56	104.86	
m		max	14.8	18.0	21.5	25.6	31.0	34.0	38.0	45.0	51.0	
		min	14.1	16.9	20.2	24.3	29.4	32.4	36.4	43.4	49.1	
m_w		min	11.3	13.5	16.2	19.4	23.5	25.9	29.1	34.7	39.3	
s		公称（max）	24.00	30.00	36	46	5.0	65.0	75.0	85.0	95.0	
		min	23.67	29.16	35	45	53.8	63.1	73.1	82.8	92.8	

注：A级用于$D \leqslant 16$ mm 的螺母；B级用于$D > 16$ mm 的螺母。

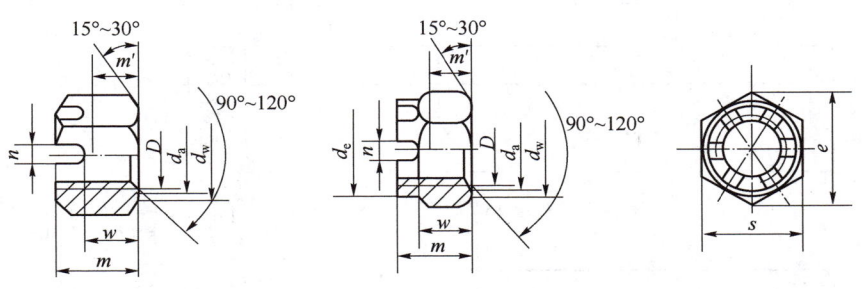

标 注 示 例

螺纹规格D=M6、性能等级为8级、不经表面处理、A级的Ⅰ型六角开槽螺母：
螺母 CB/T 6178–1986 M6

螺纹规格 D		M4	M5	M6	M8	M10	M12	M16	M20	M24	M30	M36
d_a	max	4.6	5.75	6.75	8.75	10.8	13	17.3	21.6	25.9	32.4	38.9
	min	4	5	6	8	10	12	16	20	24	30	36
d_e	max	—	—	—	—	—	—	—	28	34	42	50
	min	—	—	—	—	—	—	—	27.16	34	41	49
d_w	min	5.9	6.9	8.9	11.6	14.6	16.6	22.5	27.7	33.2	42.7	51.1
e	min	7.66	8.79	11.05	14.38	17.77	20.03	26.75	32.95	39.55	50.85	60.79
m	max	5	6.7	7.7	9.8	12.4	15.8	20.8	24	29.5	34.6	40
	min	4.7	6.4	7.34	9.44	11.97	15.37	20.28	23.16	28.66	33.6	39
m'	min	2.32	3.52	3.92	5.15	6.43	8.3	11.28	13.52	16.16	19.44	23.52
n	min	1.2	1.4	2	2.5	2.8	3.5	4.5	4.5	5.5	7	7
	max	1.8	2	2.6	3.1	3.4	4.25	5.7	5.7	6.7	8.5	8.5
s	max	7	8	10	13	16	18	24	30	36	46	55
	min	6.78	7.78	9.78	12.73	15.73	17.73	23.67	29.16	35	45	53.8
w	max	3.2	4.7	5.2	6.8	8.4	10.8	14.8	18	21.5	25.6	31
	min	2.9	4.4	4.9	6.44	8.04	10.37	14.37	17.37	20.88	24.98	30.38
开口销		1×10	1.2×12	1.6×14	2×16	2.5×20	3.2×22	4×28	4×36	5×40	6.3×50	6.3×63

注：A级用于 $D \leqslant 16$ mm 的螺母；B级用于 $D > 16$ mm 的螺母。

附表 9　小垫圈-A 级（GB/T 848—2002）、平垫圈-A 级（GB/T 97.1—2002）
平垫圈 倒角型-A 级（GB/T 97.2—2002）、大垫圈-A 级（GB/T 96.1—2002）　mm

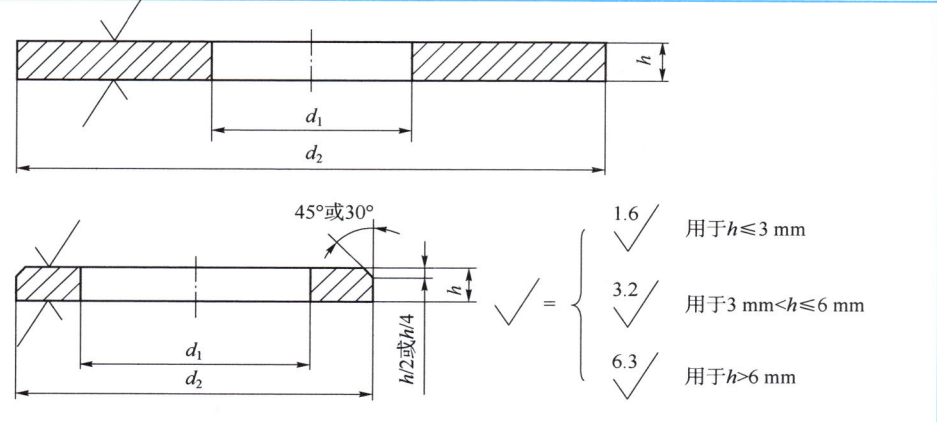

1.6 用于 $h \leqslant 3$ mm

3.2 用于 3 mm $< h \leqslant 6$ mm

6.3 用于 $h > 6$ mm

标 记 示 例

标准系列、公称规格8 mm、由钢制造的硬度等级为200HV级、不经表面处理、产品等级为8级的平垫圈的标记：
垫圈 GB/T 97.1 8

公称规格（螺纹大径 d）			3	4	5	6	8	10	12	16	20	24	30	36
内径 d_1	公称 (min)	GB/T 848—2002	3.2	4.3	5.3	6.4	8.4	10.5	13	17	21	25	31	37
		GB/T 97.1—2002	3.2	4.3	5.3	6.4	8.4	10.5	13	17	21	25	31	37
		GB/T 97.2—2002	—	—	5.3	6.4	8.4	10.5	13	17	21	25	31	37
		GB/T 96.1—2002	3.2	4.3	5.3	6.4	8.4	10.5	13	17	21	25	33	39
	max	GB/T 848—2002	3.38	4.48	5.48	6.62	8.62	10.77	13.27	17.27	21.33	25.33	31.39	37.62
		GB/T 97.1—2002	3.38	4.48	5.48	6.62	8.62	10.77	13.27	17.27	21.33	25.33	31.39	37.62
		GR/T 97.2—2002	—	—	5.48	6.62	8.62	10.77	13.27	17.27	21.33	25.33	31.39	37.62
		GB/T 96.1—2002	3.38	4.48	5.48	6.62	8.62	10.77	13.27	17.27	21.33	25.52	33.62	39.62
外径 d_2	公称 (max)	GB/T 848—2002	6	8	9	11	15	18	20	28	34	39	50	60
		GB/T 97.1—2002	7	9	10	12	16	20	24	30	37	44	56	66
		GB/T 97.2—2002	—	—	10	12	16	20	24	30	37	44	56	66
		GB/T 96.1—2002	9	12	15	18	24	30	37	50	60	72	92	110
	min	GB/T 848—2002	5.7	7.64	8.46	10.57	14.57	17.57	19.48	27.48	33.38	38.38	49.38	58.8
		GB/T 97.1—2002	6.64	8.64	9.64	11.57	15.57	19.48	23.48	29.48	36.38	43.38	55.26	64.8
		GB/T 97.2—2002	—	—	9.64	11.57	15.57	19.48	23.48	29.48	36.38	43.38	55.26	64.8
		GB/T 96.1—2002	8.64	11.57	14.57	17.57	23.48	29.48	36.38	49.38	59.26	70.8	90.6	108.6
厚度 h	公称	GB/T 848—2002	0.5	0.5	1	1.6	1.6	1.6	2	2.5	3	3	4	5
		GB/T 97.1—2002	0.5	0.8	1	1.6	1.6	2	2.5	3	3	4	4	5
		GB/T 97.2—2002	—	—	1	1.6	1.6	2	2.5	3	3	4	4	5
		GB/T 96.1—2002	0.8	1	1	1.6	2	2.5	3	3	4	5	6	8
	max	GB/T 848—2002	0.55	0.55	1.1	1.8	1.8	1.8	2.2	2.7	3.3	3.3	4.3	5.6
		GB/T 97.1—2002	0.55	0.9	1.1	1.8	1.8	2.2	2.7	3.3	3.3	4.3	4.3	5.6
		GB/T 97.2—2002	—	—	1.1	1.8	1.8	2.2	2.7	3.3	3.3	4.3	4.3	5.6
		GB/T 96.1—2002	0.9	1.1	1.1	1.8	2.2	2.7	3.3	3.3	4.3	5.6	6.6	9
	min	GB/T 848—2002	0.45	0.45	0.9	1.4	1.4	1.4	1.8	2.3	2.7	2.7	3.7	4.4
		GB/T 97.1—2002	0.45	0.7	0.9	1.4	1.4	1.8	2.3	2.7	2.7	3.7	3.7	4.4
		GB/T 97.2—2002	—	—	0.9	1.4	1.4	1.8	2.3	2.7	2.7	3.7	3.7	4.4
		GB/T 96.1—2002	0.7	0.9	0.9	1.4	1.8	2.3	2.7	2.7	3.7	4.4	5.4	7

附表 10 标准型弹簧垫圈（GB/T 93—1987）

轻型弹簧垫圈（GB/T 859—1987）　　　　mm

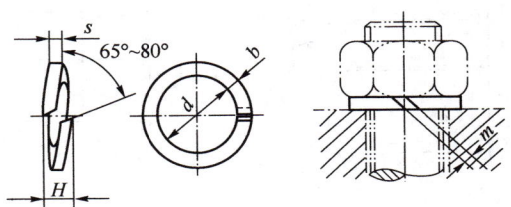

标 记 示 例

规格16 mm、材料为65Mn、表面氧化的标准型弹簧垫圈：垫圈 GB/T 93 16

规格16 mm、材料为65Mn、表面氧化的轻型弹簧垫圈：垫圈 GB/T 859 16

规格（螺纹大径）		2	2.5	3	4	5	6	8	10	12	16	20	24	30	36	42	48
d	min	2.1	2.6	3.1	4.1	5.1	6.1	8.1	10.2	12.2	16.2	20.2	24.5	30.5	36.5	42.5	48.5
	max	2.35	2.85	3.4	4.4	5.4	6.68	8.68	10.9	12.9	16.9	21.04	25.5	31.5	37.7	43.7	49.7
$s(b)$ 公称	GB/T 93—1987	0.5	0.65	0.8	1.1	1.3	1.6	2.1	2.6	3.1	4.1	5	6	7.5	9	10.5	12
s 公称	GB/T 859—1987	—	—	0.6	0.8	1.1	1.3	1.6	2	2.5	3.2	4	5	6	—	—	—
b 公称	GB/T 859—1987	—	—	1	1.2	1.5	2	2.5	3	3.5	4.5	5.5	7	9	—	—	—
H	GB/T 93—1987 min	1	1.3	1.6	2.2	2.6	3.2	4.2	5.2	6.2	8.2	10	12	15	18	21	24
	GB/T 93—1987 max	1.25	1.63	2	2.75	3.25	4	5.25	6.5	7.75	10.25	12.5	15	18.75	22.5	26.25	30
	GB/T 859—1987 min	—	—	1.2	1.6	2.2	2.6	3.2	4	5	6.4	8	10	12	—	—	—
	GB/T 859—1987 max	—	—	1.5	2	2.75	3.25	4	5	6.25	8	10	12.5	15	—	—	—
$m\leqslant$	GB/T 93—1987	0.25	0.33	0.4	0.55	0.65	0.8	1.05	1.3	1.55	2.05	2.5	3	3.75	4.5	5.25	6
	GB/T 859—1987	—	—	0.3	0.4	0.55	0.65	0.8	1	1.25	1.6	2	2.5	3	—	—	—

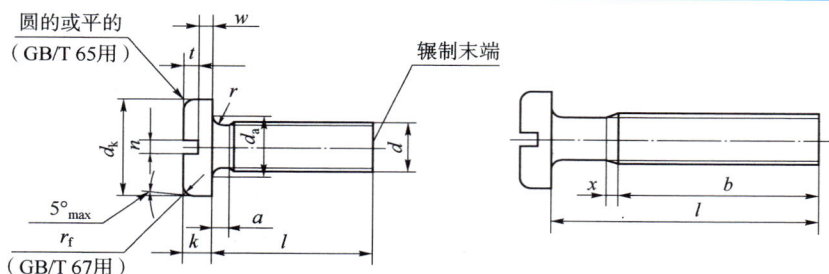

无螺纹部分杆径≈中径或=螺纹大径

标 记 示 例

螺纹规格d=M5、公称长度l=20 mm、性能等级为4.8级、不经表面处理的A级开槽圆柱头螺钉：

螺钉 GB/T 65 M5×20

螺纹规格d=M5、公称长度l=20 mm.性能等级为4.8级、不经表面处理的A级开槽盘头螺钉：

螺钉 GB/T 67 M5×20

螺纹规格 d		M1.6	M2	M2.5	M3	M4		M5		M6		M8		M10	
类别		GB/T 67—2016				GB/T 65—2016	GB/T 67—2016	GB/T 65—2016	GB/T 67—2016	GB/T 65—2016	GB/T 67—2016	GB/T 65—2016	GB/T 67—2016	GB/T 65—2016	GB/T 67—2016
螺距 P		0.35	0.4	0.45	0.5	0.7		0.8		1		1.25		1.5	
a	max	0.7	0.8	0.9	1	1.4		1.6		2		2.5		3	
b	min	25	25	25	25	38		38		38		38		38	
d_k	max	3.2	4.0	5.0	5.6	7.00	8.00	8.50	9.50	10.00	12.00	13.00	16.00	16.00	20.00
	min	2.9	3.7	4.7	5.3	6.78	7.64	8.28	9.14	9.78	11.57	12.73	15.57	15.73	19.48
d_a	max	2	2.6	3.1	3.6	4.7		5.7		6.8		9.2		11.2	
k	max	1.00	1.30	1.50	1.80	2.60	2.40	3.30	3.00	3.9	3.6	5.0	4.8	6.0	
	min	0.86	1.16	1.36	1.66	2.46	2.26	3.12	2.86	3.6	3.3	4.7	4.5	5.7	
n	公称	0.4	0.5	0.6	0.8	1.2		1.2		1.6		2		2.5	
	min	0.46	0.56	0.66	0.86	1.26		1.26		1.66		2.06		2.56	
	max	0.60	0.70	0.80	1.00	1.51		1.51		1.91		2.31		2.81	
r	min	0.1	0.1	0.1	0.1	0.2		0.2		0.25		0.4		0.4	
r_f	参考	0.5	0.6	0.8	0.9	1.2		1.5		1.8		2.4		3	
t	min	0.35	0.5	0.6	0.7	1.1	1	1.3	1.2	1.6	1.4	2	1.9	2.4	
w	min	0.3	0.4	0.5	0.7	1.1	1	1.3	1.2	1.6	1.4	2	1.9	2.4	
x	max	0.9	1	1.1	1.25	1.75		2		2.5		3.2		3.8	
l(商品规格范围公称长度)		2~16	2.5~20	3~25	4~30	5~40		6~50		8~60		10~80		12~80	
l（系列）		2, 2.5, 3, 4, 5, 6, 8, 10, 12, （14）, 16, 20, 25, 30, 35, 40, 45, 50, （55）, 60, （65）, 70, （75）, 80													

附表 12　开槽沉头螺钉（GB/T 68—2016）
开槽半沉头螺钉（GB/T 69—2016）

mm

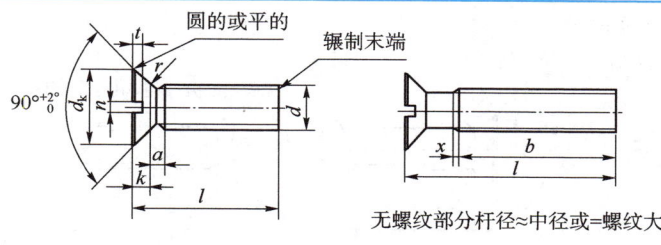

无螺纹部分杆径≈中径或=螺纹大径

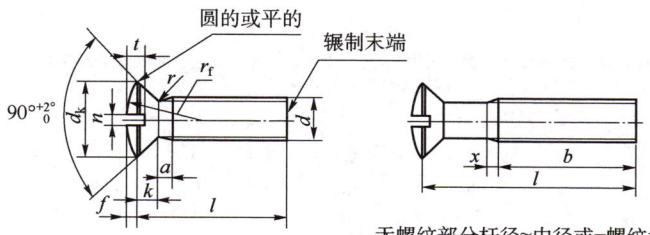

无螺纹部分杆径≈中径或=螺纹大径

标 记 示 例

螺纹规格d=M6、公称长度l=20 mm、性能等级为4.8级、不经表面处理的A级开槽沉头螺钉：
螺钉 GB/T 68 M6×20

螺纹规格 d			M1.6	M2	M2.5	M3	M4	M5	M6	M8	M10
螺距 P			0.35	0.4	0.45	0.5	0.7	0.8	1	1.12	1.5
a		max	0.7	0.8	0.9	1	1.4	1.6	2	2.5	3
b		min			25				38		
d_k	理论值	max	3.6	4.4	5.5	6.3	9.4	10.4	12.6	17.3	20
	实际值	公称（max）	3.0	3.8	4.7	5.5	8.40	9.30	11.30	15.80	18.30
		min	2.7	3.5	4.4	5.2	8.04	8.94	10.87	15.37	17.78
k		公称（max）	1	1.2	1.5	1.65	2.7	2.7	3.3	4.65	5
n		公称	0.4	0.5	0.6	0.8	1.2	1.2	1.6	2	2.5
		min	0.46	0.56	0.66	0.86	1.26	1.26	1.66	2.06	2.56
		max	0.60	0.70	0.80	1.00	1.51	1.51	1.91	2.31	2.81
r		max	0.4	0.5	0.6	0.8	1	1.3	1.5	2	2.5
x		max	0.9	1	1.1	1.25	1.75	2	2.5	3.2	3.8
f		≈	0.4	0.5	0.6	0.7	1	1.2	1.4	2	2.3
r_f		≈	3	4	5	6	9.5	9.5	12	16.5	19.5
t	max	GB/T 68—2016	0.50	0.6	0.75	0.85	1.3	1.4	1.6	2.3	2.6
		GB/T 69—2016	0.80	1.0	1.2	1.45	1.9	2.4	2.8	3.7	4.4
	min	GB/T 68—2016	0.32	0.4	0.50	0.60	1.0	1.1	1.2	1.8	2.0
		GB/T 69—2016	0.64	0.8	1.0	1.20	1.6	2.0	2.4	3.2	3.8
l（商品规格范围公称长度）			2.5~16	3~20	4~25	5~30	6~40	8~50	8~60	10~80	12~80
l（系列）			2.5，3，4，5，6，8，10，12，（14），16，20，25，30，35，40，45，50，（55），60，（65），70，（75），80								

注：公称长度l≤30 mm，而螺纹规格d在 M1.6~M3 的螺钉应制出全螺纹；而公称长度l≤45 mm，螺纹规格d在 M4~M10 的螺钉也应制出全螺纹（$b=l-a$）。

标记示例

螺纹规格 d=M6、公称长度 l=20 mm、性能等级为4.8级、H型十字槽、不经表面处理的A级十字槽盘头螺钉：
螺钉 GB/T 818 M6×20

螺纹规格 d				M1.6	M2	M2.5	M3	M4	M5	M6	M8	M10
螺距 P				0.35	0.4	0.45	0.5	0.7	0.8	1	1.25	1.5
a			max	0.7	0.8	0.9	1	1.4	1.6	2	2.5	3
b			min	25	25	25	25	38	38	38	38	38
d_a			max	2	2.6	3.1	3.6	4.7	5.7	6.8	9.2	11.2
d_k	公称=max	GB/T 818—2016		3.2	4.0	5.0	5.6	8.00	9.50	12.00	16.00	20.00
		GB/T 819.1—2016		3.0	3.8	4.7	5.5	8.40	9.30	11.30	15.80	18.30
	min	GB/T 818—2016		2.9	3.7	4.7	5.3	7.64	9.14	11.57	15.57	19.48
		GB/T 819.1—2016		2.7	3.5	4.4	5.2	8.04	8.94	10.87	15.37	17.78
k	公称=max	GB/T 818—2016		1.30	1.60	2.10	2.40	3.10	3.70	4.6	6.0	7.50
		GB/T 819.1—2016		1	1.2	1.5	1.65	2.7	2.7	3.3	4.65	5
	min	GB/T 818—2016		1.16	1.46	1.96	2.26	2.92	3.52	4.3	5.7	7.14
r	min	GB/T 818—2016		0.1	0.1	0.1	0.1	0.2	0.2	0.25	0.4	0.4
	max	GB/T 819.1—2016		0.4	0.5	0.6	0.8	1	1.3	1.5	2	2.5
r_f	≈			2.5	3.2	4	5	6.5	8	10	13	16
x	max			0.9	1	1.1	1.25	1.75	2	2.5	3.2	3.8
槽号 No.				0		1			2		3	4
十字槽 H型	m 参考	GB/T 818—2016		1.7	1.9	2.7	3	4.4	4.9	6.9	9	10.1
		GB/T 819.1—2016		1.6	1.9	2.9	3.2	4.6	5.2	6.8	8.9	10
	插入深度	max	GB/T 818—2016	0.95	1.2	1.55	1.8	2.4	2.9	3.6	4.6	5.8
			CB/T 819.1—2016	0.9	1.2	1.8	2.1	2.6	3.2	3.5	4.6	5.7
		min	GB/T 818—2016	0.70	0.9	1.15	1.4	1.9	2.4	3.1	4.0	5.2
			GB/T 819.1—2016	0.6	0.9	1.4	1.7	2.1	2.7	3.0	4.0	5.1
十字槽 Z型	m 参考	GB/T 818—2016		1.6	2.1	2.6	2.8	4.3	4.7	6.7	8.8	9.9
		GB/T 819.1—2016		1.6	1.9	2.8	3	4.4	4.9	6.6	8.8	9.8
	插入深度	max	GB/T 818—2016	0.90	1.42	1.50	1.75	2.34	2.74	3.46	4.50	5.69
			GB/T 819.1—2016	0.95	1.20	1.73	2.01	2.51	3.05	3.45	4.60	5.64
		min	GB/T 818—2016	0.65	1.17	1.25	1.50	1.89	2.29	3.03	4.05	5.24
			GB/T 819.1—2016	0.70	0.95	1.48	1.76	2.06	2.60	3.00	4.15	5.19
l（商品规格范围）				3~16	3~20	3~25	4~30	5~40	6~45	8~60	10~60	12~60
l（系列）				3，4，5，6，8，10，12，（14），16，20，25，30，35，40，45，50，（55），60								

注：公称长度 l≤25 mm（GB/T 819.1—2016，l≤30 mm），而螺纹规格 d 在 M1.6~M3 的螺钉应制出全螺纹；公称长度 l≤40 mm（GB/T 819.1—2016，l≤45 mm），而螺纹规格 d 在 M4~M10 的螺钉也应制出全螺纹（b=l-a）[GB/T 819.1—2016，b=l-（k+a）]。

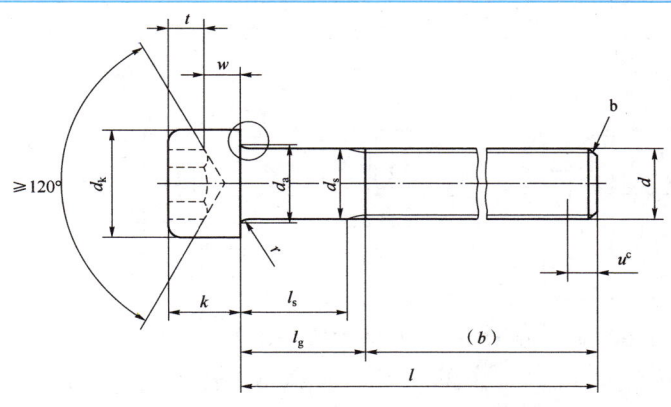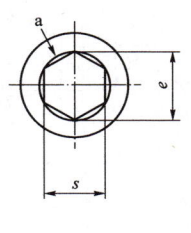

注：a—内六角口部允许倒圆或沉孔；
　　b—末端倒角，d<M4的为辗制末端。

标 记 示 例
螺纹规格d=M6、公称长度l=20 mm、性能等级为8.8级、表面氧化的内六角圆柱头螺钉：
螺钉 GB/T 70.1 M6×20

螺纹规格 d		M3	M4	M5	M6	M8	M10	M12	M16	M20	M24	M30
P		0.5	0.7	0.8	1	1.25	1.5	1.75	2	2.5	3	3.5
b	参考	18	20	22	24	28	32	36	44	52	60	72
d_k	max[c]	5.50	7.00	8.50	10.00	13.00	16.00	18.00	24.00	30.00	36.00	45.00
	max[d]	5.68	7.22	8.72	10.22	13.27	16.27	18.27	24.33	30.33	36.39	45.39
	min	5.32	6.78	8.28	9.78	12.73	15.73	17.73	23.67	29.67	35.61	44.61
d_a	max	3.6	4.7	5.7	6.8	9.2	11.2	13.7	17.7	22.4	26.4	33.4
d_s	max	3.00	4.00	5.00	6.00	8.00	10.00	12.00	16.00	20.00	24.00	30.00
	min	2.86	3.82	4.82	5.82	7.78	9.78	11.73	15.73	19.67	23.67	29.67
e	min	2.873	3.443	4.583	5.723	6.683	9.149	11.429	15.996	19.437	21.734	25.154
l_f	max	0.51	0.6	0.6	0.68	1.02	1.02	1.45	1.45	2.04	2.04	2.89
k	max	3.00	4.00	5.00	6.00	8.00	10.00	12.00	16.00	20.00	24.00	30.00
	min	2.86	3.82	4.82	5.7	7.64	9.64	11.57	15.57	19.48	23.48	29.48
r	min	0.1	0.2	0.2	0.25	0.4	0.4	0.6	0.6	0.8	0.8	1
s_f	公称	2.5	3	4	5	6	8	10	14	17	19	22
	max	2.58	3.08	4.095	5.14	6.14	8.175	10.175	14.212	17.23	19.275	22.275
	min	2.52	3.02	4.020	5.02	6.02	8.025	10.025	14.032	17.05	19.065	22.065
t	min	1.3	2	2.5	3	4	5	6	8	10	12	15.5
v	max	0.3	0.4	0.5	0.6	0.8	1	1.2	1.6	2	2.4	3
d_w	min	5.07	6.53	8.03	9.38	12.33	15.33	17.23	23.17	28.87	34.81	43.61
w	min	1.15	1.4	1.9	2.3	3.3	4	4.8	6.8	8.6	10.4	13.1

注：①上标c对光滑头部，上标b对滚花头部。
②公称长度L系列（mm）：2.5、3、4、6、8、10、12、16、18、20、25、30、35、40、45、50、55、60、65、70、80、90、100、110、120、130、140、150、160、180、200、220、240、260、280、300。

公称长度为短螺钉时，应制成120°；u为不完整螺纹的长度（≤2P）

标 记 示 例

螺纹规格d=M6、公称长度l=12 mm、性能等级为14H级、表面氧化的开槽平端紧定螺钉：

螺钉 GB/T 73 M6×12

螺纹规格 d			M1.2	M1.6	M2	M2.5	M3	M4	M5	M6	M8	M10	M12
螺距 P			0.25	0.35	0.4	0.45	0.5	0.7	0.8	1	1.25	1.5	1.75
d_f	≈		螺纹小径										
d_t	min		—	—	—	—	—	—	—	—	—	—	—
	max		0.12	0.16	0.2	0.25	0.3	0.4	0.5	1.5	2	2.5	3
d_p	min		0.35	0.55	0.75	1.25	1.75	2.25	3.2	3.7	5.2	6.64	8.14
	max		0.6	0.8	1	1.5	2	2.5	3.5	4	5.5	7	8.5
n	公称		0.2	0.25	0.25	0.4	0.4	0.6	0.8	1	1.2	1.6	2
	min		0.26	0.31	0.31	0.46	0.46	0.66	0.86	1.06	1.26	1.66	2.06
	max		0.4	0.45	0.45	0.6	0.6	0.8	1	1.2	1.51	1.91	2.31
t	min		0.4	0.56	0.64	0.72	0.8	1.12	1.28	1.6	2	2.4	2.8
	max		0.52	0.74	0.84	0.95	1.05	1.42	1.63	2	2.5	3	3.6
z	min		—	0.8	1	1.25	1.5	2	2.5	3	4	5	6
	max		—	1.05	1.25	1.5	1.75	2.25	2.75	3.25	4.3	5.3	6.3
GB/T 71—2018	l（公称长度）		2~6	2~8	3~10	3~12	4~16	6~20	8~25	8~30	10~40	12~50	14~60
	l（短螺钉）		2	2~2.5	2~2.5	2~3	2~3	2~4	2~5	2~6	2~8	2~10	2~12
GB/T 73—2017	l（公称长度）		2~6	2~8	2~10	2.5~12	3~16	4~20	5~25	6~30	8~40	10~50	12~60
	l（短螺钉）			2	2~2.5	2~3	2~4	2~4	2~5	2~6	2~6	2~8	2~10
GB/T 75—2018	l（公称长度）		—	2.5~8	3~10	4~12	5~16	6~20	8~25	8~30	10~40	12~50	14~60
	l（短螺钉）		—	2~2.5	2~3	2~4	2~5	2~6	2~8	2~10	2~14	2~16	2~20
l（系列）			2, 2.5, 3, 4, 5, 6, 8, 10, 12, （14）, 16, 20, 25, 30, 35, 40, 45, 50, （55）, 60										

附表 16　平键、键槽的剖面尺寸（GB/T 1095—2003）、普通型平键（GB/T 1096—2003）

mm

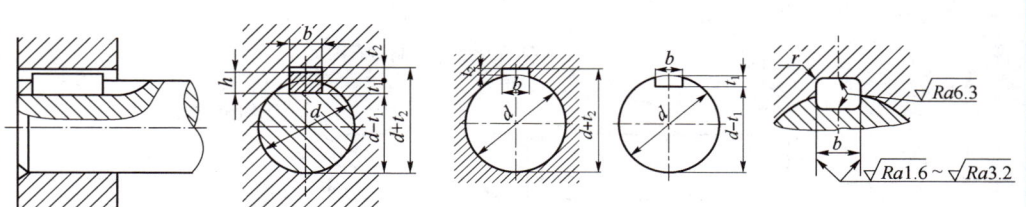

注：在工作图中，轴槽深用 t_1 或 $d-t_1$ 标注，轮毂槽深用 $d+t_2$ 标注。

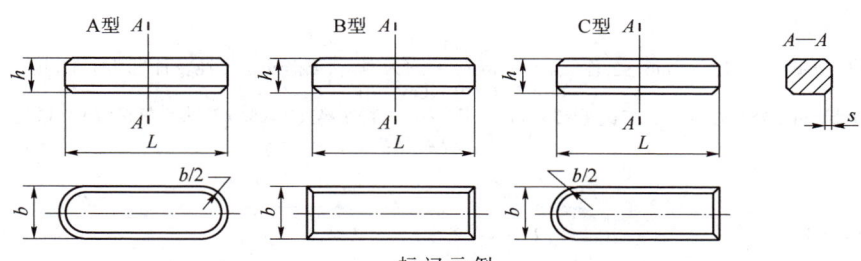

标 记 示 例

宽度 b=16 mm、高度 h=10 mm、长度 L=100 mm 的普通 A 型平键：GB/T 1096 键 A 16×10×100

宽度 b=16 mm、高度 h=10 mm、长度 L=100 mm 的普通 B 型平键：GB/T 1096 键 B 16×10×100

宽度 b=16 mm、高度 h=10 mm、长度 L=100 mm 的普通 C 型平键：GB/T 1096 键 C 16×10×100

序号	轴	键		键槽											
				宽度 b					深度				半径 r		
					极限偏差				轴 t_1		毂 t_2				
	公称直径 d	键尺寸 $b×h$	长度 L	基本尺寸	正常连接		紧密连接	松连接		基本尺寸	极限偏差	基本尺寸	极限偏差	min	max
					轴 N9	毂 JS9	轴和毂 P9	轴 H9	毂 D10						
1	自 6~8	2×2	6~20	2	−0.004 −0.029	±0.0125	−0.006 −0.031	+0.025 0	+0.060 +0.020	1.2	+0.1 0	1.0	+0.1 0	0.08	0.16
2	>8~10	3×3	6~36	3						1.8		1.4			
3	>10~12	4×4	8~45	4	0 −0.030	±0.015	−0.012 −0.042	+0.030 0	+0.078 +0.030	2.5		1.8		0.16	0.25
4	>12~17	5×5	10~56	5						3.0		2.3			
5	>17~22	6×6	14~70	6						3.5		2.8			
6	>22~30	8×7	18~90	8	0 −0.036	±0.018	−0.015 −0.051	+0.036 0	+0.098 +0.040	4.0		3.3		0.25	0.40
7	>30~38	10×8	22~110	10						5.0		3.3			
8	>38~44	12×8	28~140	12	0 −0.043	±0.0215	−0.018 −0.061	+0.043 0	+0.120 +0.050	5.0		3.3			
9	>44~50	14×9	36~160	14						5.5		3.8			
10	>50~58	16×10	45~180	16						6.0		4.3			
11	>58~65	18×11	50~200	18						7.0	+0.2 0	4.4	+0.2 0		
12	>65~75	20×12	56~220	20	0 −0.052	±0.026	−0.022 −0.074	+0.052 0	+0.149 +0.065	7.5		4.9			
13	>75~85	22×14	65~250	22						9.0		5.4			
14	>85~95	25×14	70~280	25						9.0		5.4		0.40	0.60
15	>95~110	28×16	80~320	28						10.0		6.4			
16	>110~130	32×18	90~360	32	0 −0.062	±0.031	−0.026 −0.088	+0.062 0	+0.180 +0.080	11.0		7.4			

注：① $d-t_1$ 和 $d-t_2$ 两组合尺寸的极限偏差按相应的 t_1 和 t_2 的极限偏差选取，但 $d-t$ 极限偏差应取负号（−）。

② L 系列：6、8、10、12、14、16、18、20、22、25、28、32、36、40、45、50、56、63、70、80、90、100、110、125、140、160、180、200、220、250、280、320、360、400、450、500。

附表17　圆柱销　不淬硬钢和奥氏体不锈钢（GB/T 119.1—2000）
圆柱销　淬硬钢和马氏体不锈钢（GB/T 119.2—2000）　　　　　　　mm

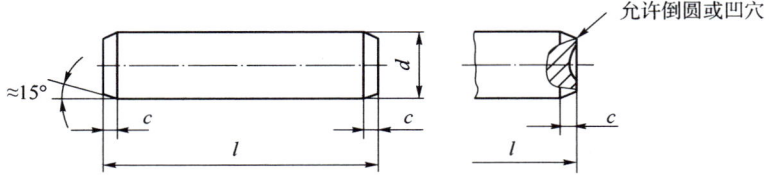

末端形状，由制造者确定

允许倒圆或凹穴

≈15°

标记示例

公称直径d=6 mm、公差为m6、公称长度l=30 mm、材料为钢、不经淬火、不经表面处理的圆柱销：
销GB/T 119.1 6m6×30

公称直径d=6 mm、公差为m6、公称长度l=30 mm、材料为钢、普通淬火（A型）、表面氧化处理的圆柱销：
销GB/T 119.2 6×30

d（公称）		1.5	2	2.5	3	4	5	6	8
$c\approx$		0.3	0.35	0.4	0.5	0.63	0.8	1.2	1.6
l（商品长度范围）	GB/T 119.1	4~16	6~20	6~24	8~30	8~40	10~50	12~60	14~80
	GB/T 119.2	4~16	5~20	6~24	8~30	10~40	12~50	14~60	18~80
d（公称）		10	12	16	20	25	30	40	50
$c\approx$		2	2.5	3	3.5	4	5	6.3	8
l（商品长度范围）	GB/T 119.1	18~95	22~140	26~180	35~200以上	50~200以上	60~200以上	80~200以上	95~200以上
	GB/T 119.2	22~100以上	26~100以上	40~100以上	50~100以上	—	—	—	—
l（系列）		3, 4, 5, 6, 8, 10, 12, 14, 16, 18, 20, 22, 24, 26, 28, 30, 32, 35, 40, 45, 50, 55, 60, 65, 70, 75, 80, 85, 90, 95, 100, 120, 140, 160, 180, 200, …								

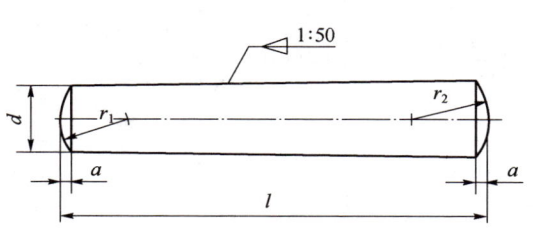

$$\sqrt{}\ Ra6.3\ （端面）$$

$$r_1 \approx d$$

$$r_2 \approx \frac{a}{2} + d + \frac{(0.02l)^2}{8a}$$

标 记 示 例

公称直径d=6 mm、公称长度l=30 mm、材料为35钢、热处理硬度为28~38 HRC、表面氧化处理的A型圆锥销：

销 GB/T 117　6×30

d（公称）	0.6	0.8	1	1.2	1.5	2	2.5	3	4	5
$a \approx$	0.08	0.1	0.12	0.16	0.2	0.25	0.3	0.4	0.5	0.63
l（商品长度范围）	4~8	5~12	6~16	6~20	8~24	10~35	10~35	12~45	14~55	18~60
d（公称）	6	8	10	12	16	20	25	30	40	50
$a \approx$	0.8	1	1.2	1.6	2	2.5	3	4	5	6.3
l（商品长度范围）	22~90	22~120	26~160	32~180	40~200以上	45~200以上	50~200以上	55~200以上	60~200以上	65~200以上
l（系列）	2, 3, 4, 5, 6, 8, 10, 12, 14, 16, 18, 20, 22, 24, 26, 28, 30, 32, 35, 40, 45, 50, 55, 60, 65, 70, 75, 80, 85, 90, 95, 100, 120, 140, 160, 180, 200, …									

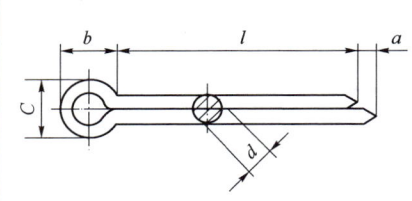

允许制造的型式

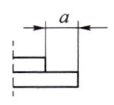

标记示例

公称规格为6 mm、公称长度l=50 mm、材料为
Q215或Q235、不经表面处理的开口销：
销 GB/T 91 6×50

公称规格			0.6	0.8	1	1.2	1.6	2	2.5	3.2
d		max	0.5	0.7	0.9	1.0	1.4	1.8	2.3	2.9
		min	0.4	0.6	0.8	0.9	1.3	1.7	2.1	2.7
a		max	1.6	1.6	1.6	2.50	2.50	2.50	2.50	3.2
b		≈	2	2.4	3	3	3.2	4	5	6.4
c		max	1.0	1.4	1.8	2.0	2.8	3.6	4.6	5.8
适用的直径	螺栓	>	—	2.5	3.5	4.5	5.5	7	9	11
		≤	2.5	3.5	4.5	5.5	7	9	11	14
	U形销	>		2	3	4	5	6	8	9
		≤	2	3	4	5	6	8	9	12
商品长度范围			4~12	5~16	6~20	8~25	8~32	10~40	12~50	14~63
公称规格			4	5	6.3	8	10	13	16	20
d		max	3.7	4.6	5.9	7.5	9.5	12.4	15.4	19.3
		min	3.5	4.4	5.7	7.3	9.3	12.1	15.1	19.0
a		max	4	4	4	4	6.30	6.30	6.30	6.30
b		≈	8	10	12.6	16	20	26	32	40
c		max	7.4	9.2	11.8	15.0	19.0	24.8	30.8	38.5
适用的直径	螺栓	>	14	20	27	39	56	80	120	170
		≤	20	27	39	56	80	120	170	—
	U形销	>	12	17	23	29	44	69	110	160
		≤	17	23	29	44	69	110	160	—
商品长度范围			18~80	22~100	32~125	40~160	45~200	71~250	112~280	160~280
l（系列）			4、5、6、8、10、12、14、16、18、20、22、25、28、32、36、40、45、50、56、63、71、80、90、100、112、125、140、160、180、200、224、250、280								

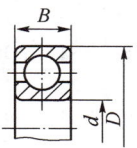

GB/T 276 —2013
深沟球轴承

标 记 示 例
滚动轴承 6308 GB/T 276

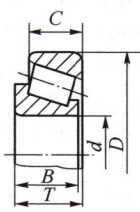

GB/T 297 —2015
圆锥滚子轴承

标 记 示 例
滚动轴承 30209 GB/T 297

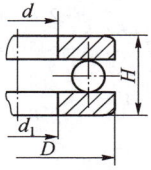

GB/T 301 —2015
推力球轴承

标 记 示 例
滚动轴承 51205 GB/T 301

轴承型号	d	D	B	轴承型号	d	D	B	C	T	轴承型号	d	D	H	d_{min}
尺寸系列（02）				尺寸系列（02）						尺寸系列（12）				
6202	15	35	11	30203	17	40	12	11	13.25	51202	15	32	12	17
6203	17	40	12	30204	20	47	14	12	15.25	51203	17	35	12	19
6204	20	47	14	30205	25	52	15	13	16.25	51204	20	40	14	22
6205	25	52	15	30206	30	62	16	14	17.25	51205	25	47	15	27
6206	30	62	16	30207	35	72	17	15	18.25	51206	30	52	16	32
6207	35	72	17	30208	40	80	18	16	19.75	51207	35	62	18	37
6208	40	80	18	30209	45	85	19	16	20.75	51208	40	68	19	42
6209	45	85	19	30210	50	90	20	17	21.75	51209	45	73	20	47
6210	50	90	20	30211	55	100	21	18	22.75	51210	50	78	22	52
6211	55	100	21	30212	60	110	22	19	23.75	51211	55	90	25	57
6212	60	110	22	30213	65	120	23	20	24.75	51212	60	95	26	62
尺寸系列（03）				尺寸系列（03）						尺寸系列（13）				
6302	15	42	13	30302	15	42	13	11	14.25	51304	20	47	18	22
6303	17	47	14	30303	17	47	14	12	15.25	51305	25	52	18	27
6304	20	52	15	30304	20	52	15	13	16.25	51306	30	60	21	32
6305	25	62	17	30305	25	62	17	15	18.25	51307	35	68	24	37
6306	30	72	19	30306	30	72	19	16	20.75	51308	40	78	26	42
6307	35	80	21	30307	35	80	21	18	22.75	51309	45	85	28	47
6308	40	90	23	30308	40	90	23	20	25.25	51310	50	95	31	52
6309	45	100	25	30309	45	100	25	22	27.25	51311	55	105	35	57
6310	50	110	27	30310	50	110	27	23	29.25	51312	60	110	35	62
6311	55	120	29	30311	55	120	29	25	31.5	51313	65	115	36	67
6312	60	130	31	30312	60	130	31	26	33.5	51314	70	125	40	72
6313	65	140	33	30313	65	140	33	28	36.0	51315	75	135	44	77

附表 21　轴的极限偏差（GB/T 1800.2—2020）　　　　mm

基本尺寸		a*	b*		c			d				e		
大于	至	11	11	12	9	10	11	8	9	10	11	7	8	9
—	3	−270/−330	−140/−200	−140/−240	−60/−85	−60/−100	−60/−120	−20/−34	−20/−45	−20/−60	−20/−80	−14/−24	−14/−28	−14/−39
3	6	−270/−345	−140/−215	−140/−260	−70/−100	−70/−118	−70/−145	−30/−48	−30/−60	−30/−78	−30/−105	−20/−32	−20/−38	−20/−50
6	10	−280/−370	−150/−240	−150/−300	−80/−116	−80/−138	−80/−170	−40/−62	−40/−76	−40/−98	−40/−130	−25/−40	−25/−47	−25/−61
10	14	−290/−400	−150/−260	−150/−330	−95/−138	−95/−165	−95/−205	−50/−77	−50/−93	−50/−120	−50/−160	−32/−50	−32/−59	−32/−75
14	18	−290/−400	−150/−260	−150/−330	−95/−138	−95/−165	−95/−205	−50/−77	−50/−93	−50/−120	−50/−160	−32/−50	−32/−59	−32/−75
18	24	−300/−430	−160/−290	−160/−370	−110/−162	−110/−194	−110/−240	−65/−98	−65/−117	−65/−149	−65/−195	−40/−61	−40/−73	−40/−92
24	30	−300/−430	−160/−290	−160/−370	−110/−162	−110/−194	−110/−240	−65/−98	−65/−117	−65/−149	−65/−195	−40/−61	−40/−73	−40/−92
30	40	−310/−470	−170/−330	−170/−420	−120/−182	−120/−220	−120/−280	−80/−119	−80/−142	−80/−180	−80/−240	−50/−75	−50/−89	−50/−112
40	50	−320/−480	−180/−340	−180/−430	−130/−192	−130/−230	−130/−290	−80/−119	−80/−142	−80/−180	−80/−240	−50/−75	−50/−89	−50/−112
50	65	−340/−530	−190/−380	−190/−490	−140/−214	−140/−260	−140/−330	−100/−146	−100/−174	−100/−220	−100/−290	−60/−90	−60/−106	−60/−134
65	80	−360/−550	−200/−390	−200/−500	−150/−224	−150/−270	−150/−340	−100/−146	−100/−174	−100/−220	−100/−290	−60/−90	−60/−106	−60/−134
80	100	−380/−600	−220/−440	−220/−570	−170/−257	−170/−310	−170/−390	−120/−174	−120/−207	−120/−260	−120/−340	−72/−107	−72/−126	−72/−159
100	120	−410/−630	−240/−460	−240/−590	−180/−267	−180/−320	−180/−400	−120/−174	−120/−207	−120/−260	−120/−340	−72/−107	−72/−126	−72/−159
120	140	−460/−710	−260/−510	−260/−660	−200/−300	−200/−360	−200/−450	−145/−208	−145/−245	−145/−305	−145/−395	−85/−125	−85/−148	−85/−185
140	160	−520/−770	−280/−530	−280/−680	−210/−310	−210/−370	−210/−460	−145/−208	−145/−245	−145/−305	−145/−395	−85/−125	−85/−148	−85/−185
160	180	−580/−830	−310/−560	−310/−710	−230/−330	−230/−390	−230/−480	−145/−208	−145/−245	−145/−305	−145/−395	−85/−125	−85/−148	−85/−185
180	200	−660/−950	−340/−630	−340/−800	−240/−355	−240/−425	−240/−530	−170/−242	−170/−285	−170/−355	−170/−460	−100/−146	−100/−172	−100/−215
200	225	−740/−1 030	−380/−670	−380/−840	−260/−375	−260/−445	−260/−550	−170/−242	−170/−285	−170/−355	−170/−460	−100/−146	−100/−172	−100/−215
225	250	−820/−1 110	−420/−710	−420/−880	−280/−395	−280/−465	−280/−570	−170/−242	−170/−285	−170/−355	−170/−460	−100/−146	−100/−172	−100/−215
250	280	−920/−1 240	−480/−800	−480/−1 000	−300/−430	−300/−510	−300/−620	−190/−271	−190/−320	−190/−400	−190/−510	−110/−162	−110/−191	−110/−240
280	315	−1 050/−1 370	−540/−860	−540/−1 060	−330/−460	−330/−540	−330/−650	−190/−271	−190/−320	−190/−400	−190/−510	−110/−162	−110/−191	−110/−240
315	355	−1 200/−1 560	−600/−960	−600/−1 170	−360/−500	−360/−590	−360/−720	−210/−299	−210/−350	−210/−440	−210/−570	−125/−182	−125/−214	−125/−265
355	400	−1 350/−1 710	−680/−1 040	−680/−1 250	−400/−540	−400/−630	−400/−760	−210/−299	−210/−350	−210/−440	−210/−570	−125/−182	−125/−214	−125/−265
400	450	−1 500/−1 900	−760/−1 160	−760/−1 390	−440/−595	−440/−690	−440/−840	−230/−327	−230/−385	−230/−480	−230/−630	−135/−198	−135/−232	−135/−290
450	500	−1 650/−2 050	−840/−1 240	−840/−1 470	−480/−635	−480/−730	−480/−880	−230/−327	−230/−385	−230/−480	−230/−630	−135/−198	−135/−232	−135/−290

学习笔记

基本尺寸		f					g			h							
大于	至	5	6	7	8	9	5	6	7	5	6	7	8	9	10	11	12
—	3	−6 −10	−6 −12	−6 −16	−6 −20	−6 −31	−2 −6	−2 −8	−2 −12	0 −4	0 −6	0 −10	0 −14	0 −25	0 −40	0 −60	0 −100
3	6	−10 −15	−10 −18	−10 −22	−10 −28	−10 −40	−4 −9	−4 −12	−4 −16	0 −5	0 −8	0 −12	0 −18	0 −30	0 −48	0 −75	0 −120
6	10	−13 −19	−13 −22	−13 −28	−13 −35	−13 −49	−5 −11	−5 −14	−5 −20	0 −6	0 −9	0 −15	0 −22	0 −36	0 −58	0 −90	0 −150
10	14	−16 −24	−16 −27	−16 −34	−16 −43	−16 −59	−6 −14	−6 −17	−6 −24	0 −8	0 −11	0 −18	0 −27	0 −43	0 −70	0 −110	0 −180
14	18																
18	24	−20 −29	−20 −33	−20 −41	−20 −53	−20 −72	−7 −16	−7 −20	−7 −28	0 −9	0 −13	0 −21	0 −33	0 −52	0 −84	0 −130	0 −210
24	30																
30	40	−25 −36	−25 −41	−25 −50	−25 −64	−25 −87	9 −20	−9 −25	−9 −34	0 −11	0 −16	0 −25	0 −39	0 −62	0 −100	0 −160	0 −250
40	50																
50	65	−30 −43	−30 −49	−30 −60	−30 −76	−30 104	−10 23	−10 −29	10 −40	0 −13	0 −19	0 −30	10 −46	0 −74	0 −120	0 −190	0 −300
65	80																
80	100	−36 −51	−36 −58	−30 −71	−36 −90	−36 −123	−12 −27	−12 −34	−12 −47	0 −15	0 −22	0 −35	0 −54	0 −87	0 −140	0 −220	0 −350
100	120																
120	140	−43 −61	−43 −68	−43 −83	−43 −106	−43 −143	14 −32	14 −39	14 −54	0 −18	0 −25	0 −40	0 −63	0 −100	0 −160	0 −250	0 −400
140	160																
160	180																
180	200	−50 −70	−50 −79	−50 −96	−50 −122	−50 −165	−15 −35	−15 −44	−15 −61	0 −20	0 −29	0 −46	0 −72	0 −115	0 −185	0 −290	0 −460
200	225																
225	250																
250	280	−56 −79	−56 −88	−56 −108	−56 −137	−56 −186	−17 −40	−17 −49	−17 −69	0 −23	0 −32	0 −52	0 −81	0 −130	0 −210	0 −320	0 −520
280	315																
315	355	−62 −87	−62 −98	−62 −119	−62 −151	−62 −202	−18 −43	−18 −54	−13 −75	0 −25	0 −36	0 −57	0 −89	0 −140	0 −230	0 −360	0 −570
355	400																
400	450	−68 −95	−68 −108	−68 −131	−68 −165	−68 −223	−20 −47	−20 −60	−20 −83	0 −27	0 −40	0 −63	0 −97	0 −155	0 −250	0 −400	0 −630
450	500																

基本尺寸		js			k			m			n			p		
大于	至	5	6	7	5	6	7	5	6	7	5	6	7	5	6	7
—	3	±2	±3	±5	+4/0	+6/0	+10/0	+6/+2	+8/+2	+12/+2	+8/+4	+10/+4	+14/+4	+10/+6	+12/+6	+16/+6
3	6	±2.5	±4	±6	+6/+1	+9/+1	+13/+1	+9/+4	+12/+4	+16/+4	+13/+8	+16/+8	+20/+8	+17/+12	+20/+12	+24/+12
6	10	±3	±4.5	±7	+7/+1	+10/+1	+16/+1	+12/+6	+15/+6	+21/+6	+16/+10	+19/+10	+25/+10	+21/+15	+24/+15	+30/+15
10	14	±4	±5.5	±9	+9/+1	+12/+1	+19/+1	+15/+7	+18/+7	+25/+7	+20/+12	+23/+12	+30/+12	+26/+18	+29/+18	+36/+18
14	18															
18	24	±4.5	±6.5	±10	+11/+2	+15/+2	+23/+2	+17/+8	+21/+8	+29/+8	+24/+15	+28/+15	+36/+15	+31/+22	+35/+22	+43/+22
24	30															
30	40	±5.5	±8	±12	+13/+2	+18/+2	+27/+2	+20/+9	+25/+9	+34/+9	+28/+17	+33/+17	+42/+17	+37/+26	+42/+26	+51/+26
40	50															
50	65	±6.5	±9.5	±15	+15/+2	+21/+2	+32/+2	+24/+11	+30/+11	+41/+11	+33/+20	+39/+20	+50/+20	+45/+32	+51/+32	+62/+32
65	80															
80	100	±7.5	±11	±17	+18/+3	+25/+3	+38/+3	+28/+13	+35/+13	+48/+13	+38/+23	+45/+23	+58/+23	+52/+37	+59/+37	+72/+37
100	120															
120	140	±9	±12.5	±20	+21/+3	+28/+3	+43/+3	+33/+15	+40/+15	+55/+15	+45/+27	+52/+27	+67/+27	+61/+43	+68/+43	+83/+43
140	160															
160	180															
180	200	±10	±14.5	±23	+24/+4	+33/+4	+50/+4	+37/+17	+46/+17	+63/+17	+51/+31	+60/+31	+77/+31	+70/+50	+79/+50	+96/+50
200	225															
225	250															
250	280	±11.5	±16	±26	+27/+4	+36/+4	+56/+4	+43/+20	+52/+20	+72/+20	+57/+34	+66/+34	+86/+34	+79/+56	+88/+56	+108/+56
280	315															
315	355	±12.5	±18	±28	+29/+4	+40/+4	+61/+4	+46/+21	+57/+21	+78/+21	+62/+37	+73/+37	+94/+37	+87/+62	+98/+62	+119/+62
355	400															
400	450	±13.5	±20	±31	+32/+5	+45/+5	+68/+5	+50/+23	+63/+23	+86/+23	+67/+40	+80/+40	+103/+40	+95/+68	+108/+68	+131/+68
450	500															

学习笔记

基本尺寸		r			s			t			u		v	x	y	z
大于	至	5	6	7	5	6	7	5	6	7	6	7	6	6	6	6
—	3	+14/+10	+16/+10	+20/+10	+18/+14	+20/+14	+24/+14	—	—	—	+24/+18	+28/+18	—	+26/+20	—	+32/+26
3	6	+20/+15	+23/+15	+27/+15	+24/+19	+27/+19	+31/+19	—	—	—	+31/+23	+35/+23	—	+36/+28	—	+43/+35
6	10	+25/+19	+28/+19	+34/+19	+29/+23	+32/+23	+38/+23	—	—	—	+37/+28	+43/+28	—	+43/+34	—	+51/+42
10	14	+31/+23	+34/+23	+41/+23	+36/+28	+39/+28	+46/+28	—	—	—	+44/+33	+51/+31	—	+51/+40	—	+61/+50
14	18	+31/+23	+34/+23	+41/+23	+36/+28	+39/+28	+46/+28	—	—	—	+44/+33	+51/+31	+50/+39	+56/+45	—	+71/+60
18	24	+37/+28	+41/+28	+49/+28	+44/+35	+48/+35	+56/+35	—	—	—	+54/+41	+62/+41	+60/+47	+67/+54	+76/+63	+86/+73
24	30	+37/+28	+41/+28	+49/+28	+44/+35	+48/+35	+56/+35	+50/+41	+54/+41	+62/+41	+61/+48	+69/+48	+68/+55	+77/+64	+88/+75	+101/+88
30	40	+45/+34	+50/+34	+59/+34	+54/+43	+59/+43	+68/+43	+59/+48	+64/+48	+73/+48	+76/+60	+85/+60	+84/+68	+96/+80	+110/+94	+128/+112
40	50	+45/+34	+50/+34	+59/+34	+54/+43	+59/+43	+68/+43	+65/+54	+70/+54	+79/+54	+86/+70	+95/+70	+97/+81	+113/+97	+130/+114	+152/+136
50	65	+54/+41	+60/+41	+71/+41	+66/+53	+72/+53	+83/+53	+79/+66	+85/+66	+96/+66	+106/+87	+117/+87	+121/+102	+141/+122	+163/+144	+191/+172
65	80	+56/+43	+62/+43	+73/+43	+72/+59	+78/+59	+89/+59	+88/+75	+94/+75	+105/+75	+121/+102	+132/+102	+139/+120	+165/+146	+193/+174	+229/+210
80	100	+66/+51	+73/+51	+86/+51	+86/+71	+93/+71	+106/+71	+106/+91	+113/+91	+126/+91	+146/+124	+159/+124	+168/+146	+200/+178	+236/+214	+280/+258
100	120	+69/+54	+76/+54	+89/+54	+94/+79	+101/+79	+114/+79	+119/+104	+126/+104	+139/+104	+166/+144	+179/+144	+194/+172	+232/+210	+276/+254	+332/+310
120	140	+81/+63	+88/+63	+103/+63	+110/+92	+117/+92	+132/+92	+140/+122	+147/+122	+162/+122	+195/+170	+210/+170	+227/+202	+273/+248	+325/+300	+390/+365
140	160	+83/+65	+90/+65	+105/+65	+118/+100	+125/+100	+140/+100	+152/+134	+159/+134	+174/+134	+215/+190	+230/+190	+253/+228	+305/+280	+365/+340	+440/+415
160	180	+86/+68	+93/+68	+108/+68	+126/+108	+133/+108	+148/+108	+164/+146	+171/+146	+186/+146	+235/+210	+250/+210	+277/+252	+335/+310	+405/+380	+490/+465
180	200	+97/+77	+106/+77	+123/+77	+142/+122	+151/+122	+168/+122	+186/+166	+195/+166	+212/+166	+265/+236	+282/+236	+313/+284	+379/+350	+454/+425	+549/+520
200	225	+100/+80	+109/+80	+126/+80	+150/+130	+159/+130	+176/+130	+200/+180	+209/+180	+226/+180	+287/+258	+304/+258	+339/+310	+414/+385	+449/+470	+604/+575
225	250	+104/+84	+113/+84	+130/+84	+160/+140	+169/+140	+186/+140	+216/+196	+225/+196	+242/+196	+313/+284	+330/+284	+369/+340	+454/+425	+549/+520	+669/+640
250	280	+117/+94	+126/+91	+146/+94	+181/+158	+190/+158	+210/+158	+241/+218	+250/+218	+270/+218	+347/+315	+367/+315	+417/+385	+507/+475	+612/+580	+742/+710
280	315	+121/+98	+130/+98	+150/+98	+198/+170	+202/+170	+222/+170	+263/+240	+272/+240	+292/+240	+382/+350	+402/+350	+457/+425	+557/+525	+682/+650	+822/+790
315	355	+133/+108	+144/+108	+165/+108	+215/+190	+226/+190	+247/+190	+293/+268	+304/+268	+325/+268	+426/+390	+447/+390	+511/+475	+626/+590	+766/+730	+936/+900
355	400	+139/+114	+150/+141	+171/+114	+233/+208	+244/+208	+265/+208	+319/+294	+330/+294	+351/+294	+471/+435	+492/+485	+566/+530	+696/+660	+856/+820	+1 036/+1 000
400	450	+153/+126	+166/+126	+189/+126	+259/+232	+272/+232	+295/+232	+357/+330	+370/+330	+393/+330	+530/+490	+553/+490	+635/+595	+780/+740	+980/+920	+1 140/+1 100
450	500	+159/+132	+172/+132	+195/+132	+279/+252	+292/+252	+315/+252	+387/+360	+400/+360	+423/+360	+580/+540	+603/+540	+700/+660	+860/+820	+1 040/+1 000	+1 290/+1 250

注：*基本尺寸小于 1 mm 时，各级的 a 和 b 均不采用。

附表 22　孔的极限偏差（GB/T 1800.2—2020）　　　　mm

基本尺寸		A*	B*		C		D				E		F			
大于	至	11	11	12	**11**	12	8	**9**	10	11	8	9	6	7	**8**	9
—	3	+330 / +270	+200 / +140	+240 / +140	+120 / +60	+160 / +60	+34 / +20	+45 / +20	+60 / +20	+80 / +20	+28 / +14	+39 / +14	+12 / +6	+16 / +6	+20 / +6	+31 / +6
3	6	+345 / +270	+215 / +140	+260 / +140	+145 / +70	+190 / +70	+48 / +30	+60 / +30	+78 / +30	+105 / +30	+38 / +20	+50 / +20	+18 / +10	+22 / +10	+28 / +10	+40 / +10
6	10	+370 / +280	+240 / +150	+300 / +150	+170 / +80	+230 / +80	+62 / +40	+76 / +40	+98 / +40	+130 / +40	+47 / +25	+61 / +25	+22 / +13	+28 / +13	+35 / +13	+49 / +13
10	14	+400 / +290	+260 / +150	+330 / +150	+205 / +95	+275 / +95	+77 / +50	+93 / +50	+120 / +50	+160 / +50	+59 / +32	+75 / +32	+27 / +16	+34 / +16	+43 / +16	+59 / +16
14	18	+400 / +290	+260 / +150	+330 / +150	+205 / +95	+275 / +95	+77 / +50	+93 / +50	+120 / +50	+160 / +50	+59 / +32	+75 / +32	+27 / +16	+34 / +16	+43 / +16	+59 / +16
18	24	+430 / +300	+290 / +160	+370 / +160	+240 / +110	+320 / +110	+98 / +65	+117 / +65	+149 / +65	+195 / +65	+73 / +40	+92 / +40	+33 / +20	+41 / +20	+53 / +20	+72 / +20
24	30	+430 / +300	+290 / +160	+370 / +160	+240 / +110	+320 / +110	+98 / +65	+117 / +65	+149 / +65	+195 / +65	+73 / +40	+92 / +40	+33 / +20	+41 / +20	+53 / +20	+72 / +20
30	40	+470 / +310	+330 / +170	+420 / +170	+280 / +120	+370 / +120	+119 / +80	+142 / +80	+180 / +80	+240 / +80	+89 / +50	+112 / +50	+41 / +25	+50 / +25	+64 / +25	+87 / +25
40	50	+480 / +320	+340 / +180	+430 / +180	+290 / +130	+380 / +130	+119 / +80	+142 / +80	+180 / +80	+240 / +80	+89 / +50	+112 / +50	+41 / +25	+50 / +25	+64 / +25	+87 / +25
50	65	+530 / +340	+380 / +190	+490 / +190	+330 / +140	+440 / +140	+146 / +100	+174 / +100	+220 / +100	+290 / +100	+106 / +60	+134 / +60	+49 / +30	+60 / +30	+76 / +30	+104 / +30
65	80	+550 / +360	+390 / +200	+500 / +200	+340 / +150	+450 / +150	+146 / +100	+174 / +100	+220 / +100	+290 / +100	+106 / +60	+134 / +60	+49 / +30	+60 / +30	+76 / +30	+104 / +30
80	100	+600 / +380	+440 / +220	+570 / +220	+390 / +170	+520 / +170	+174 / +120	+207 / +120	+260 / +120	+340 / +120	+126 / +72	+159 / +72	+58 / +36	+71 / +36	+90 / +36	+123 / +36
100	120	+630 / +410	+460 / +240	+590 / +240	+400 / +180	+530 / +180	+174 / +120	+207 / +120	+260 / +120	+340 / +120	+126 / +72	+159 / +72	+58 / +36	+71 / +36	+90 / +36	+123 / +36
120	140	+710 / +460	+510 / +260	+660 / +260	+450 / +200	+600 / +200	+208 / +145	+245 / +145	+305 / +145	+395 / +145	+148 / +85	+185 / +85	+68 / +43	+83 / +43	+106 / +43	+143 / +43
140	160	+770 / +520	+530 / +280	+680 / +280	+460 / +210	+610 / +210	+208 / +145	+245 / +145	+305 / +145	+395 / +145	+148 / +85	+185 / +85	+68 / +43	+83 / +43	+106 / +43	+143 / +43
160	180	+830 / +580	+560 / +310	+710 / +310	+480 / +230	+630 / +230	+208 / +145	+245 / +145	+305 / +145	+395 / +145	+148 / +85	+185 / +85	+68 / +43	+83 / +43	+106 / +43	+143 / +43
180	200	+950 / +660	+630 / +340	+800 / +340	+530 / +240	+700 / +240	+242 / +170	+285 / +170	+355 / +170	+460 / +170	+172 / +100	+215 / +100	+79 / +50	+96 / +50	+122 / +50	+165 / +50
200	225	+1 030 / +740	+670 / +380	+840 / +380	+550 / +260	+720 / +260	+242 / +170	+285 / +170	+355 / +170	+460 / +170	+172 / +100	+215 / +100	+79 / +50	+96 / +50	+122 / +50	+165 / +50
225	250	+1 110 / +820	+710 / +420	+880 / +420	+570 / +280	+740 / +280	+242 / +170	+285 / +170	+355 / +170	+460 / +170	+172 / +100	+215 / +100	+79 / +50	+96 / +50	+122 / +50	+165 / +50
250	280	+1 240 / +920	+800 / +480	+1 000 / +480	+620 / +300	+820 / +300	+271 / +190	+320 / +190	+400 / +190	+510 / +190	+191 / +110	+240 / +110	+88 / +56	+108 / +56	+137 / +56	+186 / +56
280	315	+1 370 / +1 050	+860 / +540	+1 060 / +540	+650 / +330	+850 / +330	+271 / +190	+320 / +190	+400 / +190	+510 / +190	+191 / +110	+240 / +110	+88 / +56	+108 / +56	+137 / +56	+186 / +56
315	355	+1 560 / +1 200	+960 / +600	+1 170 / +600	+720 / +360	+930 / +360	+299 / +210	+350 / +210	+440 / +210	+570 / +210	+214 / +125	+265 / +125	+98 / +62	+119 / +62	+151 / +62	+202 / +62
355	400	+1 710 / +1 350	+1 040 / +680	+1 250 / +680	+760 / +400	+970 / +400	+299 / +210	+350 / +210	+440 / +210	+570 / +210	+214 / +125	+265 / +125	+98 / +62	+119 / +62	+151 / +62	+202 / +62
400	450	+1 900 / +1 500	+1 160 / +760	+1 390 / +760	+840 / +440	+1 070 / +440	+327 / +230	+385 / +230	+480 / +230	+630 / +230	+232 / +135	+290 / +135	+108 / +68	+131 / +68	+165 / +68	+223 / +68
450	500	+2 050 / +1 650	+1 240 / +840	+1 470 / +840	+880 / +480	+1 110 / +488	+327 / +230	+385 / +230	+480 / +230	+630 / +230	+232 / +135	+290 / +135	+108 / +68	+131 / +68	+165 / +68	+223 / +68

学习笔记

基本尺寸		G		H							JS			K		
大于	至	6	7	6	7	8	9	10	11	12	6	7	8	6	7	8
—	3	+8 / +2	+12 / +2	+6 / 0	+10 / 0	+14 / 0	+25 / 0	+40 / 0	+60 / 0	+100 / 0	±3	±5	±7	0 / −6	0 / −10	0 / −14
3	6	+12 / 4	+16 / +4	+8 / 0	+12 / 0	+18 / 0	+30 / 0	+48 / 0	+75 / 0	+120 / 0	±4	±6	±9	+2 / −6	+3 / −9	+5 / −13
6	10	+14 / 5	+20 / +5	+9 / 0	+15 / 0	−22 / 0	+36 / 0	+58 / 0	+90 / 0	+150 / 0	±4.5	±7	±11	+2 / −7	+5 / −10	+6 / 16
10	18	+17 / +6	+24 / +6	+11 / 0	+18 / 0	+27 / 0	−43 / 0	+70 / 0	+110 / 0	+180 / 0	±5.5	±9	±13	+2 / −9	+6 / 12	+8 / −19
18	30	+20 / +7	+28 / +7	+13 / 0	+21 / 0	+33 / 0	+52 / 9	+84 / 0	+130 / 0	+210 / 0	±6.5	±10	±16	+2 / −11	+6 / −15	+10 / −23
30	50	+25 / +9	+34 / +9	+16 / 0	+25 / 0	+39 / 0	+62 / 0	+100 / 0	+160 / 0	+250 / 0	±8	±12	±19	+3 / −13	+7 / −18	+12 / −27
50	80	+29 / +10	+40 / +10	+19 / 0	+30 / 0	+46 / 0	+74 / 0	+120 / 0	+190 / 0	+300 / 0	±9.5	±15	±23	+4 / −15	+9 / −21	+14 / −32
80	120	+34 / +12	+47 / +12	+22 / 0	+35 / 0	+54 / 0	+87 / 0	+140 / 0	+220 / 0	+350 / 0	±11	±17	±27	+4 / −18	+10 / −25	+16 / −38
120	180	+39 / +14	+54 / +14	+25 / 0	+40 / 0	+63 / 0	+100 / 0	+160 / 0	+250 / 0	+400 / 0	±12.5	±20	±31	+4 / −21	+12 / −28	+20 / −43
180	250	−44 / +15	−61 / −15	+29 / 0	+46 / 0	+72 / 0	+115 / 0	+085 / 0	+290 / 0	+460 / 0	±14.5	±23	±36	+5 / −24	+13 / −33	+22 / −50
250	315	+49 / +17	+69 / +17	+32 / 0	+52 / 0	+81 / 0	+130 / 0	+210 / 0	+320 / 0	+520 / 0	±16	±26	±40	+5 / −27	+16 / −36	+25 / −56
315	400	+54 / +18	+75 / +18	+36 / 0	+57 / 0	+89 / 0	+140 / 0	+230 / 0	+360 / 0	+570 / 0	±18	±28	±44	+7 / −29	+17 / −40	+28 / −61
400	500	+60 / +20	+83 / +20	+40 / 0	+63 / 0	+97 / 0	+155 / 0	+250 / 0	+400 / 0	+630 / 0	±20	±31	±48	+8 / −32	+18 / −45	+29 / −68

基本尺寸 大于	至	M6	M7	M8	N6	N7	N8	P6	P7	R6	R7	S6	S7	T6	T7	U7
—	3	-2/-8	-2/-12	-2/-16	-4/-10	-4/-14	-4/-18	-6/-12	-6/-16	-10/-16	-10/-20	-14/-20	-14/-24	—	—	-18/-28
3	6	-1/-9	0/-12	+2/-16	-5/-13	-4/-16	-2/-20	-9/-17	-8/-20	-12/-20	-11/-23	-16/-24	-15/-27	—	—	-19/-31
6	10	-3/-12	0/-15	+1/-21	-7/-16	-4/-19	-3/-25	-12/-21	-9/-24	-16/-25	-13/-28	-20/-29	-17/-32	—	—	-22/-37
10	14	-4/-15	0/-18	+2/-25	-9/-20	-5/-23	-3/-30	-15/-26	-11/-29	-20/-31	-16/-34	-25/-36	-21/-39	—	—	-26/-44
14	18	-4/-15	0/-18	+2/-25	-9/-20	-5/-23	-3/-30	-15/-26	-11/-29	-20/-31	-16/-34	-25/-36	-21/-39	—	—	-26/-44
18	24	-4/-17	0/-21	+4/-29	-11/-24	-7/-28	-3/-36	-18/-31	-14/-35	-24/-37	-20/-41	-31/-44	-27/-48	—	—	-33/-54
24	30	-4/-17	0/-21	+4/-29	-11/-24	-7/-28	-3/-36	-18/-31	-14/-35	-24/-37	-20/-41	-31/-44	-27/-48	-37/-50	-33/-54	-40/-61
30	40	-4/-20	0/-25	+5/-34	-12/-28	-8/-33	-3/-42	-21/-37	-17/-42	-29/-45	-25/-50	-38/-54	-34/-59	-43/-59	-39/-64	-51/-76
40	50	-4/-20	0/-25	+5/-34	-12/-28	-8/-33	-3/-42	-21/-37	-17/-42	-29/-45	-25/-50	-38/-54	-34/-59	-49/-65	-45/-70	-61/-86
50	65	-5/-24	0/-30	+5/-41	-14/-33	-9/-39	-4/-50	-26/-45	-21/-51	-35/-54	-30/-60	-47/-66	-42/-72	-60/-79	-55/-85	-76/-106
65	80	-5/-24	0/-30	+5/-41	-14/-33	-9/-39	-4/-50	-26/-45	-21/-51	-37/-56	-32/-62	-53/-72	-48/-78	-69/-88	-64/-94	-91/-121
80	100	-6/-28	0/-35	+6/-48	-16/-38	-10/-45	-4/-58	-30/-52	-24/-59	-44/-66	-38/-73	-64/-86	-58/-93	-84/-106	-78/-113	-111/-146
100	120	-6/-28	0/-35	+6/-48	-16/-38	-10/-45	-4/-58	-30/-52	-24/-59	-47/-69	-41/-76	-72/-94	-66/-101	-97/-119	-91/-126	-131/-166
120	140	-8/-33	0/-40	+8/-55	-20/-45	-12/-52	-4/-67	-36/-61	-28/-68	-56/-81	-48/-88	-85/-110	-77/-117	-115/-140	-107/-147	-155/-195
140	160	-8/-33	0/-40	+8/-55	-20/-45	-12/-52	-4/-67	-36/-61	-28/-68	-58/-83	-50/-90	-93/-118	-85/-125	-127/-152	-119/-159	-175/-215
160	180	-8/-33	0/-40	+8/-55	-20/-45	-12/-52	-4/-67	-36/-61	-28/-68	-61/-86	-53/-93	-101/-126	-93/-133	-139/-164	-131/-171	-195/-235
180	200	-8/-37	0/-46	+9/-63	-22/-51	-14/-60	-5/-77	-41/-70	-33/-79	-68/-97	-60/-106	-113/-142	-105/-151	-157/-186	-149/-195	-219/-265
200	225	-8/-37	0/-46	+9/-63	-22/-51	-14/-60	-5/-77	-41/-70	-33/-79	-71/-100	-63/-109	-121/-150	-113/-159	-171/-200	-163/-209	-241/-287
225	250	-8/-37	0/-46	+9/-63	-22/-51	-14/-60	-5/-77	-41/-70	-33/-79	-75/-104	-67/-113	-131/-160	-123/-169	-187/-216	-179/-225	-267/-313
250	280	-9/-41	0/-52	+9/-72	-25/-57	-14/-66	-5/-86	-47/-79	-36/-88	-85/-117	-74/-126	-149/-181	-138/-190	-209/-241	-198/-250	-295/-347
280	315	-9/-41	0/-52	+9/-72	-25/-57	-14/-66	-5/-86	-47/-79	-36/-88	-89/-121	-78/-130	-161/-193	-150/-202	-231/-263	-220/-272	-330/-382
315	355	-10/-46	0/-57	+11/-78	-26/-62	-16/-73	-5/-94	-51/-87	-41/-98	-97/-133	-87/-144	-179/-215	-169/-226	-257/-293	-247/-304	-369/-426
355	400	-10/-46	0/-57	+11/-78	-26/-62	-16/-73	-5/-94	-51/-87	-41/-98	-103/-139	-93/-150	-197/-233	-187/-244	-283/-319	-273/-330	-414/-471
400	450	-10/-50	0/-63	+11/-86	-27/-67	-17/-80	-6/-103	-55/-95	-45/-108	-113/-153	-103/-166	-219/-259	-209/-272	-317/-357	-307/-370	-467/-530
450	500	-10/-50	0/-63	+11/-86	-27/-67	-17/-80	-6/-103	-55/-95	-45/-108	-119/-159	-109/-172	-239/-279	-229/-292	-347/-387	-337/-400	-517/-580

注：1. *基本尺寸小于 1 mm 时，各级的 A 和 B 均不采用。

2. 黑体字为优先选用公差带。

附表 23 标准公差数值（GB/T 1800.1—2020）

基本尺寸 /mm		公差等级																			
		IT01	IT0	IT1	IT2	IT3	IT4	IT5	IT6	IT7	IT8	IT9	IT10	IT11	IT12	IT13	IT14	IT15	IT16	IT17	IT18
大于	至	/μm													/mm						
	3	0.3	0.5	0.8	1.2	2	3	4	6	10	14	25	40	60	0.10	0.14	0.25	0.40	0.60	1.0	1.4
3	6	0.4	0.6	1	1.5	2.5	4	5	8	12	18	30	48	75	0.12	0.18	0.30	0.48	0.75	1.2	1.8
6	10	0.4	0.6	1	1.5	2.5	4	6	9	15	22	36	58	90	0.15	0.22	0.36	0.58	0.90	1.5	2.2
10	18	0.5	0.8	1.2	2	3	5	8	11	18	27	43	70	110	0.18	0.27	0.43	0.70	1.10	1.8	2.7
18	30	0.6	1	1.5	2.5	4	6	9	13	21	33	52	84	130	0.21	0.33	0.52	0.84	1.30	2.1	3.3
30	50	0.6	1	1.5	2.5	4	7	11	16	25	39	62	100	160	0.25	0.39	0.62	1.00	1.60	2.5	3.9
50	80	0.8	1.2	2	3	5	8	13	19	30	46	74	120	190	0.30	0.46	0.74	1.20	1.90	3.0	4.6
80	120	1	1.5	2.5	4	6	10	15	22	35	54	87	140	220	0.35	0.54	0.87	1.40	2.20	3.5	5.4
120	180	1.2	2	3.5	5	8	12	18	25	40	63	100	160	250	0.40	0.63	1.00	1.60	2.50	4.0	6.3
180	250	2	3	4.5	7	10	14	20	29	46	72	115	185	290	0.46	0.72	1.15	1.85	2.90	4.6	7.2
250	315	2.5	4	6	8	12	16	23	32	52	89	130	210	320	0.52	0.81	1.30	2.10	3.20	5.2	8.1
315	400	3	5	7	9	13	18	25	36	57	89	140	230	360	0.57	0.89	1.40	2.30	3.60	5.7	8.9
400	500	4	6	8	10	15	20	27	40	63	97	155	250	400	0.63	0.97	1.55	2.50	4.00	6.3	9.7

附表 24　基本尺寸小于 500 mm 轴的常用基本偏差数值表

基本偏差	上偏差 es/μm											js	上偏差 e/μm			
	a	b	c	cd	d	e	ef	f	fg	g	h		j			k
基本尺寸 /mm	公差等级															
大于　至	所有级												5、6	7	8	4~7 / ≤3 >7

大于	至	a	b	c	cd	d	e	ef	f	fg	g	h	js	j (5、6)	j (7)	j (8)	k (4~7 / ≤3 >7)
	3	−270	−140	−60	−34	−20	−14	−10	−6	−4	−2	0		−2	4	6	0
3	6	−270	−140	−70	−46	−30	−20	−14	−10	−6	−4	0		−2	4		+1 / 0
6	10	−280	−150	−80	−56	−40	−25	−18	−13	−8	−5	0		−2	5		+1 / 0
10	14	−290	−150	95		−50	−32		−16		−6	0	上偏差或下偏差等于 ±IT/2	−3	−6		+1 / 0
14	18																
18	24	−300	−160	−110		−65	−40		−20		−7	0		−4	−8		+2 / 0
24	30																
30	4	−310	−170	−120		80	−50		−25		−9	0		−5	−10		+2 / 0
40	50	−320	−180	−130													
50	65	−340	−190	−140		100	60		30		−10	0		−7	12		+2 / 0
65	80	−360	−200	−150													
80	100	−380	−220	−170		−120	−72		−36		−12	0		−9	−15		+3 / 0
100	120	−410	−240	−180													
120	140	−460	−260	−200		−145	−85		−43		−14	0		−11	−18		+3 / 0
140	160	−520	−280	−210													
160	180	−580	−310	−230													
180	200	−660	−340	−240		−170	−100		−50		−15	0	上偏差或下偏差等于 ±IT/2	−13	−21		+4 / 0
200	225	−740	−380	−260													
225	250	−820	−420	−280													
250	280	−920	−480	−300		−190	−110		−56		−17	0		−16	−26		+4 / 0
280	315	−1 050	−540	−330													
315	355	−1 200	−600	−360		−210	−125		−62		−18	0		−18	−28		+4 / 0
355	400	−1 350	−680	−400													
400	450	−1 500	−760	−440		−230	−135		−68		−20	0		−20	−32		+5 / 0
450	500	−1 650	−840	−480													

学习笔记

基本偏差	下偏差 ei													
	m	n	p	r	s	t	u	v	x	y	z	za	zb	zc
基本尺寸/mm	公差等级													
大于 至	所有级													

大于	至	m	n	p	r	s	t	u	v	x	y	z	za	zb	zc
	3	+2	+4	+6	+10	+14		+18		+20		+26	+32	+40	+60
3	6	+4	+8	+12	+15	+19		+23		+28		+35	+42	+50	+80
6	10	+6	+10	+15	+19	+23		+28		+34		+42	+52	+67	+97
10	14	+7	+12	+18	+23	+28		+33		+40		+50	+64	+90	+130
14	18	+7	+12	+18	+23	+28		+33	+39	+45		+60	+77	+108	+150
18	24	+8	+15	+22	+28	+35		+41	+47	+54	+63	+73	+98	+136	+188
24	30	+8	+15	+22	+28	+35	+41	+48	+55	+64	+75	+88	+118	+160	+218
30	40	+9	+17	+26	+34	+43	+48	+60	+68	+80	+94	+112	+148	+200	+274
40	50	+9	+17	+26	+34	+43	+54	+70	+81	+97	+114	+136	+180	+242	+325
50	65	+11	+20	+32	+41	+53	+66	+87	+102	+122	+144	+172	+226	+300	+405
65	80	+11	+20	+32	+43	+59	+75	+102	+120	+146	+174	+210	+274	+360	+480
80	100	+13	+23	+37	+51	+71	+91	+124	+146	+178	+214	+258	+335	+445	+585
100	120	+13	+23	+37	+54	+79	+104	+144	+172	+210	+254	+310	+400	+525	+690
120	140	+15	+27	+43	+63	+92	+122	+170	+202	+248	+300	+365	+470	+620	+800
140	160	+15	+27	+43	+65	+100	+134	+190	+228	+280	+340	+415	+535	+700	+900
160	180	+15	+27	+43	+68	+108	+146	+210	+252	+310	+380	+465	+600	+780	+1 000
180	200	+17	+31	+50	+77	+122	+166	+236	+284	+350	+425	+520	+670	+880	+1 150
200	225	+17	+31	+50	+80	+130	+180	+258	+310	+385	+470	+575	+740	+960	+1 250
225	250	+17	+31	+50	+84	+140	+196	+284	+340	+425	+520	+640	+820	+1 050	+1 350
250	280	+20	+34	+56	+94	+158	+218	+315	+385	+475	+580	+710	+920	+1 200	+1 550
280	315	+20	+34	+56	+98	+170	+240	+350	+425	+525	+650	+790	+1 000	+1 300	+1 700
315	355	+21	+37	+62	+108	+190	+268	+390	+475	+590	+730	+900	+1 150	+1 500	+1 900
355	400	+21	+37	+62	+114	+208	+294	+435	+530	+660	+820	+1 000	+1 300	+1 650	2 100
400	450	+23	+40	+68	+126	+232	+330	+490	+595	+740	+920	+1 100	+1 450	+1 850	+2 400
450	500	+23	+40	+68	+132	+252	+360	+540	+660	+820	+1 000	+1 250	+1 600	+2 100	+2 600

附表 25　基本尺寸小于 500 mm 孔的常用基本偏差数值表

表中为上偏差 ES/μm。"所有公差等级"列适用于 A～H；"公差等级"列适用于 J～N（其中 JS 的上偏差或下偏差等于 ±IT/2，Δ 为对应修正值）。

基本尺寸/mm 大于	至	A	B	C	CD	D	E	EF	F	FG	G	H	JS	J 6	J 7	J 8	K ≤8	K >8	M ≤8	M >8	N ≤8	N >8
—	3	+270	+140	+60	+34	+20	+14	+10	+6	+4	+2	0	±IT/2	+2	+4	+6	0	0	−2	−2	−4	−4
3	6	+270	+140	+70	+46	+30	+20	+14	+10	+6	+4	0	±IT/2	+5	+6	+10	−1+Δ		−4+Δ	−4	−8+Δ	0
6	10	+280	+150	+80	+56	+40	+25	+18	+13	+8	+5	0	±IT/2	+5	+8	+12	−1+Δ		−6+Δ	−6	−10+Δ	0
10	14	+290	+150	+95		+50	+32		+16		+6	0	±IT/2	+6	+10	+15	−1+Δ		−7+Δ	−7	−12+Δ	0
14	18	+290	+150	+95		+50	+32		+16		+6	0	±IT/2	+6	+10	+15	−1+Δ		−7+Δ	−7	−12+Δ	0
18	24	+300	+160	+110		+65	+40		+20		+7	0	±IT/2	+8	+12	+20	−2+Δ		−8+Δ	−8	−15+Δ	0
24	30	+300	+160	+110		+65	+40		+20		+7	0	±IT/2	+8	+12	+20	−2+Δ		−8+Δ	−8	−15+Δ	0
30	40	+310	+170	+120		+80	+50		+25		+9	0	±IT/2	+10	+14	+24	−2+Δ		−9+Δ	−9	−17+Δ	0
40	50	+320	+180	+130		+80	+50		+25		+9	0	±IT/2	+10	+14	+24	−2+Δ		−9+Δ	−9	−17+Δ	0
50	65	+340	+190	+140		+100	+60		+30		+10	0	±IT/2	+13	+18	+28	−2+Δ		−11+Δ	−11	−20+Δ	0
65	80	+360	+200	+150		+100	+60		+30		+10	0	±IT/2	+13	+18	+28	−2+Δ		−11+Δ	−11	−20+Δ	0
80	100	+380	+220	+170		+120	+72		+36		+12	0	±IT/2	+16	+22	+34	−3+Δ		−13+Δ	−13	−23+Δ	0
100	120	+410	+240	+180		+120	+72		+36		+12	0	±IT/2	+16	+22	+34	−3+Δ		−13+Δ	−13	−23+Δ	0
120	140	+460	+260	+200		+145	+85		+43		+14	0	±IT/2	+18	+26	+41	−3+Δ		−15+Δ	−15	−27+Δ	0
140	160	+520	+280	+210		+145	+85		+43		+14	0	±IT/2	+18	+26	+41	−3+Δ		−15+Δ	−15	−27+Δ	0
160	180	+580	+310	+230		+145	+85		+43		+14	0	±IT/2	+18	+26	+41	−3+Δ		−15+Δ	−15	−27+Δ	0
180	200	+600	+340	+240		+170	+100		+50		+15	0	±IT/2	+22	+30	+47	−4+Δ		−17+Δ	−17	−31+Δ	0
200	225	+740	+380	+260		+170	+100		+50		+15	0	±IT/2	+22	+30	+47	−4+Δ		−17+Δ	−17	−31+Δ	0
225	250	+820	+420	+280		+170	+100		+50		+15	0	±IT/2	+22	+30	+47	−4+Δ		−17+Δ	−17	−31+Δ	0
250	280	+920	+480	+300		+190	+110		+56		+17	0	±IT/2	+25	+36	+55	−4+Δ		−20+Δ	−20	−34+Δ	0
280	315	+1 050	+540	+330		+190	+110		+56		+17	0	±IT/2	+25	+36	+55	−4+Δ		−20+Δ	−20	−34+Δ	0
315	355	+1 200	+600	+360		+210	+125		+62		+18	0	±IT/2	+29	+39	+60	−4+Δ		−21+Δ	−21	−37+Δ	0
355	400	+1 350	+680	+400		+210	+125		+62		+18	0	±IT/2	+29	+39	+60	−4+Δ		−21+Δ	−21	−37+Δ	0
400	450	+1 500	+760	+440		+230	+135		+68		+20	0	±IT/2	+33	+43	+66	−5+Δ		−23+Δ	−23	−40+Δ	0
450	500	+1 650	+840	+480		+230	+135		+68		+20	0	±IT/2	+33	+43	+66	−5+Δ		−23+Δ	−23	−40+Δ	0

基本偏差						上偏差 ES/μm							Δ/μm					
		P 到 ZC	P	R	S	T	U	V	X	Y	Z	ZA	ZB	ZC						
基本尺寸								公差等级												
大于	至	≤7						>7 级							3	4	5	6	7	8
	3	在大于7级的相应数值上增加一个 Δ 值	−6	−10	−14		−18		−20		−26	−32	40	−60	0					
3	6		−12	−15	−19		−23		−28		−35	−42	−50	−80	1	1.5	1	3	4	6
6	10		−15	−19	−23		−28		−34		−42	−52	−67	−97	1	1.5	2	3	6	7
10	14		−18	−23	−28		−33		−40		−50	−64	−90	−130	1	2	3	3	7	9
14	18							−39	−45		−60	−77	−108	−150						
18	24		−22	−28	−35		−41	−47	−54	−63	−73	−98	−136	−188	1.5	2	3	4	8	12
24	30					−41	−48	−55	−64	−75	−88	−118	−160	−218						
30	40		−26	−34	−43	−48	−60	−68	−80	−94	−112	−148	−200	−274	1.5	3	4	5	9	14
40	50					−54	−70	−81	−97	−114	−136	−180	−242	−325						
50	65	在大于7级的相应数值上增加一个 Δ 值	−32	−41	−53	−66	−87	−102	−122	−144	−172	−226	−300	−405	2	3	5	6	11	16
65	80			−43	−59	−75	−102	−120	−146	−174	−210	−274	−360	−480						
80	100		−37	−51	−71	−91	−124	−146	−178	−214	−258	−335	−445	−585	2	4	5	7	13	19
100	120			−54	−79	−104	−144	−172	−210	−254	−310	−400	−525	−690						
120	140		−43	−63	−92	−122	−170	−202	−248	−300	−365	−470	−620	−800	3	4	6	7	15	24
140	160			−65	−100	−134	−190	−228	−280	−340	−415	−535	−700	−900						
160	180			−68	−108	−146	−210	−252	−310	−380	−465	−600	−780	−1 000						
180	200		−50	−77	−122	−166	−236	−284	−350	−425	−520	−670	−880	−1 150	3	4	6	9	17	26
200	225			−80	−130	−180	−258	−310	−385	−470	−575	−740	−960	−1 250						
225	250			−84	−140	−196	−284	−340	−425	−520	−640	−820	−1 050	−1 350						
250	280		−56	−94	−158	−218	−315	−385	−475	−580	−710	−920	1 200	−1 550	4	4	7	9	20	29
280	315			−98	−170	−240	−350	−425	−525	−650	−790	−1 000	−1 300	−1 700						
315	355		−62	−108	−190	−268	−390	−475	−590	−730	−900	−1 150	−1 500	−1 900	4	5	7	11	21	32
155	400			−114	−208	−294	−435	−530	−660	−820	−1 000	−1 300	−1 650	−2 100						
400	450		−68	−126	−232	−330	−490	−595	−740	−920	−1 100	−1 450	−1 850	−2 400	5	5	7	13	23	34
450	500			−132	−252	−360	−540	−660	−820	−1 000	−1 250	−1 600	−2 100	−2 600						

参考文献

［1］曾令宜. 机械制图［M］. 郑州：黄河水利出版社，2007.

［2］郑淑玲. 机械制图［M］. 北京：北京交通大学出版社，2007.

［3］张多锋. 机械制图［M］. 郑州：黄河水利出版社，2008.

［4］陈伟珍. 机械制图与 CAD［M］. 北京：北京理工大学出版社，2009.

［5］朱强. 机械制图［M］. 北京：人民邮电出版社，2009.

［6］王云清. 机械制图精选试题库［M］. 北京：机械工业出版社，2013.

［7］陈伟珍. 机械制图［M］. 广州：华南理工大学出版社，2014.

［8］陈伟珍. 机械制图［M］. 北京：中国水利水电出版社，2016.

［9］孙琪. 机械制图与中望 CAD［M］. 北京：机械工业出版社，2021.